(교양 및 실무편)
산업안전 특론

신용하 · 한정열 · 김동기 저

책을 펴내며

우리나라는 6.25전쟁의 와중인 1953년도에 산업안전보건법의 효시가 되는 근보기준법 제6장에 안전보건에 관한 조항이 삽입되었다. 실질적인 독립법으로 산업안전보건법이 탄생은 이로부터 30여년이 흐른 1981년 12월 31일이었다. 이렇게 법은 선진국과 비교해서도 손색이 없을 정도로 빠른 시기에 갖춰놓았지만 이를 운용하는 측면에서 안전지식이 부족하고 안전에 대한 의식이 낮고 적극적인 투자가 뒤따르지 않은 결과 아직까지 각종 재해 왕국이라는 오명을 벗지 못하고 있다.

지난 10여년간의 중요한 재해를 보면 1993년에 66명이 사망한 아시아나 항공기 추락사고, 78명이 사망한 구포 열차 사고, 392명에 사망한 서해 페리호 선박 사고 1994년에는 32명이 사망한 성수대교 붕괴 사고, 1995년도 101명이 사망한 대구 지하철 폭발 사고, 502명이 사망한 삼풍백화점 붕괴 사고, 1996년에 12명이 사망한 서대문 지하 카페 화재 사고, 1997년에는 226명이 사망한 대한항공 항공기 추락사고, 1998년에 53명의 사상자를 낸 부산 냉장창고 화재 사고, 1999년에 26명의 어린이 사상자를 낸 화성 씨랜드 유치원생 화재 사고, 108명의 중고교생의 사상자를 낸 인천 호프집 2000년에는 수학여행 중 교통사고로 115명의 어린 고교생 사상자를 낸 사고 등 매년 막을 수 있는 인재형 사고가 지속적으로 반복 발생하고 있다. 금년에는 2월18일에 대구 지하철에서 단순 방화에 의한 화재 사고로 200여명이 죽고 300여명의 실종자 및 120여명의 부상자가 발생하는 엄청난 사고가 발생하였다. 또한 사업장에서 발생하였던 사고를 노동부에서 집계하여 발표한 자료를 보면 다음과 같다.

2001년도 산업재해보상보험법 적용사업장 909,461개소에 종사하는 근로자 10,581,186명 중에서 4일 이상 요양을 요하는 재해자가 81,434명이 발생(사망 2,748명, 부상 74,290명, 업무상 질병 요양자 4,396명)하였다. 2000년도에 비하여 사업장수는 28.78% 증가하였고 근로자수는 11.55%가 증가하였으며, 재해자수는 18.06% 증가하였고, 재해율은 0.04% 포인트가 증가하였다. 한편 산업재해로 인한 경제적 직접손실액(산재보상금 지급액)은 1,744,539백만원으로 전년 대비 19.80% 증가하여, 직·간접손실을 포함한 경제적손실추정액은 8,722,695백만원으로 전년 대비 19.80%가 증가하였으며, 근로손실일수는 54,550,424일로 전년 대비 23.73%가 증가한 것으로 나타났다.

　이와 같이 막대한 인명 피해와 재산 피해를 동반하는 사고를 막기 위해서는 안전전문가인 하아비가 주장하는 세 가지 3E 대책, 즉 법의 적용을 엄격하게 하여 막는 공권력에 의존하는 **SAFETY ENFORCEMENT**적인 대책, 위험을 발굴하여 이를 분석하고 합당한 방호 장치를 부착하는 등 적극적인 기술을 적용하는 **SAFETY ENGINEERING** 대책 및 법과 기술적인 사항을 포함하여 인간의 안전 심리, 인간의 에러에 대한 인간공학적인 대책, 작업환경에 따라 인간의 건강을 위협하는 여러 가지 유해 위험인자들에 대한 성격을 파악하고 대처하는 방법, 위험원에 대한 적극적인 기술 대책인 방호장치의 설계, 제작, 설치 및 점검 방법 등에 대한 교육을 실시하여 재해를 예방하는 방법인 **SAFETY EDUCATION**대책 등이 필요하다.

　재해를 예방하기 위한 대책인 3E 대책 중 가장 주요한 것이 교육적인 대책이다. 이러한 교육적인 대책을 적극적으로 추진하기 위해서는 교육을 하기 위해 참고로 할 수 있는 교육 교재와 전문서적이 절실히 필요한 바 이에 걸 맞는 참고서를 출간하기 위하여 이 분야의 각계 전문가가 머리를 맞대고 고심한 끝에 내놓은 것이 본서이다.

본서는 총 4편으로 구성되었다. 제1편은 11장으로 안전관리의 이론과 산업재해, 산업안전심리 및 교육에 대한 개괄적인 사항들을 기술하였고, 제2편은 인간공학과 시스템 안전공학의 내용을 다루었다. 제3편에서는 기계, 전기, 화학, 건설 안전에 대한 기초사항을 정리하고, 실제 사례들을 제시하였다. 또한 제4편에서도 사회적으로 많은 문제가 되고 있는 직업병이라든가, 실제 사고사례 분석을 통하여 독자들로 하여금 안전의식을 고취하는데 도움이 되고자 했고, 연구과제를 중심으로 독자들이 스스로 고민하고 해결함으로써, 좀 더 심도 깊은 안전관리의 이론과 실제에 대한 이해에 많은 도움이 될 것이다.

끝으로, 이 책을 펴내도록 기회를 주신 남양문화 이명훈 사장님과 세심한 교정을 하여주신 편집부 여러분께 감사드립니다.

2022년 1월
저자 드림

목 차

제 I 편 산업안전관리론

제 1 장 산업안전의 개요
1.1 산업안전의 역사 ··· 15
1.2 기업 경영과 안전관리 ·· 19
    1 기업경영과 안전관리 / 19
    2 안전관리(safety management) / 20
    3 산업안전의 중요성 / 23
1.3 산업안전 용어 고찰 ·· 26

제 2 장 안전관리 이론
2.1 안전관리조직 ·· 32
2.2 안전조직의 형태 및 특성 ·· 33
2.3 사고연쇄반응이론 ·· 36
    1 도미노(domino) 이론 / 36
    2 재해발생비율 / 46
2.4 안전보건경영시스템 ·· 48

제 3 장 산업재해
3.1 산업재해의 정의 ·· 77
3.2 산업재해의 원인 분석 ·· 80

    1 직접원인 / 80
    2 부원인(subcause) : 간접 원인 / 81
    3 기초 원인-습관적, 사회적, 환경적, 유전적, 관리감독적 특성 / 82
    4 재해발생형태 / 82

3.3 산업재해 조사 ·· 84
    1 재해조사 목적 / 84
    2 재해조사 방법 / 84
    3 재해조사표 작성 / 85

3.4 재해사례 연구방법 ·· 88
    1 재해사례 연구의 정의 및 목적 / 88
    2 재해사례 연구의 진행방법 / 88

3.5 사고 및 재해의 예방 ·· 89
    1 재해 예방 대책 / 89
    2 재해예방의 4원칙 / 91

제 4 장 재해통계 및 재해코스트

4.1 재해 통계 ·· 93

4.2 재해코스트 ·· 95

제 5 장 안전관리계획

5.1 안전점검 및 진단 ·· 102

5.2 안전관리규정과 계획 ·· 111
    1 안전관리 규정 / 111
    2 안전관리 계획 / 115

5.3 안전보건개선계획 ·· 118

제 6 장 무재해 운동

6.1 무재해 운동의 이론 ·· 121
    1 무재해 운동이란? / 121

② 무재해 운동의 추진방법 / 124
6.2 무재해 운동의 실천기법 ·· 126
　　① 위험예지훈련이란? / 126
　　② 브레인 스토밍(Brain Storming ; B.S)으로 아이디어 개발 / 127
　　③ 위험예지훈련의 4단계(4 Round법) / 128
6.3 산업안전보건법상 무재해 운동 ··· 129
　　① 무재해 운동의 추진 / 129

제 7 장　바이오리듬, 피로, 스트레스

7.1 생체리듬의 종류 및 특징 ··· 132
7.2 노동과 피로 ··· 136

제 8 장　보호구

8.1 보호구의 정의 ·· 141
8.2 보호구 사용시 일반사항 ··· 142
8.3 보호구의 검정 ·· 143
8.4 보호구 사용을 기피하는 이유 ··· 144
8.5 보호구의 종류 ·· 145
　　① 안전모 / 145
　　② 보호안경 / 151
　　③ 안면 보호구 / 154
　　④ 안전화 / 155
　　⑤ 안전대 / 157
　　⑥ 호흡용 보호구 / 161
　　⑦ 손보호 장갑 / 164
　　⑧ 안전 작업복장 / 166
　　⑨ 방음보호구 / 168

제 9 장 산업안전표지

9. 1 산업안전표지 ·· 170

9. 2 색채 조절(Color conditioning) ··· 176

제 10 장 산업안전심리

10. 1 산업심리학 ··· 179
- **1** 정 의 / 179
- **2** 산업심리학의 범위 / 179
- **3** 산업심리학의 일반적 분야 / 180

10. 2 사회심리학 ··· 180
- **1** 개성(personality) / 180
- **2** 욕구(desire) / 180
- **3** 사회행동의 기초 및 기본 형태 / 181
- **4** 인간관계의 매카니즘(대인행동) / 182
- **5** 집단행동 / 182
- **6** 집단역학(group dynamics) / 183

10. 3 인간의 특성과 안전 ··· 184
- **1** 사고의 경향성 / 184
- **2** 동기부여(Motivation)와 인간의 욕구 / 184
- **3** 태도(Attitude) / 187
- **4** 주의력 / 189

10. 4 적성검사와 적성 ··· 191
- **1** 적성검사 / 191
- **2** 적성배치 / 194

10. 5 인간의 특성과 안전 ··· 195

10. 6 실수 및 착오 ·· 199

제 11 장 산업안전교육

11. 1 교육원리 및 기본구조 ·· 203

- 1 교육의 개념 / 203
- 2 안전교육의 필요성 / 203
- 3 안전교육 계획 / 204
- 4 안전교육의 이념 / 205
- 5 교육의 3요소 / 205

11. 2 교육의 방법 ·· 206
- 1 교육 방법 / 206

11. 3 산업안전교육의 내용 ··· 209

11. 4 안전 교육지도 요령 ··· 214
- 1 안전교육의 3가지 기본 방향 / 214
- 2 안전 교육지도상의 기본 법칙 / 214
- 3 기능 교육의 특징 / 215
- 4 교육 준비와 추진 / 215
- 5 OJT와 OFF JT의 비교(장소에 따른 교육훈련기법) / 220
- 6 학습지도방법의 분류 / 221
- 7 파지와 망각 / 223

제 II 편 인간공학 및 시스템 안전공학

제 12 장 인간공학

12. 1 인간공학의 개요 / 229
- 1 인간공학(Human Engineering)의 뜻 / 229
- 2 인간공학의 발달과정 / 230
- 3 인간공학의 연구 영역 분야 / 232

12. 2 인간 공학과 안전 ··· 235
12. 3 Man-Machine System ··· 237
12. 4 인간기계의 통제 ·· 245
12. 5 설비의 신뢰성 ·· 250
- 1 인간의 신뢰성 / 250
- 2 man-machine system(인간기계 체계의 신뢰성) / 252
- 3 설비의 신뢰도(reliability) / 252

12. 6 인간과 환경관계 ··· 257

1. 온도(temperature) / 257
2. 조명 / 258
3. 시각(visual sense) / 260
4. 소음(음향조절 : sound conditioning) / 261

12. 7 작업과 인간공학 ··· 265

1. 인체계측(Anthropometry) / 265
2. 신체활동의 생리학적 측정법 / 269
3. 작업공간과 작업대 / 270
4. 의자의 설계와 공간의 이용 및 배치 / 273

제 13 장 시스템 안전공학

13. 1 시스템 안전관리기법 ·· 275

1. 시스템 안전공학의 개요 / 275
2. 안전평가(System assessment) / 278

13. 2 결함수 분석 ··· 283

1. 시스템 안전 분석 기법 및 분류방법 / 283
2. FTA(Fault Tree Analysis) / 288
3. ETA(Event Tree Analysis) / 290
4. FMEA(Failure Modes and Effects Analysis) / 290
5. PHA(Preliminary Hazard Analysis) : 예비사고해석 / 293
6. THERP(Technique for Human Error Rate Prediction) / 294
7. MORT(Management Oversight and Risk Tree) / 294
8. 시스템 안전 설계 원칙(순서 및 단계) / 295

13. 3 위험설비의 안전성 평가방법 ·· 295

1. 기계설비의 안전성 평가 / 295
2. 공장시설 배치에 따른 안정성 평가의 일반적 유의 사항 / 297
3. 테크놀리지 어세스멘트의 체크 포인트 / 298

13. 4 공장설비의 안전성 평가 ·· 299

1. 안전성 평가의 목적 / 299
2. 안전성 평가 5단계 / 299

제 Ⅲ 편 기계, 전기, 화학, 건설위험에 대한 방지기술

제 14 장 기계안전 및 사례연구

14. 1 기계안전 ·· 309
14. 2 기계안전사고의 원인 ·· 310
14. 3 기계의 종류 및 사고발생유형 ·· 310
  1 기계종류/기능 / 310
14. 4 기계의 안전화 ·· 311
  1 기계의 위험성 / 311
  2 기계설비 안전의 기본원칙 / 312
  3 기계시설의 배치(layout) / 314
14. 5 위험대상기계 기구의 안전 ·· 315
14. 6 기계사고 사례 ·· 320
  1 후진중인 굴삭기에 → 배관공, 협착 사망 / 320
  2 프레스에 협착 / 322
  3 지게차 포크 탑승, 이동 → 추락 사망 / 324
  4 크레인의 줄걸이 섬유벨트가 끊어져 → 콘크리트공, 깔려 사망 / 325
  5 운행중인 지게차에서 유리파렛트가 떨어지면서 협착 사망 / 327

제 15 장 전기안전 및 사례연구

15. 1 전기안전 ·· 330
  1 전기적 위험의 특성 / 330
15. 2 전격에 위험성과 안전대책 ·· 332
  1 인체의 생리적 현상 / 332
  2 인체의 전기저항 / 333
  3 전기의 위험성 / 333
  4 전기 작업시 기본적 안전 수칙 / 335
15. 3 전격시 응급조치 ·· 336
  1 감전 사고시의 응급 조치 / 336
  2 감전시 응급 조치 요령 / 337

3 인공 호흡의 종류 및 방법 / 337
　　　4 전기 화상 사고시의 응급 조치 방법 / 337

15. 4 전기설비기기 및 전기작업 안전 ·· 338
　　　1 안전장치의 설치 / 338
　　　2 전기기기의 예방 보수 / 338
　　　3 건설장비(크레인 등)의 안전 기술 / 340
　　　4 콘센트에 대한 안전 대책 / 341
　　　5 개폐기(전기설비기술기준규칙 제38조) / 341
　　　6 접지 / 343
　　　7 전기 용접 작업의 안전 기술 / 343
　　　8 낙뢰에 의한 재해 방지 대책 / 344
　　　9 정전기의 재해방지 / 344

15. 5 전기안전사고 및 전기화재 분석 ·· 346
　　　1 콘센트에서 플러그를 뽑던 중 파손된 콘센트 충전부에 접촉 / 346
　　　2 가설전선 가공 중, 분전반의 전원을 투입 / 348
　　　3 지하 공동구 내부에서 투광등을 가지고 이동 중 감전 / 350
　　　4 콘센트 수리 중 충전부에 접촉 / 352

15. 6 '최근 화재 종합분석〔'99 화재통계연보(행정자치부) 참조〕 ·········· 354

제 16 장 화공안전 및 사례연구

16. 1 위험물의 기초화학 ·· 356
　　　1 각국별 위험물의 견해 / 356
　　　2 위험물의 일반적 개념 / 357

16. 2 위험물관리 및 취급안전 ·· 358
　　　1 위험물 작업시 안전 기술 / 358
　　　2 폐기물의 종류 및 취급 기술 / 360

16. 3 유독물 화학약품 안전대책 ·· 361
　　　1 독극물의 개요 / 361
　　　2 독극물의 구분 / 362
　　　3 독극물 취급시 주의사항 / 362

16. 4 유독성 물질의 분류 ·· 363

16. 5 소화약제 ·· 366
- **1** 소화의 원리 / 366
- **2** 일반적인 소화 약제 / 367
- **1** 화재구분 및 소화 방법 / 368

16. 6 폭발 ·· 369
- **1** 폭발의 개요 / 369
- **2** 폭굉(detonation) / 371

16. 7 화공사고 사례 ·· 371
- **1** 유류저장탱크 보수작업 중 탱크 내부에서 폭발이 발생 전공, 사망 / 371
- **2** 차량용 LPG 용기 폭발 / 374

제 17 장 건설안전 및 사례연구

17. 1 건설 공구 및 장비 ··· 376
- **1** 수공구(hand tools)의 안전기술 / 376
- **2** 토공장비의 안전기술 / 376
- **3** 운반기계의 안전기술 / 377

17. 2 추락 및 낙하물 재해방지 설비 ·· 378
- **1** 추락 / 378
- **2** 추락 재해 방지 대책 / 379
- **3** 작업장소별 안전 대책 / 380

17. 3 건설기계 재해 방지설비 ··· 383
- **1** Fork Lift(지게차)의 안전기술 / 383
- **2** 건설용 양중기 / 384
- **3** 컨베이어(conveyor) / 386

17. 4 운반작업 안전 ··· 387
- **1** 인력운반작업 / 387
- **2** 기계력 운반작업 / 389

17. 5 건설안전 사례 ··· 391
- **1** 건물 외부비계 해체작업 중 추락 / 391
- **2** 카고크레인의 붐 지지볼트가 파손되면서 붐대가 붕괴됨 / 393

제 IV 편 직업병 및 사고사례 연구

제 18 장 직업병

18.1 직업병 발생요인과 종류 ·· 399
18.2 직업병 관리 방법 ·· 400
18.3 직업병의 종류 ··· 404
18.4 직업병 사례 ··· 409

    1 뇌혈관·심장질환 직업병 사망 급증 / 409
    2 농약 '메틸브로마이드' 중독증세 직업병 판정 / 410
    3 소독약 중독 직업병환자 첫 발생 / 411
    4 붙박이직업 스트레스 더 받아 / 411

제 19 장 대형 사고

19.1 90년 이후 주요 대형 사고 ··· 414

    1 시설물 붕괴 사례 / 415
    2 선박, 항공 사례 / 416
    3 건설공사 사고 사례 / 419
    4 화재 사고 사례 / 419

19.2 체르노빌 원자력 발전소 사고 ·· 421

    1 체르노빌 원자력 발전소 사고 장면 / 421
    2 사건의 개요 / 422
    3 원자력 발전의 현황 및 문제점 / 423

제 20 장 가정, 학교에서의 사고

20.1 가정에서의 사고 ·· 424
20.2 학교에서의 사고 ·· 426
20.3 기타 안전수칙 ·· 429

● 연구과제 ··· 435
● 참고문헌 ··· 436
● 저자소개 ··· 437

제 I 편

산업안전관리론

제1장 산업안전의 개요 ▶ 15
제2장 안전관리 이론 ▶ 32
제3장 산업재해 ▶ 77
제4장 재해통계 및 재해코스트 ▶ 93
제5장 안전관리계획 ▶ 102
제6장 무재해 운동 ▶ 121
제7장 바이오리듬, 피로, 스트레스 ▶ 132
제8장 보호구 ▶ 141
제9장 산업안전표지 ▶ 170
제10장 산업안전심리 ▶ 179
제11장 산업안전교육 ▶ 203

산업안전의 개요

1.1 산업안전의 역사

안전의 대상은 사고예방이고, 사고는 사람(정신적 요인과 육체적 요인)과 기계, 설비 또는 공구와 재료 및 환경요인이 복합적으로 작용하여 일어나는 경우가 대부분이다.

안전은 서로 다른 영역(기계공학, 전기공학, 화학공학, 시스템 제어공학, 인간공학, 건축, 토목공학, 물리학, 보건위생, 경영학, 심리학, 교육학, 통계학 등)간의 협동, 협조가 긴요한(interdisciplinary) 분야이다.

산업안전의 역사를 살펴보면 그 기원을 서양은 기원전 함무라비 시대에서부터, 그리고 한국은 삼국시대에서부터 찾아볼 수가 있다. 이것은 물론 문헌상에 나와 있는 것을 전제로 한 것이고, 그 역사가 인류의 역사와 같이 한다고 봐도 무리는 아닐 것이다. 산업안전의 동, 서양의 역사를 연대기별로 정리하면 다음과 같다.

◇ 2200년 BC Code of Hammurabi
- 감독자가 감독을 소홀히 하여 작업자가 재해를 당하면 그에 상응하는 처벌을 함

―Punishment of overseers for injuries suffered by workers.
―If a worker lost an arm due to an overseer's negligence or oversight, the overseer's arm was taken to match the worker's loss.

◇ A.D 591 신라 진평왕 13년(591)에 축성. 남산 신성비/건축 실명제
― "만일 3년 이내에 성벽이 무너지면 벌을 받고 다시 무상으로 쌓겠다" 라는 서약의 글과 함께 관계한 사람들의 직책성명출신지를 새겨져 있음.

◇ A.D 1426년 세종 8년 관가에 입역 중(立役 中) 산월이 임박한 산모에게 산전산후 합하여 100일 휴가를 주었다. 또한 산모를 보살피도록 그 남자에게도 30일 휴가를 주는 제도가 있었다. 그리고 동, 서빙고에 넣을 얼음을 한강에서 채취하는 작업에 대하여, 작업안전지침을 만들어서 사용하기도 하였다.

◇ 1802년 영국에서 도제건강보호법을 제정함
―England's first Factory Act, laid out general standards of heating, lighting, ventilation, and works hours.
―To stop the widespread abuse of poor children.

◇ 1880년 독일제국의 비스마르크가 최초로 산업재해보험법을 만듦
―To stem the rise of Communism in Imperial Germany in the 1880's, as well as to respond to increasing dissatisfaction of workers with hazardous workplace conditions, the Chancellor introduced the world's first worker's compensation law.

― 독일은 비스마르크 시대 만들어진 제도하에 현재 업종별로 35개로 세분된 산재예방을 위한 보험 공단인 B.G가 주축이 되어 산재예방과 보상 업무를 연계하여 추진하고 있음

◇ 1887년 미국 매사추세츠주에서 공장 감독, 작업시간, 기계 방호장치의 규격 등에 관련된 법 제정
― To provide for factory inspectors, work hours, and machine guarding requirements. Typically, enforcement and compliance were weak.

◇ 1906년 미국 철강회사 "Safety Campaign"시작 1912년까지 중대 재해 43.2%까지 감소
― U.S. Steel Corporation Started a company "safety campaign" that claimed a reduction of 43.2 percent in its serious and that fatal accidents by 1912.

◇ 1911년 미국 위스콘신주에서 산업재해보험법 제정함
― The Pittsburgh Survey prompted rapid passage of state compensation laws, beginning in Wisconsin in 1911.

◇ 1909년 미국 최대 산업 재해 은폐 사건 밝힘
― Known as The Pittsburgh Survey, in Allegheny County, Pennsylvania, in 1909. Revealed that 526 fatal industrial accidents occurred in that county alone during 12 months of 1906~1907. Further revealed that over 50percent of the surviving widows and children were left with no source of income.

◇ 1931년 Heinrich 산업재해예방 이론 발표
　─Domino theory/the tip of the iceberg 1 : 29 : 300

◇ 1961년 Bird 손실관리(Damage Control) 이론 발표
　─New Domino theory/the tip of the iceberg 1 : 10 : 30 : 600
　─후에 손실관리기법 개발/안전과 경영을 접목하는데 기여

◇ 1970 미국 산업안전보건법 제정
　─The U.S. Occupational Safety and Health Act of 1970

◇ 1974년 영국공장안전보건법(Health &Safety at Work Act)
　─사용(경영)자 의무사항으로 Risk Assessment 규정

◇ 1976년 Bird 로스 관리기법(Loss Control Management) 발표

◇ 1992년 영국 H & S at Work Act의 시행규칙 제정
　─Risk Assessment 에 관한 상세 가이던스 명시
　　1. 근로자 주위에 어떠한 위험요인(hazard)이 상존하고 있는지 파악한다(Identify the hazards).
　　2. 위험요인이 재해로 연결되어 지는지 평가한다(Risk Assessment).
　　3. 가능성이 있으면 위험에 미치는 물질 또는 행위를 제거한다.
　　4. 위험을 제거하는 것이 불가능하면 이것을 적절히 제어하기 위한 관리 및 조치를 한다.
　　5. 관리지침, 조치사항을 근로자에게 알리고 그 영향을 모니터링 한다.
　　6. 위험관리 대책에 대해 근로자에게 알리고 지도, 교육, 훈련을 한다.

◇ 1994년 안전경영시스템의 국제 기준화 문제
 －ISO/TC 207 상정 토의

◇ 1996년 영국 BSI BS8800제정 ISO 18000 추진 시도
 －제네바 워크샵에서 ISO 대신 ILO가 국제 기준화 추진

◇ 1997년 ISO/TMB에서 국제기준(ISO18000)제정 보류 결정

◇ 1999년 DNV, Lloyd 등 13개 국제인증기관 규격제정 인증시작

◇ 1999년 한국 KOSHA 18001(그 당시 2000)을 제정/인증사업 시작

◇ 2000년 ILO 국제기준(OSH-MS)초안 작성 의견수렴

◇ 2001년6월 ILO 국제기준 확정 공포/각 국가들이 이를 반영토록 권장

1.2 기업 경영과 안전관리

1 기업경영과 안전관리

　생산능률을 위한 안전의 역할은 무리하지 않고, 무모한 경향과 무지한 행동이 없음으로써 능률적으로 생산성이 향상되어, 기업이 원하는 목적을 달성하게 하고 기업이 번영하고 발전하게 되는 것이다. 안전은 생산의 매체를 올바르게 유지시키는 역할을 한다.
　기업의 안전확보로 인하여 생산성 향상의 바탕이 되며, 안전사고로 인한 불필요한 비용을 절감할 수 있으며, 직장의 질서유지, 인간관계를 향상시킬 수가 있다. 또한 안전은 생산목표의 척도가 된다.
　경영자는 근로자에게 쾌적한 작업환경을 제공하여야 하며 각종 재해방지책을 강구해야 한다(근로자에 대한 안전 책임). 기업은 생산과정에서 일반 사회에 악영향을 끼치는 환경오염, 소음, 진동, 유해가스

등 제요소들의 안전관리를 위한 적극적인 대책을 강구해야 한다(사회적인 안전책임). 또한 근로자는 산업재해 예방을 위한 기준을 준수하여야 하며, 사업주 기타 기관단체에서 실시하는 산업재해의 방지에 관한 조치에 따라야 한다(보호구의 착용, 위험장소 출입금지, 안전규칙 준수, 사업주의 의무(법5조) 근로자의무(법6조)).

2 안전관리(safety management)

사전적 정의에 의하면 "안전은 상해, 손실, 감원, 위해 또는 위험에 노출되는 것으로부터의 자유"라고 설명되어져 있으며, "안전은 그와 같은 자유를 확보하기 위하여 사고방지나 직업병 예방에 필요한 기술 또는 지식"이라고 기술되어 있다.

따라서, 안전관리는 생산성의 향상과 재해로부터의 손실(loss)의 최소화를 위하여 행하는 것으로 비능률적 요소인 사고가 발생하지 않은 상태를 유지하기 위한 활동, 즉 "재해로부터 인간의 생명과 재산을 보호하기 위한 계획적이고 체계적인 제반활동"을 의미한다.

안전관리는 인명을 존중하며, 사회복지(경제성 향상)를 증진시키고, 생산성의 향상(안전태도 개선과 안전동기 부여)과 기업의 경제적 손실 예방(재해로 인한 재산 및 인적 손실예방)을 목적으로 한다.

하인리히(Heinlich)는 재해사고 1건당의 직접손해액과 간접손해액의 비율이 1:4가 된다는 빙산의 일각 법칙(the tips of the iceberg)을 제창했다. 이는 사고로 인하여 발생하는 직접손실비보다 간접손해액의 비율이 훨씬 크고 중요하다는 사실을 말해주고 있다. 1906년 세계제일의 제철회사인 미국의 US제강회사(현재 세계 제1의 철강회사)의 켈리(kelly) 사장의 시책의 변화를 살펴보면 초창기에 생산 제 1, 품질 제 2, 안전 제 3이라는 시책에서 안전 제 1, 품질 제 2, 생산 제 3 이라는 시책으로 변화했다. 무엇보다 안전의 중요성을 강조하는 시책의 변화라 볼 수 있다.

안전공학의 특징을 살펴보면 비교적 신규분야를 가지는 공학이고, 인도주의에 바탕한다. 또한 안전공학은 소극적이지만 산업능률의 향상에 기초를 제공한다.

안전관리의 대상은 Man, Machine, Media, Management의 4M으로 구성되어져 있다. 상호인간관계와 지시, 명령 및 연락체계에 영향을 미치는 요소(Man : 인적인 요소)와 기계설비, 방호장치, 통로, 수공구, 운반기기 등의 요소(Machine : 기계, 설비적인 요소), 그리고 인간과 기계 설비간의 상호매개 역할을 하는 것으로 작업정보, 작업방법, 작업환경 등(Media : 작업방법적 요소), 안전법규·기준작성 및 정비, 안전관리조직, 교육훈련, 지휘·감독 등의 관리체제에 임하는 것으로 작업정보, 작업방법, 작업환경(Management : 관리적 요소)등으로 나타낸다.

일반적으로 점검정비의 철저화, 정리정돈의 생활화, 생산작업의 표준화가 안전의 3원칙으로 알려져 있다.

(1) 안전(安全)의 동양적 해석

안(安)은 宅 + 女의 합성어로 여자가 집에 있어 심리적으로 편안함을 준다는 의미로 소프트웨어적이며 여성적인 정서를 표현하고 있고, 전(全)은 八 + 王의 합성어로 모든 질서의 상징인 왕이 궁궐에 정좌하여 그 나라의 법령이 엄정히 유지되는 상태로서 하드웨어적이고 부성적 정서를 표현하고 있어 그 나라의 질서가 유지되는 것을 뜻한다.

(2) 안전(SAFETY)의 서양적 해석

　S : Supervise[불안전요소 관찰(관리감독), 숲(전체)을 봄 : 근무하는 곳의 최상의 안전지도(Safety Map)에 의거 순찰]
　A : Attitude[솔선수범, 위험 예지 실천(태도/동기부여) : 능력(기술), 지식, 태도]

F : Fact〔현상파악 : 기계설비별 정상인지 비정상인지 판별능력, 나무를 봄, 온도, 압력, 냄새, 소리, 진동, 색깔〕

E : Evaluation〔평가분석 및 대책수립 : 비정상을 숲, 나무 고려하여 분석하고 대책을 수립 — Risk evaluation is a critical tool in making decisions and setting priorities(안전작업지침수립)〕

T : Training〔반복훈련 : 불안전요소 제거, 훈련실시, 조건반사에 이르는 훈련이 필요〕

Y : You are the Owner〔주인의식 철저 : 자기생명, 가정, 사회를 책임지는 주인의식의 충만〕

위의 두가지 해석에 의하면, 안전이란 불안전 상태 및 행동을 6개소(S, A, F, E, T, Y)를 통해 사고가 없는, 마음이 평온하고 몸을 온전한 상태로 만드는 것을 의미한다.

(3) 안전의 사전적 정의
- 안전이란 위험하지 않은 것
- 마음이 편안하고 몸이 온전한 상태
- 탈이나 위험이 조금도 없음

(4) 하바드 대학의 로렌스 교수
- 안전이란 허용 한도를 초과하지 않은 것으로 판단된 위험성
- 위험이란 허용 한도를 초과한다고 판단된 것에 의한 사고발생

(5) 레브라스카 대학의 스미스 교수
- 안전이란 그 사람의 마음의 상태

(6) 안전공학이란 안전을 공학적 즉, 과학적인 방법으로 체계적으로 연구하는 것

① 1964년부터 현재까지 39년간 총재해자수는 330만명
② 이 중 산업재해 사망자수는 5만여명, 신체장애자가 50만여명으로 집계
③ 1년 평균 8만 5천여명의 재해자와 1천 3백명의 사망자가 산업현장에서 발생
④ 전국 산업현장에서 하루 평균 232명(사망 3.5명)의 재해가 발생

(7) 산업재해의 정의
① 넓은 의미의 산업재해(Industrial Accidents) : 노동과정(근무) 중의 사고로 인한 재해 외에 대기오염 등의 공해나 교통재해를 포함
② 산업안전보건법 : 근로자가 업무에 관계되는 건설물·설비·원재료·가스·증기·분진 등에 의하거나 작업 기타 업무에 기인하여 사망 또는 부상하거나 질병에 이환되는 것
③ 근로기준법 : '업무상 부상 또는 질병'에 있어서의 산업재해는 사고로 인해 발생되는 경우만을 규정(직업병은 별도로 취급)
④ H. W. Heinrich : 물체, 물질, 사람 또는 복사의 작용 또는 반작용으로 인하여, 사람에게 상해를 초래하거나 초래할 가능성이 있는 계획되지 않고 제어되지 않는 사상

3 산업안전의 중요성

【1】 사회적인 책임

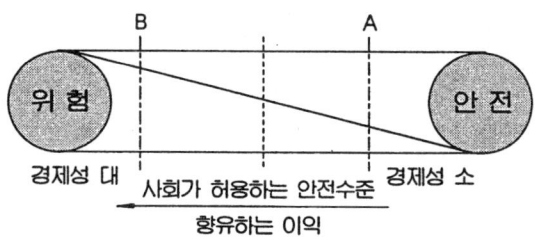

【2】 인도주의적인 측면

【3】 생산성 향상 측면

(1) 근로자의 사기진작
(2) 생산능률 향상
(3) 대내외 여론의 신뢰성 유지 확보
(4) 비용절감

【4】 안전을 지킴으로써의 이점

(1) 직장의 신뢰도를 높여준다.
(2) 이직률이 감소된다.
(3) 고유기술이 축적되어 품질향상 되고 생산효율을 원활히 해준다.
(4) 상하 동료간에 인간관계가 개선이 된다.
(5) 회사 내 규율과 안전 수칙이 준수되어 질서유지가 실현된다.
(6) 기업의 투자경비를 절감할 수 있다.

【5】 생산성과 산업안전

재해예방비용이 적으면 최적안전도는 작아져 위험에 따른 재해비용이 커지게 된다.
반대로 위험에 따른 재해비용을 작게 하면 재해예방비가 커지므로 이에 대한 적정치가 유지되므로 경영합리화가 이루어질 수 있다.

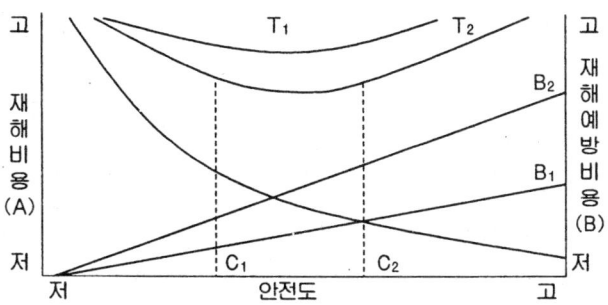

총비용(T ; total cost) = 재해예방비용 + 재해비용

$T_1 = A + B_1$ ··················· 적정치(C_1)

$T_2 = A + B_2$ ··················· 적정치(C_2)

여기에서, 재해비용 = 재해손실, 손해배상 비용
　　　　　재해예방비용 = 작업개선비, 설계제작비, 계획연구비 등

【6】 일반적인 이론상의 산업 재해

(1) 국제노동기구(I.L.O.)에서 채택된 산업재해

　사고란 사람이 물체나 물질 또는 타인과 접촉하였거나 각종의 물체 및 작업조건에 놓여짐으로써 또는 사람의 동작으로 인하여 사람의 상해를 동반하는 사건이 일어나는 것을 의미한다.

(2) 미국 국가안전협의회(N.S.C.)의 사고 요인(accident facts)에 의한 산업재해, 업무상 상해(직업병 포함)라 함은 직업과 관련한 노동에서 발생한 것으로 정의하고, 가정과 농장의 업무 등에 관련된 사무는 제외한다.

(3) 미국 안전보건법(OSHACT)에 의한 정의 : 작업상의 상해란 직업으로 인한 상해 또는 작업 환경에 노출된 결과에 의해 발생된 질상

(4) 산업안전보건법 : 근로자가 업무에 관계되는 건설물, 설비, 원재료,

가스, 증기, 분진 등에 의하거나 작업 기타 업무에 기인하여 사망 또는 부상하거나 질병에 이환되는 것
(5) 근로기준법 : '업무상 부상 또는 질병'에 있어서의 산업재해는 사고로 인해 발생되는 경우만을 규정(직업병은 별도로 취급)
(6) F.G. Lippert에 의한 산업 재해 : 재해란 결함이 있는 작업 조건 및 부적합한 작업 방법에 의해 초래되는 계획되지 않은 사건이 일어나는 것
(7) R.P. Blake에 의한 광의의 산업 재해 : 재해란 관련하는 산업 활동의 정상적인 진행을 저지하고, 또는 방해할 사건이 일어나는 것

【7】 관련제도 및 법

(1) 산업안전보건법(1981)
(2) 노동기준과 무역조건의 연계(BR ; blue round)
(3) 국제안전인증제(ISO 18000 ; International Organization for Standardization)

1.3 산업안전 용어 고찰

【1】 안전 관리(safety management)

생산성의 향상과 손실(loss)의 최소화를 위하여 행하는 것으로 비능률적 요소인 사고가 발생하지 않은 상태를 유지하기 위한 활동 즉 재해로부터 인간의 생명과 재산을 보호하기 위한 계획적이고 체계적인 제반활동을 말한다.

【2】 안전사고(accident)

안전사고란 고의성이 없는 어떤 불안전한 행동이나 조건이 선행되어

일을 저해하거나 또는 능률을 저하시키며 직접 또는 간접적으로 인명이나 재산의 손실을 가져올 수 있는 사건을 말한다.

사고와 관련지어 본 안전의 의미는 사고로부터 자유로운 것 또는 고통, 재해나 손실로부터 안전한 상태이다. 따라서 안전의 기능적 정의는 사고로부터 야기되는 손실의 관리이다.

Safety is usually defined as freedom from accidents or the condition of being safe from pain, injury or loss. Safety's functional definition is the control of accident loss.

H. W. Heinrich는 안전(安全)을 협의(狹義)로 해석하여 사고방지(事故防止)라고 하였다. 사고방지(事故防止)는 물리적 환경(環境)과 사람 및 기계의 일(performance)을 통제(統制)하는 과학인 동시에 기술(技術 : art)이라고 정의하였다.

【3】 재해(loss, calamity)

재해란 안전사고의 결과로 일어난 인명과 재산의 손실을 말한다. 국제노동기구(ILO)에서는 사람이 물질 또는 그 작업방법 등에 의해서 상해를 입는 것
　(1) 인위적인 사고에 의한 재해 - 재해예방가능 원칙에 따라 예방 가능한 재해(98%)
　(2) 천재지변에 의한 재해(2%)

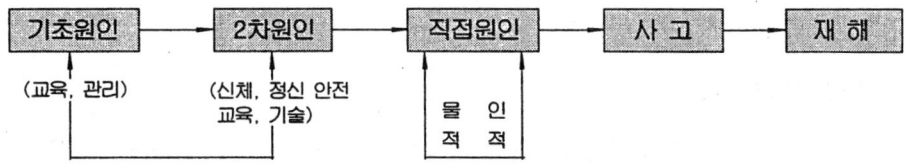

〔재해발생 과정도〕

【4】 산업재해(industrial losses)

사전적으로 통제를 벗어난 에너지(energy)의 광란으로 인하여 입은 인명과 재산의 피해현상을 말한다.

※산업안전 보건법상의 산업재해 정의(1990년) : 산업재해라 함은 근로자가 업무에 관계되는 건설물, 설비, 원재료, 가스, 증기, 분진 등에 의하거나 작업기타 업무에 기인하여 사망 또는 부상하거나 질병에 이환되는 것을 말한다.

【5】 작업환경 측정

작업환경 측정이라 함은 작업환경의 실태를 파악하기 위하여 해당 근로자 또는 작업장에 대하여 사업주가 측정계획을 수립하여 시료의 취급 및 그 분석, 평가를 하는 것을 말한다.

【6】 안전보건진단

안전보건진단이라 함은 산업재해를 예방하기 위하여 잠재적 위험성의 발견과, 그 개선대책의 수립을 목적으로 노동부장관이 지정하는 자가 실시하는 조사, 평가를 말한다.

【7】 중대재해(major injury)

중대재해라 함은 산업재해 중 사망 등 재해의 정도가 심한 것으로서 노동부령이 정하는 재해를 말한다.

【8】 자연재해

"지진 등 천재지변에 의해 발생되는 재해"로서 조기에 예견하여 그 피해를 최소화시키는 대책을 수립해야 한다.

【9】 인위재해

원칙적으로 예방 가능한 재해이며 전체재해의 98%를 점유한 재해로 산업 종류별로 공장재해, 광산재해, 교통재해, 항공재해, 선박재해 등이 있다.

【10】 안전사고와 부상의 종류

(1) 중상해 : 부상으로 인하여 2주 이상의 노동 손실을 가져온 상해 정도
(2) 경상해 : 부상으로 1일 이상 14일 미만의 노동 손실을 가져온 상해 정도
(3) 경미상해 : 부상으로 8시간 이하의 휴무 또는 작업에 종사하면서 치료를 받는 상해 정도

【11】 ILO의 국제노동 통계회의 구분(근로 불능 상해의 종류)

(1) 사망 : 안전사고로 사망하거나 혹은 입은 사고의 결과로 생명을 잃는 것
(2) 영구 전노동 불능상해 : 부상결과로 노동기능을 완전히 잃게 되는 부상(신체장애등급 제1급에서 제3급에 해당)
(3) 영구 일부노동 불능상해 : 부상결과로 신체부분의 일부가 노동기능을 상실한 부상(신체장애등급 제4급에서 제14급에 해당)
(4) 일시 부분노동 불능상해 : 의사의 진단으로 일정기간 정규노동에 종사할 수 없으나 휴무상해가 아닌 상해. 즉 일시 가벼운 노동에 종사하는 경우
(5) 응급조치상해 : 부상을 입은 다음 치료를 받고 다음부터 정상작업에 임할 수 있는 정도의 상해

[<국제기준>등급별 노동 손실 일수]

신체장애등급	1급	2급	3급	4급	5급	6급	7급
근로손실일수	7500	7500	7500	5500	4000	3000	2200
신체장애등급	8급	9급	10급	11급	12급	13급	14급
근로손실일수	1500	1000	600	400	200	100	50

【12】 공해와 사상

(1) 공해 : 자연환경을 인간행위에 의하여 오염시키는 것으로서 공기오염·수질오염·토질오염으로 구분한다.

(2) 사상 : 어느 특정인에게 주는 피해 중에서 기관이나 타인과의 계약에 의하지 않고 자신의 업무수행 중에 입은 상해로서 의료 및 기타보상을 청구할 수 없는 것

【13】 직업병

직업의 특수성으로 인하여 발생하는 질병으로서 직업의 종류, 환경 및 작업방법의 불량으로 인하여 근로자의 건강을 해치는 것을 직업병이라고 한다.

【14】 페일 세이프(fail safe : 기계설비적 측면) 및 풀 푸르프(Fool proof : 인간적 측면)

인간 또는 기계에 과로나 동작상의 실패가 있어 안전사고를 발생시키지 않도록 2중 또는 3중으로 통제를 가하는 기능을 말한다.

【15】 근로자

근로자라 함은 근로기준법 제14조의 규정에 의한 근로자를 말한다.

【16】 사업주

사업주라 함은 근로자를 사용하여 사업을 행하는 자를 말한다.

【17】 근로자 대표

근로자 대표라 함은 노동조합이 조직되어 있는 경우 그 노동조합을, 노동조합이 조직되어 있지 아니한 경우에는 근로자의 과반수를 대표하는 자를 말한다.

안전관리 이론

2.1 안전관리조직

【1】안전관리 조직의 기본 방향(조직면, 기능면)

(1) 그 조직의 구성원을 전원 참여시킬 수 있어야 한다.
(2) 각 계층간에 종적, 횡적, 기능적으로 유대가 이루어져야 한다.
(3) 조직의 기능을 충분히 발휘할 수 있는 제도적 장치를 마련해야 한다.

【2】안전관리 조직의 기본 목적

(1) 기업의 안전을 근본으로 확보해야 한다.
(2) 책임 있는 안전관리 활동을 전개해야 한다.
(3) 조직적인 사고예방 활동을 추진해야 한다.
(4) 조직 계층간 및 종적, 횡적, 신속한 정보 처리나 유대강화를 지적할 수가 있다.

【3】재해방지를 위한 안전관리 조직의 목적

(1) 모든 위험요소의 제거
(2) 위험요소제거의 기술 수준 향상

(3) 재해 예방률의 향상
(4) 단위당 예방 비용의 절감

【4】 안전관리 조직의 구비조건

(1) 회사의 특성과 규모에 부합된 조직이 되어야 한다.
(2) 조직기능이 충분히 발휘될 수 있도록 제도적 체제가 완벽해야 한다.
(3) 조직을 구성하는 관리자의 책임과 권한이 분명해야 한다.
(4) 생산 라인과 밀착된 조직이어야 한다.

【5】 안전조직의 기능상 여러 문제

(1) 안전상의 제안 조치를 강구할 수 있는 기능일 것.
(2) 안전보건에 관한 교육과 감독 기능일 것.
(3) 경영적 차원에서의 안전조치 기능일 것.
(4) 재해사고의 조사와 피해억제조치 기능일 것.

2.2 안전조직의 형태 및 특성

【1】 라인(line)형(직계식 조직, 계선형 조직)

안전관리에 관한 계획에서 실시에 이르기까지 모든 권한이 포괄적이고 직선적으로 행사되며, 안전을 전문으로 분담하는 부분이 없다. 생산조직 전체에 안전관리 기능이 부여된다. 비교적 규모가 적은 100명 이하의 소규모 사업장에서 실시되며, 안전에 대한 지시가 생산 라인과 함께 병행되므로 지시나 조치가 철저하고 실시효과가 빠르다. 명령과 보고가 상하 관계뿐이므로 간단명료하다. 이 방법은 예산절약의 장점을 가지고 있으나 안전에 대한 정보가 빈약하여 안전업무가 다소 빈약할 수 있고 라인에 과중한 책임이 지워진다.

【2】 스텝(staff)형(참모식 조직)

안전관리를 담당하는 스텝 부분을 두고 안전관리에 관한 계획, 조사, 검토, 권고, 보고 등을 행하는 관리 방식이다. 안전전문 기술이나 정보의 축적이 가능하고 안전관리 계획수립, 재해조사, 점검 등 기획이 용이하다. 스텝의 성격상 어디까지나 계획안의 작성, 조사, 점검 결과에 따른 조건, 보고에 머무는 것이며 자기 스스로 생산라인의 안전업무를 행하는 것은 아니다. 생산조직과 안전관리자 간에 협력을 얻기 힘든 단점을 가지고 있으며, 생산현장에 지시 및 적용이 쉽지 않고 통제수속이 복잡하다. 100~1,000명 정도의 중규모 사업장에 적합한 방식이다.

【3】 라인(line)·스텝(staff)의 복합형(직계 참모조직 혼합형)

라인형과 스텝형의 장점을 절충한 방식이다. 안전업무를 전문으로 담당하는 스텝 부분을 두는 한편 생산라인의 각 층에도 겸임 또는 전임의 안전 담당자를 두고 안전대책은 스텝 부분에서 기획하고 이것은 라인을 통하여 실시하도록 한 조직 방식이다. 안전 스텝은 안전에 관한 기획, 입안, 조사, 검토 및 연구를 행한다. 라인의 관리, 감독자에게도 안전에 관한 책임과 권한이 부여된다. 전체 근로자가 자율적으로 안전업무에 직접 참여할 수 있다. 하지만 라인과 스텝간의 월권 또는 상호 의견충돌이 생길 수 있는 단점이 있다. 1,000명 이상의 대규모 사업장에 효과적이다.

【4】 안전위원회

안전전문가와 현장근로자 및 경영자측이 위원회를 구성하여 적극적인 사고 방지계획의 수립과 시행을 담당한다. 정기적인 주기를 두고 안전위원회가 개최되기도 하지만 특별한 상황이 발생하였을 때, 최고경영자의 요청에 따라서 개최되기도 한다.

【5】 안전조직의 형태 및 특성

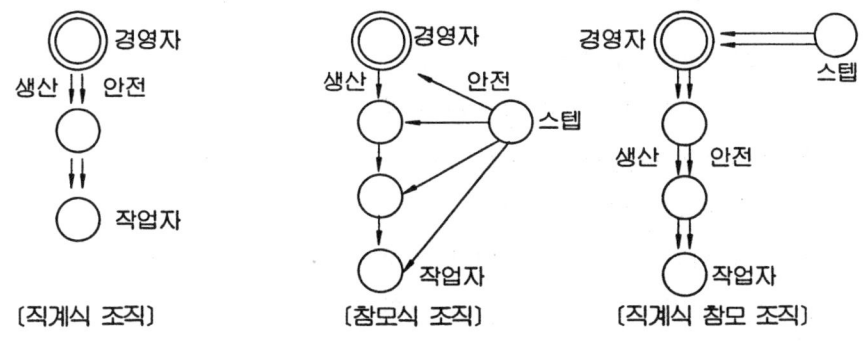

〔직계식 조직〕　　〔참모식 조직〕　　〔직계식 참모 조직〕

【6】 안전관리 조직체계별 책임과 업무 내용

(1) 경영자 : 쾌적하고 안전한 작업환경을 조성하고, 안전한 기계설비를 작업자에게 공급할 총체적인 책임을 진다.
   ① 안전조직 편성
   ② 안전한 기계설비 및 환경유지
   ③ 안전 예산의 책정
   ④ 기본방침 및 안전시책의 시달

(2) 관리감독자 : 경영자의 방침을 실현하고 책임과 권한을 위임받아 관할 작업자에 대한 안전과 보건에 대한 책임을 진다.
   ① 안전작업방법 교육
   ② 부서 안전회의 주재

③ 작업감독 및 지시
④ 재해발생시 보고 및 응급조치
⑤ 부서 안전점검
⑥ 안전스텝에 협조・조언

(3) 근로자 : 관리감독자의 지시 및 명령을 받아 스스로 안전하게 작업을 행할 책임이 있다.

(4) 안전・보건관리자
① 보호구 및 방호장치 적격품 선정
② 재해발생 원인조사, 대책수립
③ 교육계획 수립 및 실시
④ 규정 위반한 근로자에 대한 조치 건의
⑤ 순회 점검・지도 및 조치의 건의

2.3 사고연쇄반응이론

재해의 98%는 인적재해이며 예방이 가능하고, 특히 작업 중 인간이 원인이 된 재해는 전 재해의 88%에 달한다.

1 도미노(domino) 이론

(1) 하인리히(Heinrich)의 도미노 이론

보험분석 전문가인 하인리히가 사고는 도미노가 쓰러지는 것처럼 연쇄적으로 발생한다는 사고연쇄이론인 도미노 이론을 발표하였다. 이 이론에서 재해는 일연의 재해요인들이 연쇄를 이루어 발생하게 되므로 이 중 하나라도 제거하면 재해는 예방할 수 있다. 특히 3번째 단계인 불안정한 상태와 불안전 행동은 가장 주의 깊게 관리하여야 한다.

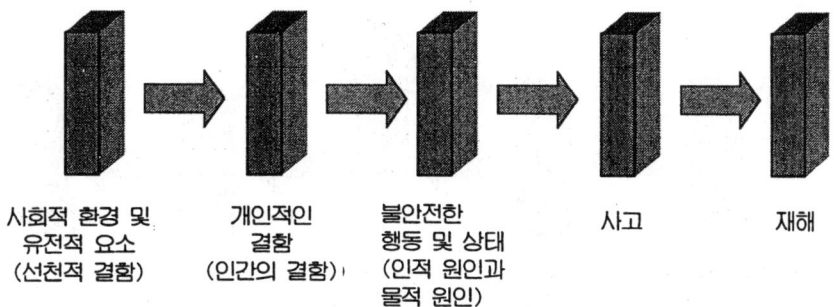

① 사회적 환경 및 유전적 요소(선천적 결함) : 인간의 무모함, 완고함, 탐욕스러움 등 바람직하지 않은 특질은 유전적으로 전해질 수 있으며, 좋지 않은 사회 환경은 이러한 유전적 형질이 계속 증폭되도록 할 수 있다.

② 개인적인 결함(인간의 결함) : 유전적으로 받은 선천적인 결함성향과 후천적으로 길러진 결함성향이 합쳐져 불안전한 행동을 유발하는 개성적 결함이 된다.

③ 불안전한 행동 및 상태(인적원인과 물적원인) : 방호장치를 무효화하거나 제거한 위험기계·기구의 구동 및 작업부위, 손잡이 없는 계단, 어두운 조명 아래서의 기계설비 작업, 높은 장소, 고열, 냉온장소, 보호구 없이 작업하는 경우 등과 같이 불안정한 상태에서 불안정한 행동이 합쳐져서 사고를 유발한다. 직접적인 사고와 재해의 원인이 된다.

④ 사고 : 사고는 생산 활동에 지장을 초래하는 모든 사건을 의미하지만, 하인리히는 인적재해를 유발하는 것을 사고의 주체로 한다.

⑤ 인적인 재해를 의미한다.

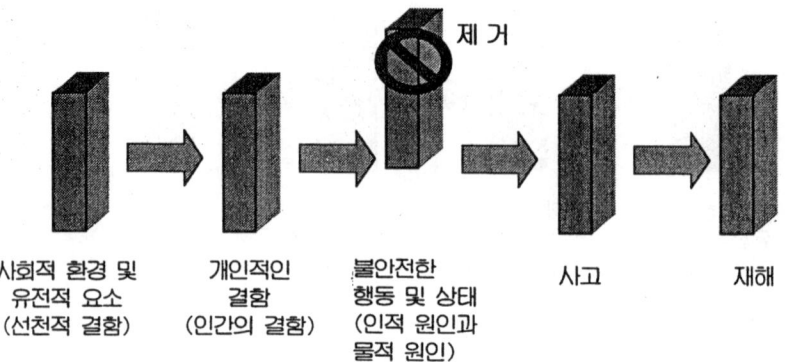

하인리히의 도미노 이론에서 직접원인인 불안전한 행동과 불안전 상태를 제거하였을 때

(2) 버드(Bird)의 수정 도미노 이론
① 통제의 부족(관리의 부재) : 안전관리를 원활하게 추진하기 위해서는 우선 관리자가 안전관리의 내용 중 전문적 관리의 원리(tenets of professional management)를 충분히 이해하여야만 하는데, 전문적 관리란 계획, 조직, 지도, 통제의 4가지 기능을 말한다. 여기에서 통제에 관한 부족은 관리결함으로서 경영자, 안전관리자 등 안전감독기관이 안전에 대한 제도, 조직, 지도, 관리 등을 소홀히 하는 것을 의미한다. 버드가 강조한 관리적 요인은 재해발생의 기본 원인이며, 사고는 인간의 과오로 인하여 발생한다는 것이 버드의 기본 1단계 이론이다.

> **❖ 경영관리 부재(Lack of Control) ❖**
>
> ■ 경영관리 부재의 3가지 일반적인 이유
>   1. Inadequate program 부적절한 프로그램
>   2. Inadequate program standards 부적절한 기준
>   3. Inadequate compliance to standards 기준을 제대로 이행하지 않음
>
> ■ 관리란 4가지 기능의 조화임
> 계획, 조직, 운영, 제어
> ■ 효과적으로 경영하는 관리자는 손실관리시스템을 잘 숙지하여 시스템의 기준을 알고 그 기준에 맞추기 위해 작업을 계획하고 조직하며 종업원을 리드하여 그 기준을 달성하도록 하며 자신과 타인의 성과를 판단하며 성과를 격려하고 (운영 및 제어) 지속적인 개선을 추구한다.
> 이것이 제어관리다.
> ■ 제어의 3단계는 1. 발생 전 2. 발생 시 3. 발생후로 나눔

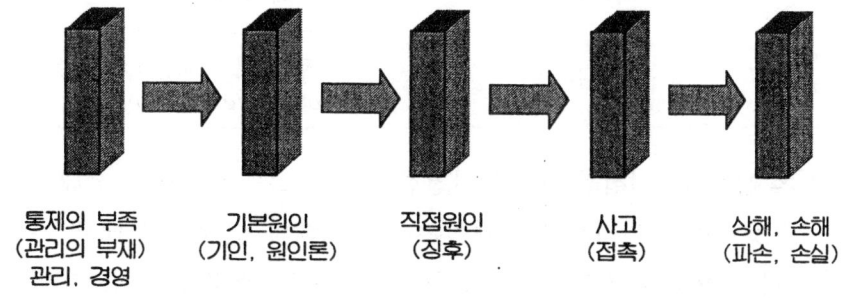

통제의 부족　　기본원인　　직접원인　　사고　　상해, 손해
(관리의 부재)　 (기인, 원인론)　 (징후)　　(접촉)　 (파손, 손실)
관리, 경영

〔Lack of Control〕〔Basic Causes〕〔Immediate Causes〕〔Incident〕　〔Loss〕

〔버드의 수정 도미노 이론〕

② 기본원인 : 이 단계는 원인론으로서 고도로 신뢰할 수 있는 시스템은 존재 불가능하므로 재해 또는 사고의 기본적 또는 배후적 요인 즉, 개인적 또는 작업에 관련된 요인이 존재하는 단계이다. 여기서

기본원인은 간접원인을 말하며, 이 기본원인이 잘못되면 직업원인으로 연결된다. 여기서 기본원인은 간접원인을 말하며, 이 기본원인이 잘못되면 직업원인으로 연결된다. 원인론은 문제의 원인을 취급하는 것으로서 기본적 또는 배후적 원인과의 적절한 관계 부여를 통하여 근원으로 되는 원인을 발견하는 단계이다.

```
❖ 근본원인 : Basic Causes/Personal Factors & Job Factors ❖

      ■ 인적 요인                        ■ 작업/시스템적 요인
   1. 불충분한 능력                    1. 부족한 지도력과 감독 능력
    - 육체적/생리학적으로              2. 부족한 기술력
    - 정신적/심리학적으로              3. 부적절한 구매
   2. 불충분한 지식                    4. 부적절한 도구, 장비, 재료
   3. 불충분한 기술                    5. 부적절한 작업 기준
   4. 피로                             6. 낡고 파손된 작업환경
    - 육체적/생리학적으로              7. 남용 혹은 오용
    - 정신적/심리학적으로             - 관리자에 의해 묵인된
                                        (고의적인, 비고의적인)
                                      - 관리자에 의해 묵인되지 않은
                                        (고의적인, 비고의적인)
```

③ **직접원인** : 직접원인은 불안전한 행동 또는 불안전한 상태를 말하는 것으로 하인리히의 연쇄이론에도 재해의 연쇄 가운데서 가장 중요한 것으로 취급되어 온 요인이다. 징후를 추구하는 것으로만 기초로 되는 문제를 확인하지 않는 경우에는 연속적인 재해 예방에 대한 가능성이 희박하게 된다. 따라서 계속적인 제어를 위하여는 먼저 징후를 효과적으로 발견하고 그 징후의 배경이 된 기본적 원인을 규명하여 조치하여야 한다.

> **직접적인 원인 : Immediate Causes/ Substandard Acts & Con.**
> - 사고의 직접적인 원인이란 접촉 바로 전에 발생한 상황임
>   - 이를 불안전한 행동과 불안전한 상태라고도 함
>   - 좀더 폭 넓게 해석하여 기준 이하의 행동과 기준 이하의 상태로 나눔
> - 기준 이하의 행동(관습)
>   - 허가 없이 장비 작동   - 보호구 미착용
>   - 경고 행위 미실시   - 부적절한 운반작업
>   - 부적절한 속도로 장비 가동   - 부적절한 물건 배치
>   - 결함 있는 장비 사용   - 안전장치의 무효화
> - 기준 이하의 상태
>   - 부적합한 방호구나 보호 벽   - 부적합한 보호 장비
>   - 결함 있는 도구, 장비, 재료   - 혼잡, 내지는 행동이 제약되는 상황
>   - 부적합한 경고 시스템   - 부적절한 보관, 무질서한 작업장소
>   - 위험한 환경조건 : 가스, 먼지, 연기, 흄, 증기 등
>   - 소음/방사능 노출   - 부적절한 환기
>   - 고/저온 노출   - 부적절한 조명

④ 사고 : 사고란 육체적 손상, 상해, 재해의 손실에 귀결되는 바람직스럽지 못한 사상으로 사고를 신체 또는 구조물의 구분치를 넘어선 에너지원과의 접촉 또는 정상적인 신체의 작용을 저해하는 물질과의 접촉이라고 할 수 있다. 연쇄이론에 있어서의 사고는 접촉의 단계라고 말할 수 있다.

> **사건(Incident) > 사고(Accident)**
> - Incident란 손실에 앞서 발생한 사건으로 작업장 혹은 외부 환경에 대한 피해를 야기시킬 수 있거나 야기시킬 뻔한 사고
>   - 이러한 현상은 잠재원인이 방치되어 신체나 구조물의 내구한계를 넘는 에너지나 물질에 접촉되어 발생
>   - 에너지 전이 및 물질의 접촉 유형으로는 자신이 움직이면서 멈춰 있는 물체에 부딪히는 경우, 움직이는 물체에 얻어맞는 경우, 자신이 아래쪽으로 떨어지거나 떨어지는 물체에 맞는 경우, 미끄러져 넘어지거나 걸려 넘어짐, 물체의 물림 점에 끼이는 경우, 물체에 걸리거나 얽히는 경우, 물체 사이에 끼어서 짓눌리거나 절단되는 경우, 해로운 에너지 또는 물질과의 접촉, 과도한 긴장/과중한 노동/과중한 부담

⑤ 상해 : 재해연쇄의 요인 속에서 사용되는 상해라는 말에는 작업 장소에 생기는 정신적, 신경적 또는 육체적인 영향과 함께 외상적 상해와 질병의 양자를 포함하는 인간의 육체적 손상을 포함하고 있다. 이론을 요약하면 사고는 인간의 과오 때문에 발생하므로 사고발생 5단계 중 어느 단계라도 잘못되면 상해와 손실이 발생한다는 이론이다.

⁑ 손실(Loss) ⁑
- ■ 의도하지 않은 피해나 손상
  - 손실의 유형과 정도는 우연한 상황에 따라 달라지며 일부는 손실을 최소화하기 위해 취해지는 조치 및 현장에서의 관리 방식에 따라 달라진다

• 중대한 부상이나 질병	• 엄청난 피해	• 심각한 부상이나 질병
• 중대한 피해	• 경미한 부상이나 질병	• 심각한 피해
• 경미한 피해		

---

(3) 1980년대 Compess의 T.O.P 이론

① T.O.P 이론(불안전한 상태, 행동 및 조직 이론) : 불안전한 상태(UNSAFE CONDITION)를 기술적인 결함(TECHNICAL DEFECT)으로 간주하여 "T"로 표시하고, 불안전한 조직(UNSAFE ORGANI-ZATION)을 조직 면에서의 결함(ORGANIZATION DEFECT)으로 간주하여 "O"로 표시하며, 불안전한 행동은 인간의 불안전한 행위에 기인하므로 PERSON BEHAVIOR의 "P"로 표시한다. 표시되어진 T.O.P간의 내용을 서로 연관하여 분석함으로써 적절한 예방대책을 찾을 수 있다. 이를 T.O.P 이론이라 한다.

② 사다리 사고를 통한 Heinrich이론과 T.O.P 이론 비교 : 작업자가 결함있는 사다리에 오르다가 사다리에서 떨어진 사고를 예를 들어 분석하여 본다. 만일 우리가 이 사고를 사고 Heinrich이론에 의거 조사한다면 하나의 불안전한 행동 또는 하나의 불안전한 상태에 국한시켜 살펴볼 수밖에 없다. 다음은 사다리에서의 추락사고에서 그 사례를 분석하여 본다.

1. 고전적인 방법으로 H. W. Heinrich 박사의 도미노이론에 따른 분석 및 대책
    1) 위험의 종류 : 작업자가 사다리를 오름에 따른 위치에너지
    2) 불안전한 상태 : 결함이 있는 사다리 그 자체
    3) 불안전한 행동 : 결함이 있는 사다리에 올라갔다.
    4) 예상되는 시정대책 : 그 결함이 있는 사다리를 제거하고 새로운 사다리로 대체한다.

2. T.O.P 이론에 따른 분석 및 대책
    1) 위험의 종류 : 작업자가 사다리를 오름에 따른 위치에너지
    2) 불안전한 상태 : 결함이 있는 사다리 그 자체
    3) 불안전한 행동 : 결함이 있는 사다리에 올라갔다.

예상되는 시정대책에 앞서 T.O.P 이론에 따른 조직적인 문제점을 살펴본다.
    ① 왜 그런 결함이 있는 사다리가 평소 점검할 때 지적되지 않았는가?
    ② 왜 감독은 그 결함있는 사다리를 사용하도록 허용하였는가?
    ③ 재해를 당한 종업원은 그것을 사용하여서는 안 된다는 사실을 알고 있었는가?
    ④ 그는 올바르게 정식 훈련을 받았는가?
    ⑤ 그는 잊어버리지 않도록 주의 받은 사실이 있는가?
    ⑥ 감독은 그 일에 대하여 사전에 조사하였는가?

위 질문에 대한 답을 근거로 하여 시정대책을 세운다면, 다음과 같은 종류의 시정 대책을 수립할 수 있다.

3. T.O.P 이론에 의한 시정대책(주로 조직적인 면 강조)
   1) 점검절차를 개선한다.
   2) 훈련방법을 개선한다.
   3) 책임한계를 가일층 명확히 한다.
   4) 감독으로 하여금 작업계획을 사전에 수립하게 한다.

여기서 두 가지 이론을 비교하여 보면 도미노이론에 의한 좁은 해석 때문에 사고에 대한 근원적인 원인의 발견과 그 처리가 늦어지거나 방해되어 왔으며 많은 제한을 받았던 것을 알 수 있다. 즉 사고현상이 나타났을 때 단순히 불안전한 행동 또는 상태만을 발견하는데 머무를 수밖에 없었다.

4. TOP 이론과 종합 안전관리 : 사고를 징후라는 낮은 수준에서 다룰 수밖에 없었고, 사고의 직접적인 원인에만 집착하여 보다 근본적인 원인에 대하여는 간과하여 왔다. 따라서 항구적인 개선을 도모하려면 사고의 근본원인을 시정하는 도리 밖에 없는데 그것은 관리시스템과 깊은 관련성을 갖고 있다. 즉 경영주의 방침, 절차, 감독과 그 능력, 훈련 등에 달려 있다.

결함 있는 사다리에 대한 사례분석에서도 나타난 바와 같이 몇 가지 근본원인이 되었던 점검절차의 결점과 경영자의 방침의 결여, 책임한계의 모호성, 감독 및 종업원의 훈련부족을 보완하면은 그러한 사고는 방지할 수 있다. 그러므로 그 근본원인이 시정된다면 보다 근원적인 안전을 도모할 수 있으므로 사고에 대한 조사나 사고 방지를 위한 사전 예비 점검 시에도 T.O.P 이론을 활용하면 좋은 결과를 얻을 수 있다.

<TOP에 의한 사고분석 사례 : TOP에 의한 휴대용 둥근톱에 허벅지 동맥 절단(피해 : 사망 1명) 사고분석>
1. 개요 : ○○건설이 시공하는 현장에서 협력업체 피재자가 2층 슬라브 보밑 돌출된 거푸집 합판을 휴대용 둥근톱으로 절단 작업 중 톱날이 우측대퇴부를 스쳐 동맥이 절단되어 출혈 과다로 사망한 재해임
2. TOP를 통한 분석

구 분	사고 예상요인	대 책
<기술적인 결함> -불안전한 상태	• 방호장치미비(덮개) • 안전한 발판 미확보	1. 톱날 설치 2. 삼각사다리, 비계
<인적인 결함> -불안전한 행동	• 작업자세 불안정 • 안전교육 불참	1. 작업자세 훈련 및 습관화훈련 2. 작업전 위험예지 (TBM 실시)

<조직적인 결함>
-불안전한 조직
	• 작업계획 없음
	• 불안전한 작업방치
	• 작업방법 미교육
	• 응급조치 미흡(관리감독자)
		1. 계획수립실시
		2. 작업전 교육/점검
		3. 순찰강화조치
		4. 직조반장 교육
		  -작업방법 점검요령
		  -응급조치 교육

(4) 아담스(Adams)의 Domino 이론

사고의 기초가 되는 원인을 재정의, 경영조직상의 과오는 관리자나 감독자의 운영상의 과오를 야기시키며, 이것은 다시 작업자의 전술적 과오를 일으킨다는 것이다. 재해의 직접원인을 전술적 에러라고 개칭하였다. 이 관리이론은 전술적 에러(tactical error)의 기초가 되는 원인이 관리자나 감독자에 의해서 만들어진 작전적 에러(operational error)로부터 야기된다고 주장하였다.

(5) 웨버(Weaver)의 도미노 이론

직접원인과 사고, 상해는 모두 운영과오의 징후라고 주장, 사고연쇄 반응이론에 작전적 에러의 발견(탐색)과 지적(명시)이라는 새 개념을 결합시켜 불안전한 행동이나 상태와 사고 및 상해(재해)까지도 작전적 에러의 징후라고 결론

(6) 자베타키아(Zabetakia)의 도미노 이론

실수원인이론으로 직접원인은 예기치 못한 형태의 에너지나 위험물질의 방출이라는 개념 도입, 근본적 원인은 경영상, 개인적요인, 환경적 요인이라고 주장

2 재해발생비율

(1) 하인리히의 1 : 29 : 300 법칙

1920년대 5000여건의 보험사고를 분석. 하인리히(Heinrich; 미국)는 통계상 그루터기에 의한 전도사고가 총 330회 일어났을 경우, 그 중 300회는 다치지 않는 Near Miss(무상해, 앗차사고, 고장포함)가 발생하고, 29회는 가벼운 상처(경상), 나머지 1회는 골절과 같은 치명적인 중대재해를 입는다고 하였다.

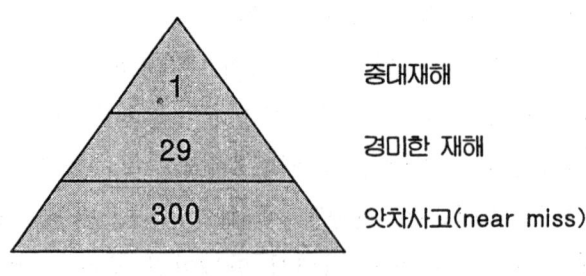

〔하인리히의 재해발생비율〕

① 중대재해(Major Injury) : 중대재해는 330번의 사고 중 첫 번째 발생될 수도 있는 사고로 보험회사와 주정부에 보고해야 하는 재해임
② 경미한 재해(Minor Injury) : 긁히거나 데이거나 찢어진 상처 등 응급처치한 재해를 포함
③ 앗차사고(Near Miss) : 미끄러짐, 떨어짐, 운반하는 도중 걸려 넘어짐, 부딪칠 뻔함, 칼날, 톱날 등에 접촉할 뻔함 등의 재해를 유발할 잠재성을 내포한 예비 사고로서 중대재해나 경미한 재해를 예방하기 위한 본보기임
④ 불안전한 행동과 상태

(2) 버드의 재해발생 비율

1960년대 175,300여건의 보험사고를 분석하여 Heinrich가 처음 주장한 사고발생연쇄이론을 수정하고 641건의 사고 중 중상, 경상, 무상해 사고, 무상해 무손실 사고의 비율이 약 1 : 10 : 30 : 600이라고 함.
① 중대재해, 중상 또는 폐질(Major Injury) - 중대재해 641번의 사고중 첫 번째 발생될 수도 있는 사고로 극소수 중대재해에 전노력을 들이는 것은 어리석은 것이라고 말하고 있다
② 경미한 재해, 경상(Minir Injury) - 긁히거나 데이거나 찢어진 상처 등 응급처치한 재해를 포함한다(인적·물적 손실)
③ 무상해사고, 물적손실(Property Loss) - Heinrich와는 달리 사고로 인해 야기되는 기계설비 및 환경손실인 물적손실까지도 사고의 범주에 넣음
④ 무상해·무사고 고장, 앗차사고(Near Miss) - 미끄러짐, 떨어짐 등 불안전한 행동이나 불안전한 상태에 의해 유발되는 재해나 물적손실을 수반하지 않는 사고

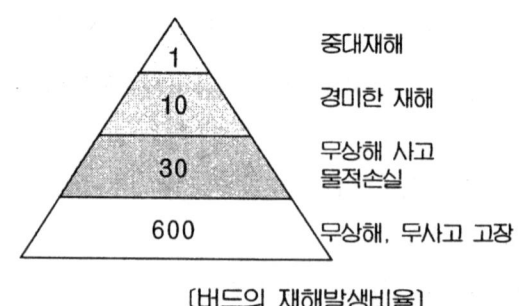

〔버드의 재해발생비율〕

(3) 국제노동기구(International Labor Organization ; ILO)

안전사고 230건 중 중상해 1건, 경상해 29건, 무상해 200건 발생 (하인리히의 상해분포보다 강함)

2.4 안전보건경영시스템

〈k-OHSMS 18001 : 2001의 인증요건을 중심으로〉

【1】인증규격의 종류

① ISO 9001 품질경영시스템(1994)
  • 2001년 이후 ISO 9001 : 2000규격으로 통일
② ISO 14001 환경경영시스템(1996)
③ OHSHA 18001 : 1999(세계인증기관작성)
④ KOSHA 2000 P/G : 1999.7월 이후(KOSHA)
  • BS 8800 : 안전보건경영시스템의 지침('96)
  • HS(G)65 : 성공적인 안전보건경영시스템('97)
⑤ K-OHSMS 18001 : 2001 한국인정협회 제정
⑥ ILO GUIDE LINE : 2001. 6 공포

【2】 안전보건경영시스템

① 안전보건경영체제는 근로자, 하청업체 및 방문자의 안전보건과 복지에 영향을 주는 모든 활동들을 관리하기 위해 조직이 만든 문서화된 경영시스템.
② KOSHA 2000P/G, ILO(G) : 사업주는~
③ OHSAS 18001, K-OHSMS 18001 : 2001 : 조직은~

【3】 ISO란?

① ISO ; International Organization for Standardization
  - 설립목적 : 국제표준화 및 관련활동의 발전을 촉진
  - ISO는 비정부기구, 스위스 민법 제60조에 의거 설립 사단법인
② 연혁
  - 국제 표준화의 움직임은 전기분야부터 시작 : 1906년 IEC창설
  - ISO 1946. 2. 23 발족

【4】 인증, 인증시스템, 인정이란?

① 인증(Certification) : 제품인증/경영시스템
  - 제품인증 : 특정제품이 원래의 규격에 맞도록 제조되었는지 여부 평가, 판정해주는 제도(주로 시험소에서 업무 수행, 제품 시험 성적서 발행인증)
  - 경영시스템 인증 : 특정제품, 공정 또는 서비스를 제공하는 공급자(기업, 단체등)의 경영시스템이 국제규격에 적합하게 방침을 정하고 운용되고 있는지 심사(적합한지 여부 판정, 입증해 주는 것.)

② 인증기관(Certification Body)
- 공급자의 전체 또는 일부조직이 특정규격에 맞게 정한대로 체제를 문서화하고 이에 따라 운용되는지 여부를 심사하여 입증해 주는 기관

③ 인증제도
- 인증기관이 특정 규격을 기준으로 평가하여 적합하다고 보증해 주는 제도

④ 인정(Accreditation)이란?
- 인증기관을 심사, 평가하여 객관적이고 독립적으로 심사하고 있는 것을 입증해 주는 기관
- 각국별로 한 개의 인정기관 : 한국인정협회(KAB)

【5】 인증제도의 도입 목적

① 국내 기업의 안전보건경영체제 정착
② 작업장 위험 파악과 평가를 통한 재해율 및 작업 환경 개선

【6】 인증 절차

① 인증 신청 및 계약
② 예비방문/예비심사(필요시, 의무사항 아님)
③ 문서심사 : 문서화된 안전보건경영체제 심사
④ 현장심사 : 실행현장에서 실시, 문서심사결과 부적합사항 시정완료 후 실시
⑤ 확인심사 : 서면 또는 현장 방문
⑥ 인증
⑦ 사후관리심사 : 인증표시 감시감독(1년 이내)
⑧ 재심사 : 3년 주기

【7】 안전경영의 주요 요소

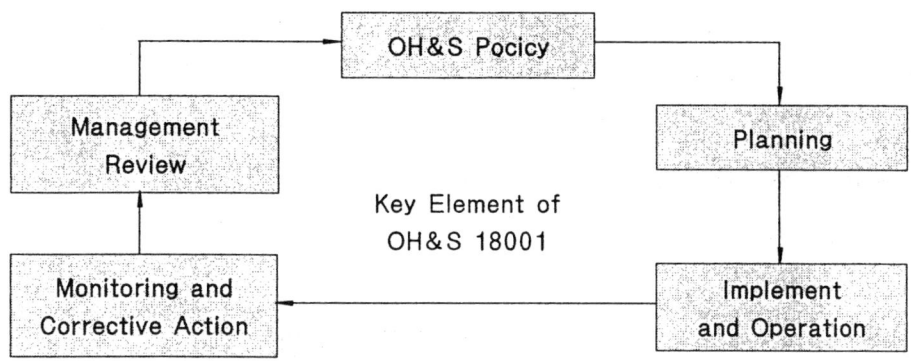

【8】 데밍(Deming)의 사이클

① KOSHA 2000 P/G, BS8800, K-OHSMS/OHSAS 18001은 모두 개선과정을 촉진하는 엔진으로서
  • P → D → C → A 사이클을 가지고 있다.
② ISO 9001 : 2000('2000.12.15 2차 개정)
  • 기존 PDCA 개념이 없어 기 인증업체는 재인증 받아야 함 (KAB 3년 유예)
③ Plan(계획) : 방침, 계획
④ Do(실행) : 실행 및 운영
⑤ Check (점검) : 점검 및 시정조치
⑥ Action (경영검토) : 경영검토

【9】 심사

① 무엇을 위하여 심사하는가?

- 경영 시스템의 검사기능과 부적합 사항의 파악이 심사과정에 있다
- Negative System

② 무엇에 대하여 심사할 것인가?
- 심사원은 규격의 조항과 법률, 규정 및 바람직한 경영관행과 역행되는 부분을 심사하는 것.

【10】 심사 결과 권고

① 통과
② 실패
③ 중부적합 : 인증요건에 위배(개선조치 3개월 이내)
④ 경부적합 : 일시적 경미한 사항, 누적 발생시 중부적합으로 발전할 가능성 내용
- ■ 통상
  - 중부적합 : 개선 후 현장확인
  - 경부적합 : 서류 검토
- ■ 부적합사항 개선완료 후 인증심사위원회 상정 인증결정
  (3년간 유효)

항	K-OHSMS 18001 : 2001	항	KS A 14001 : 1996
1	적용범위	1	적용범위
2	참고문헌	2	관련규격
3	용어정의	3	용어의 정의
4	안전보건경영시스템 구성요소	4	환경경영시스템 요건
4.1	일반요구사항	4.1	일반요건
4.2	안전보건방침	4.2	환경방침
4.3	계획	4.3	계획
4.3.1	위험파악, 위험성 평가 및 위험성 관리계획	4.3.1	환경측면
4.3.2	법률 및 그 밖의 요구사항	4.3.2	법률 및 그 밖의 요건
4.3.3	목표	4.3.3	목표 및 세부목표
4.3.4	안전보건경영추진계획	4.3.4	환경경영추진계획
4.4	실행 및 운영	4.4	실행 및 운영
4.4.1	구조 및 책임	4.4.1	구조 및 책임
4.4.2	훈련, 인식 및 자격	4.4.2	훈련, 인식 및 자격
4.4.3	협의 및 의사소통	4.4.3	의사소통
4.4.4	문서화	4.4.4	환경경영체제 문서화
4.4.5	문서 및 데이터 관리	4.4.5	문서관리
4.4.6	운영관리	4.4.6	운영관리
4.4.7	비상시 대비 및 대응	4.4.7	비상시 대비 및 대응
4.5	점검 및 시정조치	4.5	점검 및 시정조치
4.5.1	성과측정 및 모니터링	4.5.1	감시 및 측정
4.5.2	사고, 사건, 부적합과 시정조치 및 예방조치	4.5.2	부적합, 시정 및 예방조치
4.5.3	기록 및 기록관리	4.5.3	기록
4.5.4	심사	4.5.4	환경경영체제 감사
4.6	경영검토	4.6	경영자 검토

【11】 안전보건경영시스템 - 참고사항

① 조직의 필요에 따라 품질, 환경, 안전보건경영시스템의 통합운영이 가능하도록 개발
② 이 규격의 규정을 준수하는 것으로 법적 의무사항이 면제되는 것은 아니다.
③ 시스템구축의 의미 : 법규 기준 준수, 지속적 개선 추구

【12】 적용범위(시스템의 구축목적)

① 안전보건 위험성에 이해 관계자와 근로자가 노출되는 것을 제거하거나 최소화하고자 할 때
② 시스템을 실행, 유지 및 지속적으로 개선하고자 할 때
③ 규정된 안전보건방침이 적합한지를 보증하고자 할 때
④ 그러한 적합성을 다른 사람에게 입증하고자 할 때
⑤ 외부로부터 시스템에 대한 인증/등록을 획득하고자 할 때
⑥ 이 규격과의 적합성을 자체적으로 확인하고 선언하고자 할 때
  • 이 규격은 제품, 서비스보다 작업장 안전보건을 다룰 것을 의도하고 있음.

【13】 주요 용어 정의

① **사고** : 사망, 건강상 장해, 부상, 손해 기타 손실을 발생 시키는 의도하지 않은 사상
② **지속적 개선** : 안전보건 방침에 따라 안전보건성과 개선을 달성하기 위해 시스템을 강화하는 과정
③ **위험(Hazard)** : 부상, 건강장해, 재산손실 등 잠재력 있는 상태 또는 요인

• 납 사용 자체 Hazard X, 납 끓여 작업(흄) O
④ 위험 파악(Identification) : 위험의 존재를 인식하고 그 특성을 규정하는 과정
⑤ 사건(Incident) : 사고를 발생시키거나 사고로 이어질 가능성이 있는 사상(아차 사고 포함)
⑥ 이해 관계자 : 모든 사람 ── 근로자, 협력사, 방문자, 투자자, 감독기관
⑦ 위험성(Risk) : 특정 위험 사건 발생 가능성 결과의 조합
⑧ 위험성 평가(Risk Assessment) : 위험성의 크기를 추정하고, 그 위험성이 허용가능한지를 결정하는 전체 프로세스
⑨ 안전(Safety) : 수용할 수 없는 피해의 위험성으로부터 자유로운 것 (허용 가능한 위험만 있는 것)
⑩ 허용 가능한 위험성(Tolerable Risk) : 조직체가 허용할 수 있는 수준으로 감소된 위험성.

※ K-OHSMS 18001 : 2001에 의한 번호구성(53페이지 참조)

4. 안전보건경영시스템 구성요소

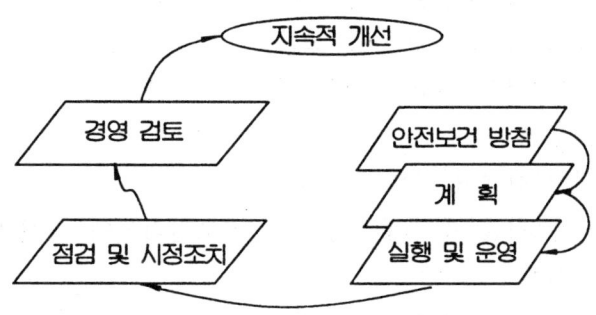

4.2 안전보건 방침

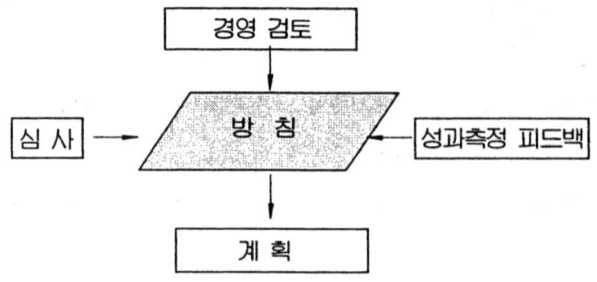

(1) 안전보건방침의 의도
 ① 안전보건방침은 조직의 전반적인 나아갈 바와 기본적인 원칙을 설정하는 것
   • 안전보건 책임과 성과 수준의 목표를 설정
   • 최고경영진의 바람직한 경영 공약
 ② 조직은 문서화된 방침을 실행 설정하는 것이 요구됨

(2) 안전보건방침(요건)
 ① 최고경영자가 승인한 안전보건방침이 있어야
 ② 안전보건 방침은 조직의 전반적인 나아갈 바와 기본적인 원칙을 설정하는 것이어야 함
    1) 조직의 위험성의 특성과 규모에 적합
    2) 지속적 개선 의지를 포함할 것
    3) 현재적용 안전보건법규와 조직이 설정한 다른 요건 준수 의지를 포함
    4) 문서화되어 실행되고 유지
    5) 근로자들 개인이 그들의 안전보건의무에 대해 알 수 있도록 쉽게 작성
    6) 이해 관계자들이 이용할 수 있도록 할 것
    7) 주기적 검토

4.3 계 획

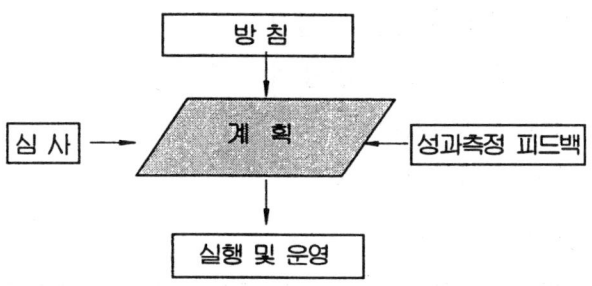

(1) 계획단계는
  ① 안전보건경영시스템에서 가장 중요
    • 조직의 위험성을 파악하고, 발생가능성과 그 결과를 조합하여 위험성을 평가하며
    • 안전보건 관련 법규 요구사항과 기타 다른 모든 필요요건을 파악하고
    • 안전보건 목표를 수립하고 전체적인 운영계획을 수립

(2) 위험성 평가의 의도
  ① 조직의 위험파악, 위험성평가, 위험성관리를 하는 과정에서
    • 중요한 안전보건 위험에 대하여 전반적이고 올바른 이해를 위한 것
  ② 위험파악, 평가, 관리가 계속 진행되어야
  ③ 조직 내 정상 및 비정상 운영 고려해야
  ④ 위험성평가/관리과정은 소요비용과 시간 고려해야

(3) 위험성평가 기본단계
  ① 작업활동의 분류

② 위험 파악(잠재력 있는 상태/요인)
③ 각 위험으로부터 위험성 파악
- 발생가능성 및 피해의 정도
④ 위험성이 허용 가능한지 결정
- 법적의무나 방침에 견딜 수 있는 수준까지
⑤ 위험성관리 조치계획
⑥ 조치계획의 적합성 검토

(4) 위험성 평가 사례

번호	작업 활동	위험 파악	위험성 평가			등급	허용가 능여부	위험성 관리계획
			가능성	심각성	위험성			

※ 허용가능 여부 판단시 법규 및 규정요건 검토

(5) 위험성의 허용 정도 결정

피해정도 가능성	경미한 피해 (low : 1)	보통위험 (Middle : 2)	치명적 피해 (High : 3)
가능성 낮음 (low : 1)	사소한 위험 (E, 1)	수용가능위험 (D, 2)	보통 위험성 (C, 3)
가능성 보통 (Middle : 2)	수용가능위험 (D, 2)	보통 위험성 (C, 4)	중대 위험 (B, 6)
가능성 높음 (High : 3)	보통 위험성 (C, 3)	중대 위험 (B, 6)	위험불허 (A, 9)

(6) 위험성 수준과 위험등급결정

위험수준	조치 및 기간
사소한 위험(E)	－조치를 취할 필요 없고 문서기록 둘 필요가 없다.
수용가능위험(D)	－추가 관리계획 불필요, 관리가 계속되도록 감시 －재정부담 고려 효과적 개선안 고려가능
보통위험(C)	－위험감소 위해 일정액 한도 내 노력강구 －위험감소 조치는 정해진 기간 안에 이행되어야
중대위험(B)	－위험을 줄일 때까지 작업을 시작하면 안됨 －위험을 줄이기 위해 많은 자원 투입 －위험이 현재 진행중인 작업이 있다면 긴급조치
위험불허(A)	－위험을 줄일 때까지 작업을 시작하면 안됨 －자원이 무한정 투입해도 위험 줄지 않으면 작업 계속 금지

(7) 위험성관리 조치계획은

① 위험성을 가능한 제거하는 것

② 위험성을 제거할 수 없을 경우는 위험성을 줄인다.
- 재평가 실시, 단계적 감소위한 접근 가능

(8) 조치계획의 적정성 검토시

① 대책이 위험 수준을 허용치 이내로 유지할 수 있는가?

② 새로운 위험요인이 생겨나지 않는가?

③ 가장 경제적 대책으로 선정되었는가?

④ 바뀐 예방조치가 실제 필요하고 실용적인가?

⑤ 바뀐 예방조치가 실제로 적용될 것인가?

4.3.1 위험파악, 위험성평가 및 위험성 관리계획(요건)

① 위험에 대한 지속적 파악, 위험성 평가, 실행을 위한 절차 수립 유지

② 위험성 평가 대상
- 일상적 및 비일상적 활동(설비세척, 보수작업등)

- 작업장에 출입하는 모든 사람(외주업자, 방문객 포함)의 활동
- 조직 또는 기타에 의하여 제공된 시설(외주업체, 용역업체 포함)

③ 평가결과는 안전보건 목표설정시 고려
④ 관련 정보를 문서화, 최신의 것으로 유지

◎ 위험파악, 위험성평가 조건
① 언제 평가하는가?
- 사후적 아닌 사전적 실시(설비설치, 변경 전)
- 기존설비 : 인증대비, 법규 등 방침 변경 시
- 주기적 재검토(기간설정), 최신자료 유지

② 위험파악 : 설비상태, 작업자행동, 유먼 에러, 기타 요구조건 등 고려
③ 위험성평가 : 등급구분, 제거 또는 단계적 개선토록 관리
④ 관리대책 : 시설요구사항의 결정, 훈련의 필요성 파악
- 운영관리(예 소음과다 발생시) 소음관리지침 보유 여부 확인
⑤ 후속조치 : 실행의 효과성, 시정(예방)조치 위한 모니터링증거 있어야

◎ 목표설정의 의도
- 안전보건방침이 달성될 수 있도록 전 조직을 통해서 측정 가능한 목표가 설정되는 것을 보장하기 위한 것임

4.3.3 목 표(요건)

① 목표는 안전보건방침과 일치, 지속적 개선의지 포함해야
- 이용 가능한 기술고려 설정, 지나치게 높은 비용부담과 기술적으로 대단히 어려운 목표적용을 요구하지는 않음

② 조직은 내부기능과 계층별로 문서화된 안전보건 목표 수립 유지
③ 안전보건방침 달성될 수 있도록 목표설정

④ 정규적으로(적어도 1년) 목표 설정
　　• 목표설정시 : 제거/감소/대체/유지/증가/도입고려

◎ 목표 및 추진계획의 설정은 SMART하게
　① 모든 중대한 위험성관련 복잡성과 중요성에 따라 일정계획을 할당하라
　　• 중대한(S) : 위험성이 중대한 것으로 평가되어야
　　• 측정가능(M) : 성과기준이 파악되어야 하며
　　• 달성가능(A) : 현재의 최상의 기술사용, 비용 고려해야
　　• 책임자(R) : 책임자명시, 능력이 있어야
　　• 시기 적절한(T) : 추진계획의 구체적 단계제시
　② Significant/Measurable/Achievable/Responsible/Time

◎ 안전보건경영 추진계획의 의도
　① 안전보건목표에 도달하는 방법에 관한 문서화된 전략을 도출하고 그것들이 필요에 따라 검토되고 갱신되는 것을 보장하기 위함
　② 조직에서 안전보건방침 및 목표를 달성하려는 노력을 유도

4.3.4 안전보건경영 추진계획(요건)
　① 조직은 목표달성하기 위한 추진계획을 수립 유지
　② 다음 문서화 포함
　　• 목표달성 위한 책임과 권한의 지정
　　• 목표달성을 위한 수단 및 일정
　③ 규칙적이고 계획된 주기로 검토
　　• 성과 미달한 경우, 적절한 시정 및 예방조치 취해져야
　　• 필요한 경우 여건변화를 반영할 수 있도록 수정

◎ 추진계획 작성양식(예시)

목적	목표	경영(개선) 프로그램			비고
		추진내용	추진일정	담당부서	(필요자원)

① 추진내용에는 타당성 검토 불포함
② 검토결과에 따라 추진내용 설정(가능여부/경제성/목표 달성여부 고려)

◎ 목표 및 추진계획 설정시
  ① 실행성을 고려해야 함
  ② 누가 할 것인가?
  ③ 무엇에 의해 할 것인가?
  ④ 언제 할 것인가?
  ⑤ 어떤 결과?

4.4 실행 및 운영

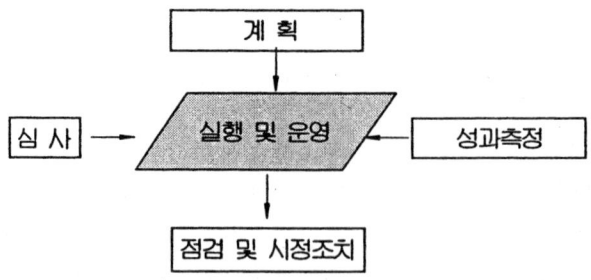

◎ 실행 및 운영의 의도
  ① 실행 및 운영단계는 안전보건 목표를 달성하기 위한 인적, 물적,

재정상의 자원을 얻는 것을 의미함
- 구조 및 책임
- 훈련, 인식 및 자격
- 협의 및 의사소통
- 문서화
- 문서 및 데이터 관리
- 운영관리
- 비상시 대비 및 대응

4.4.1 구조 및 책임(요건)
① 조직은 안전보건경영 촉진위해 역할, 책임 및 권한을 규정하고 문서화하여 의사소통
- 임무 수행하는 기능부서, 모든 인원의 책임과 권한 규정

② 안전보건에 대한 궁극적인 책임은 최고 경영자에게 있다.
③ 경영자는 시스템의 실행, 관리, 개선위해 필요 자원 제공해야
- 자원 : 인적자원, 전문적 기능, 기술, 재정적 자원 포함.

4.4.2 훈련, 인식 및 자격
① 의도 : 안전보건에 영향을 줄 수 있는 업무수행 인원이 적절한 능력을 갖추고 있음을 보장하기 위함임
- 위험물/유독물 취급자
- 능력은 적절한 교육, 훈련, 경험과 관련하여 규정

② 조직은 관련 기능과 계층별로 근로자가 알 수 있도록 절차 수립 유지
- 안전보건 방침 및 절차 시스템의 중요 요구사항
- 자신의 작업활동으로 인한 안전보건의 결과(실제적/잠재적)
- 개인성과의 개선으로 인한 안전보건상의 이점

- 비상시 대비 및 대응 요구사항, 역할과 책임
- 규정된 운영 절차로부터 벗어날 경우 발생 가능 잠재적 결과

③ 교육절차/계획 : 교육대상, 주기, 내용, 강사 및 방법 포함

◎ 심사의 주요 관점
① 안전보건에 영향 줄 수 있는 업무수행 인원(외부인원 포함)에 능력 포함, 필요한 훈련은 파악되어 있는가?
② 주요한 안전보건에 영향을 줄 수 있는 업무수행자는 적임자인가?
③ 각 관련 기능과 계층별로 근로자들의 필요사항 인식하도록 절차 수립, 실행되고 있는가?
④ 안전보건 관련 훈련은 책임, 능력 및 위험성을 토대로 하고 있는가?

◎ 교육 훈련의 접근 방식
① 설비의 안전성 : 구조, 기능, 안전기능, 작업절차
② 작업자 행동성 : 안전수칙, 불안전행동결과, 보호구
③ 위험 파악, 위험성 평가 결과
④ 동종설비, 공정의 사고사례 및 모범사례
④ 비상시 대비 및 대응 요구사항(절차) : 역할, 임무
⑥ 법률, 방침 그 밖의 요구 사항 등

◎ 협의 및 의사소통의 의도
① 조직이 안전보건 운영에 의해 영향을 받는 모든 대상에 대해 협의와 의사소통 과정을 통하여 안전보건 방침 및 목표를 지원하고, 바람직한 안전보건 실행에 대한 참여를 장려하기 위함

4.4.3 협의 및 의사소통(요건)
① 조직은 안전보건 정보가 의사소통 보장위한 절차 보유(조직과 근로자, 이해 관계자)

② 근로자의 참여와 협의를 위한 절차 문서화, 이해관계자에게 알려져야 한다.
- 위험성 관리를 위한 방침, 절차의 개발/검토시 근로자 참여
- 작업장 안전보건에 영향을 주는 어떤 변경이 있을 때 근로자와의 협의

③ 양방향성 진행
- 하향 : 교육, 게시판, 내부소식지, e-mail 등
- 상향 : 근로자 관심, 개선 위한 제안사항 등

④ 관리 : 언론/압력단체와의 의사소통(긴급상황기간)

⑤ 관리 : 비상대책기관과 의사소통(비상계획과 연계)

4.4.4 문서화(요건)

① 조직은 다음사항 기술한 정보를 수립유지(서류나 전자형태)
- 경영시스템의 핵심 요소들과 그들의 상호작용 기술
- 관련 문서화에 대한 방향 제시

② 문서화는 효과성 및 효율성 측면에서 최소화하는 것 중요
- 최근 품질, 환경, 안전보건 시스템 통합 구축 추세

③ 의도 : 문서화하고 최신의 내용으로 유지되도록 하기 위함

◎ 문서화 체계

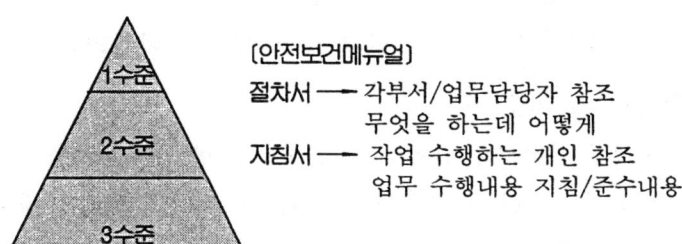

◎ 산업안전보건경영시스템

(Occupational Health and Safety Management System)

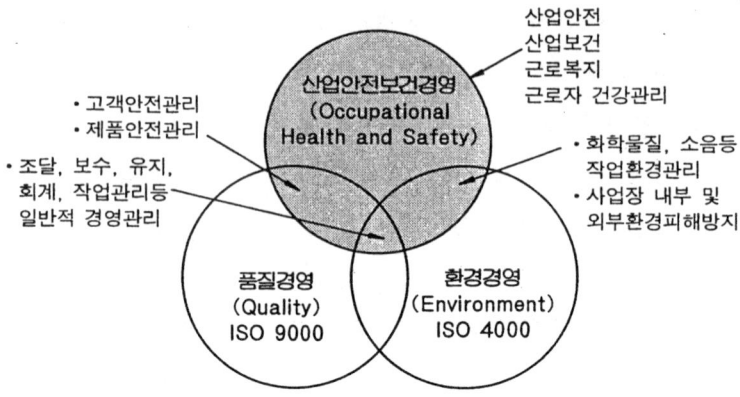

4.4.5 문서 및 데이터 관리
 ① 조직은 모든 문서와 데이터를 관리하기 위한 절차수립, 유지해야
  • 적절한 장소에 비치 (MSDS)
  • 주기적 검토, 개정, 권한을 가진 자가 그 적절성 승인
  • 업무 수행하는 모든 장소에서 관련 문서 및 데이터의 최신판을 이용할 수 있어야 함.
  • 구문서 및 데이터를 즉시, 신속히 제거
  • 모든 문서 및 데이터 적절히 식별(관리/비관리본, 배포관리)

◎ 운영 관리의 의도
  • 운영상 위험성을 관리하고, 안전보건 방침 및 목표를 충족시키며,
  • 법률 및 기타 요구사항 준수가 요구되는 곳에서 효과적인 관리를 적용하고
  • 대책에 대응하는 것을 보장하기 위한 계획을 수립하고 유지하기 위함

4.4.6 운영 관리
① 위험성이 발생하거나 관리대책의 적용이 필요한 내용 예
  1) 상품 및 서비스 구매와 수송, 외부 자원의 사용
    ㉮ 위험한 화학물질의 구매 수송에 대한 승인
    ㉯ 구매시 기계, 장비, 화학물질의 안전한 취급을 위한 문서화
    ㉰ 계약자의 안전보건 능력의 평가와 주기적인 재평가
    ㉱ 새로운 설비 또는 장비에 적용할 안전보건성 설계승인
  2) 위험한 작업
    ㉮ 위험한 작업의 파악(화기/고소작업등)
    ㉯ 작업방식의 사전 결정과 승인(정전작업등)
    ㉰ 위험한 작업을 수행할 인원의 사전 자격 부여
    ㉱ 작업허가 시스템 및 위험한 작업장에 대한 인원의 출입통제 절차
  3) 위험한 재료
    ㉮ 재고품 파악 및 저장 위치
    ㉯ 안전한 저장 설비 및 접근관리
    ㉰ 물질 안전 데이터와 관련 정보에 대한 준비 및 접근
  4) 안전한 설비 및 장비의 유지
    ㉮ 조직의 설비/장비의 준비, 관리 및 유지(방폭, 방사선등)
    ㉯ 개인 보호구의 준비, 관리 및 유지
    ㉰ 접근의 구분과 관리(출입허가 관리 등)
    ㉱ 화재 감지 및 진압장비, 방사선 물질과 안전장치, 국소배기 시스템 등 장비 및 시스템에 대한 검사 및 시험

◎ 심사시 주요 관점
    • 관리조치가 필요한 위험성과 관련된 운영 및 활동이 파악되고 관리 항목이 제시되었는가?

- 필요한 문서화된 절차가 수립, 유지되고 있는가?
- 운영 관리 기준이 정해졌는가?
- 정해진 절차 및 기준에 따라 일상적으로 관리하고 있는가?
- 공급자와 계약자에게 관련 절차 및 요구사항이 전달되는가?
  - 외주업체, 협력업체와 의사소통 요구
- 근원적으로 안전보건 위험성을 제거하거나 줄이기 위하여 필요한 절차가 수립 유지되고 있는가?

◎ 관련 문서(예시)
- 작업허가 절차/수작업 절차(중량물 취급등)
- 작업장 소음관리 절차/유해물질 관리 절차
- 개인보호구 관리 절차
- 협력업체 관리 절차
- 전기 관리 절차
- 제한된 공간에서의 작업 절차
- 특정설비의 보수, 정비작업 절차 등

4.4.6 운영관리 부적합 사례

① 생산1과 폐수 집수조에 덮개(안전가이드)가 설치되어 있지 않다.
② 출하 지역에서 지게차가 사용되고 있으나 후진시 경고등이 작동되지 않고 있다.
③ 구급약품함의 약품에 대한 유효관리 일자 관리가 이루어지지 않고 있다.
④ 유독물 보관 창고에서 유독물 관리자가 이들 물질의 특성을 모두 잘 알고 있는 내용이기 때문에 MSDS를 확보하지 않았다.
⑤ 작업환경 관련 운영관리 기준이 설정되어 있지 않고 기준 초과 시 조치사항에 대하여 규정되어 있지 아니 하였다.

⑥ 안전밸브에 맹판 차단, 압력게이지 고장 방치 등

◎ 비상시 대비 및 대응의 의도
- 조직이 잠재적인 사고 및 비상 대응 필요성에 대해 실제적으로 접근하며
- 만족시킬 수 있도록 계획을 수립하고,
- 계획된 대응방안을 시험하고
- 대응의 효과성을 개선할 수 있도록 하기 위함

4.4.7 비상시 대비 및 대응(요건)
① 조직은 비상시 계획과 절차를 수립 유지
- 사건 및 비상사태의 잠재적 발생 가능성을 파악하고 이에 대한 대응
- 질병과 부상을 방지하고 완화시키기 위한
② 비상시 대비 및 대응 계획과 절차를 검토
- 사건 또는 비상사태가 발생한 후
③ 절차를 주기적 시험
- Test 하자(유효성 검증하여 보완하라)

◎ 비상 조치계획 포함내용
- 잠재적 사고 및 비상사태의 파악
- 비상상황에서 특정의 역할을 가진 인원의 책임, 권한과 의무
- 비상상황에서 모든 인원의 의무
- 대피 절차
- 외부 비상 서비스와의 연계
- 당국, 이웃, 공공과의 의사소통
- 위험물질의 식별과 위치, 요구조치
- 중요사항 기록 및 장비의 보호

4.4.7 부적합 사례

① 화재 진압에 대한 비상 시나리오는 준비되어 있으나 훈련은 실시한 적이 없으며 년2회 교육만 실시하고 있다.

② 유독물 운반 차량의 전복 또는 기타 사고로 인한 누출이 중대 위험성으로 평가되었으나 누출시 방제기구가 구비되어 있지 않고 운전자가 사고 발생시 조치 내용을 알지 못하고 있었다.

③ 유독물 저장 탱크 매우 노후해 사건/사고 기록을 보니 2년 전에 보급 중 넘쳐흘러 하수구 흘러 들어간 사고 2번 발생, 이제는 같은 사고가 발생하지 않도록 철저 관리하기에 별도의 비상 절차 불필요하다고 한다

4.5 점검 및 시정 조치

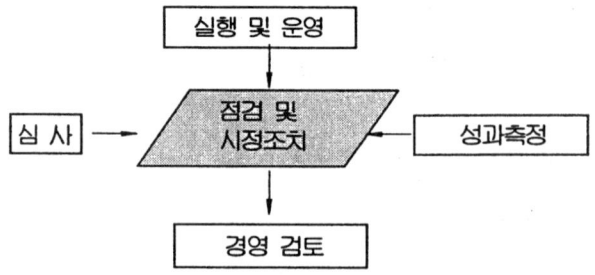

안전보건 경영 시스템 이행에 있어서 중요한 것은 시스템을 점검하여 문제를 찾아내고 이들을 해결하는 것이다.

◎ 성과 측정 및 모니터링의 의도
 -조직 전체에 걸쳐 안전보건 성과에 대한 성과를 파악하기 위함
  • 안전보건 방침 및 목표가 달성되고 있는가?
  • 위험성평가가 실행되고 효과적인가?
  • 위험한 일(사고, 아차 사고, 건강장해)의 실패로부터 교훈

- 근로자, 이해관계자에 대한 인식, 훈련, 의사소통 및 협의 프로그램은 효과적인가?

4.5.1 성과 측정 및 모니터링(요건)

① 조직은 안전 보건성과를 정기적으로 모니터링하고 측정하기 위한 절차를 수립, 유지
   - 조직의 필요에 따라 적절한 정량적, 정성적 두 가지 측정
   - 사전적인 성과의 측정 : 추진계획, 적용법규, 운영 기준 등
   - 사후적인 성과의 측정 : 사고, 건강상 장해, 사건(아차 사고 포함), 기타 과거의 안전보건성과(실패사례 포함)
   - 후속적으로 시정조치 및 예방조치 분석 위한 모니터링 및 측정 결과의 기록

② 모니터링 장비 요구시 보정 유지 위한 절차 수립 유지
   - 기록 유지 예 가스농도계, 분석계, 소음측정기 등

◎ 측정 및 모니터링 기법 예
  - 위험 파악, 위험성 평가, 위험성 관리 과정의 결과
  - 점검표를 사용한 체계적인 작업장 검사, 자체검사
  - 안전보건 검사 예 도보순찰, 노사 합동점검 등
  - 안전보건 측정 측면의 조사 : 건강진단, 작업환경 측정
  - 사고, 사건, 부적합 발생 후 취해진 시정조치 및 예방조치의 효과성 확인
  - 행동 모니터링 : 시정이 요구될 수 있는 불안전한 관행을 파악하기 위한 작업자의 행동분석
  - 다른 조직에서의 바람직한 안전보건 실행에 대해 벤치마크
  - 문서와 기록의 분석(의무실, 물리치료실, 제안제도)

◎ 사고, 사건, 부적합과 시정조치 및 예방조치의 의도
 -조직은 사고, 사건 및 부적합을 보고하고 평가, 조사하는 효과적인 절차를 가지고 있어야 한다.
   • 더 나아가 절차는 부적합의 잠재적 원인을 인지, 분석 및 제거 할 수 있어야 한다.

4.5.2 사건, 부적합과 시정조치 및 예방 조치(요건)
 ① 조직은 다음사항 책임과 권한을 규정 절차 수립 유지
   • 사고, 사건, 부적합에 대한 취급과 조사
   • 부적합 결과를 완화시키기 위해 조치를 취하는 것
   • 시정조치 및 예방조치의 시작과 완료
   • 취해진 시정 조치 및 예방 조치의 효과성 확인
 ② 제안된 모든 지정조치 및 예방조치 사항들이 위험성 평가 프로세스에 따라 실행이전에 검토되도록 요구
 ③ 변경된 모든 사항을 문서화된 절차상에 기록

◎ 위험감소 대책 우선순위
 -시정조치
   • 이미 문제 발생한 사건에 대한 재발방지
 -예방조치
   • 아직까지 부적합 되지는 않았으나 부적합 사항 미리방지(잠재성)

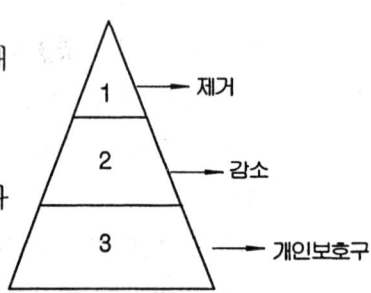

◎ 시정조치 및 예방조치 프로그램
 -수평전개 : 회사에 유사설비 및 소음발생 장치와 관련 타 근로자도 이러한 현상이 있는지 조사
   • 불만기록조사, 제안, 건강진단결과, 작업환경 측정결과 등 참조하

여 개선 필요사항 List
　－원인 파악/분석 : 청각 이상 발생원인 파악
　　　• 보호구 미착용, 교육훈련미흡, 현장운영관리 미흡, 보호구 불만사항
　　　• 위험성 평가
　－재발방지 대책 : 작업지침 보완 또는 제정
　　　• 교육강화, 현장관리 강화
　　　• 위험관리 계획 실행(소음차단 설비)
　－효과 파악 : 성과측정 및 모니터링(안전순찰 등)

◎ 어떠한 부적합 사항이 있는가?
　－실제적 및 잠재적인 부적합 원인을 제거하기 위하여 취해지는 모든 시정조치 및 예방조치는
　－안전보건 위험성에 상응하는 적절한 수준으로 관리 되어야 하지만 유사 사고 재발함

4.5.3 기록 및 기록 관리(요건)

① 기록은 손상, 나빠지거나 또는 손실을 방지할 수 있는 방법으로 보관
② 기록은 보관기간을 정하고 기록해야
③ 기록 유지 대상(예시)
　　　• 훈련기록, 검사보고서, 사고/사건 조사 및 사후조치 보고서
　　　• 비상사태 대응 훈련, 건강진단, 작업환경측정
　　　• 위험성 파악/평가/관리 기록 등

◎ 문서와 기록의 차이

문서관리(4.4.5)	기록관리(4.5.3)
업무활동의 순서, 방법, 절차 기준을 지시, 계획, 규정하고 있는 것 • A written description has to accomplished	결과의 증거 삼고 분석 위한 것 • A written description has been accomplished
매뉴얼, 절차서, 지침서, 교육계획, 시방, 양식 등	교육 훈련일지, 생산일보, 성적서 등
승인권자의 검토승인이 있어야 하며 업무 수행 장소에 배포 • 배포대장, 문서관리, 대장유지 최신의 유효본 유지되기 위해 • 개정(관리본/비관리본), 구문서 회수/폐기	손상되지 않도록 식별파악/수집/분류/파일링/색인 • 보존년한에 따라 보존/폐기 핵심사항 : 손상되지 않도록 관리 • 쉽게 색인 가능

◎ 심사의 의도
- 안전보건경영시스템의 주기적인 심사를 통하여
- 조직이 안전보건경영시스템의 효과성을 검토하고 평가할 수 있도록 하기 위함

4.5.4 심사(요건)

① 조직은 주기적인 안전보건경영시스템 심사를 위한 심사 프로그램 및 절차를 수립 유지

② 안전보건경영시스템이 다음 사항을 만족하는지 결정
  - 수립된 계획과의 적합성
  - 실행과 유지의 적절성
  - 조직의 방침과 목표를 충족시키는지의 효과성

③ 과거 심사결과의 검토

④ 경영자에게 심사결과에 대한 정보 제공

- 심사절차는 심사실시, 결과보고, 요구사항, 심사범위, 주기, 방법 등 포함해야
- 심사는 독립적인 사람에 의해 수행되야(자기부서 피해야)

◎ 경영 검토의 의도
- 최고 경영자가 조직의 안전보건 목표와 방침을 달성하는 데
- 안전보건경영시스템이 충분히 실행되고 적절하게 유지되고 있는지를 평가하기 위하여
- 정기적으로 안전보건경영시스템의 운영을 검토하도록 하기 위함

4.6 경영 검토

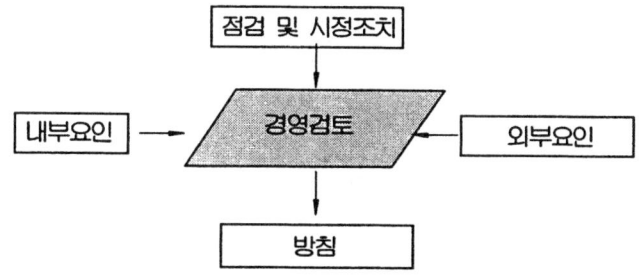

(1) 경영 검토(요건)
① 최고 경영자는 정한기간에 따라 안전보건경영시스템을 검토(년1회)
- 시스템의 지속적인 적합성과 타당성 및 효과성 보장 위해
② 경영 검토 프로세스는 필요한 정보가 수집되어 경영자가 이러한 평가를 할 수 있도록 보장
③ 검토는 문서화
④ 경영검토 계획시 고려해야 할 사항
- 강조되어야 하는 주제(방침, 목표의 선정 및 갱신 등)

- 참석해야 할 사람(경영자, 안전보건 전문가, 자문단)
- 검토 관점에서 각 참여자의 책임
- 검토를 위한 정보(자원의 적절성 등)

◎ OHSMS 18001의 목표는
  - 법률과 그 밖의 요구조건 사항의 준수와
  - 위험(Hazard)과 위험성(Rick)의 관리와
    - 지속적으로 개선하기 위한 활동의 추진이다.
  - 그 결과로 사고율이 낮아지는 것이다.
    - 사고율 Zero 자체가 목표는 아니다.

산업재해

3.1 산업재해의 정의

【1】산업재해의 정의(법 2조 1항)

(1) 법적 정의 : 근로자가 업무에 관계되는 건설물 설비·원재료·가스·증기 분진 등에 의하거나 작업 기타 업무에 기인하여 사망 또는 부상하거나 질병에 이환되는 것을 말한다.

(2) 1962년 국제노동기구(International Labor Organization ; ILO)의 정의 : 사고란 사람이 물체나 물질 또는 타인과의 접촉에 의해서 물체나 작업조건 속에 몸을 두었기 때문에 또는 근로자의 작업 동작 때문에 사람에게 상해를 주는 사건이 일어나는 것을 말한다.

(3) 미국 안전보건법(Occupational Safety and Health Act ; OSHA) 정의 : 산업재해의 발생은 어떤 단순한 것이 아니고 직접원인과 간접원인의 복합적인 결합에 의하여 사고가 일어나고 그 결과 인적피해나 물적피해를 가져온 상태를 재해라고 말한다.

> **참고** 미국 : 상해, 한국, 일본 : 재해
> ① 불완전한 행동의 요인=88%
> ② 기계설비의 결함(불완전한 상태) 10%
> ③ 천재지변 : 2%

【2】 재해발생의 기본요인

(1) 인적 요인(Man factor)
① 심리적 요인 : 망각, 고민, 집착, 억측판단, 착오, 생략행위
② 생리적 원인 : 피로, 숙면부족, 신체기능 저하, 음주, 고령
③ 직장적 원인 : 직장의 인간관계, 리더쉽 부족, 팀웍 결여, 대화부족

(2) 설비적 요인(Machine factor)
① 기계설비의 설계상 결함(안전개념 미흡)
② 표준화 미흡
③ 방호장치의 불량(인간공학적 배려 부족)
④ 정비·점검 미흡

(3) 작업적 요인(Media factor)
① 작업정보의 부적절
② 작업자세, 작업동작의 결함, 작업방법의 부적절
③ 작업공간 부족, 작업환경 부적합

(4) 관리적 요인(Management factor)
① 관리조직의 결함
② 교육훈련 부족
③ 규정, 매뉴얼 부비치, 부철저
④ 적성배치 불충분, 건강관리의 불량

【3】 산업재해분류

(1) 상해 종류별 분류(상해 형태, 인적 측면의 재해 형태)
① 골절 : 뼈가 부러진 상해
② 동상 : 저온물 접촉으로 생긴 동상 상해

③ 부종 : 국부의 혈액 순환의 이상으로 몸이 퉁퉁 부어오르는 상태
④ 찔림 : 칼날 등 날카로운 물건에 찔린 상해
⑤ 타박상 : 타박, 충돌, 추락 등으로 피부 표면보다는 피하 조직 또는 근육부를 다친 상해(삔 것 포함)
⑥ 절단(베임) : 신체 부위가 절단된 상해
⑦ 중독, 질식 : 음식, 약물, 가스 등에 의한 중독이나 질식된 상해
⑧ 찰과상 : 스치거나 문질러서 벗겨진 상해
⑨ 창상 : 창, 칼 등에 베인 상해
⑩ 화상 : 화재 또는 고온물 접촉으로 인한 상해
⑪ 청력 장해 : 청력이 감퇴 또는 난청이 된 상해
⑫ 시력 장해 : 시력이 감퇴 또는 실명된 상해
⑬ 뇌진탕
⑭ 익사
⑮ 피부병

(2) **재해발생 형태별 분류**(인적, 물적 측면이 모두 포함된 재해형태)
① 추락 : 사람이 건축물, 비계, 기계, 사다리, 계단, 경사면, 나무 등에서 떨어지는 것
② 전도 : 사람이 평면상으로 넘어졌을 때를 말함(과속, 미끄러짐 포함)
③ 충돌 : 사람이 정지물에 부딪힌 경우
④ 낙하, 비래 : 물건이 주체가 되어 사람이 맞은 경우
⑤ 붕괴, 도괴 : 적재물 비계, 건축물이 무너진 경우
⑥ 협착 : 물건에 끼워진 상태, 말려진 상태
⑦ 감전 : 전기 접촉이나 방전에 의해 사람이 충격을 받은 경우
⑧ 폭발 : 압력의 급격한 발생 또는 개방으로 폭음을 수반한 팽창이 일어난 경우

⑨ 파열 : 용기 또는 장치가 물리적인 압력에 의해 파열된 경우
⑩ 화재 : 화재로 인한 경우를 말하며 관련 물체는 발화물을 기재
⑪ 무리한 동작 : 무거운 물건을 들다 허리를 삐거나 부자연한 자세 또는 동작의 반동으로 상해를 입은 경우
⑫ 이상온도 접착 : 고온이나 저온에 접촉한 경우
⑬ 유해물 접촉 : 유해물 접촉으로 중독되거나 질식한 경우
⑭ 기타 : ①~⑬항으로 구분 불능시 발생 형태를 기재할 것

3.2 산업재해의 원인 분석

(1) 노동부 : 직접원인, 기인물, 발생형태, 상해(4종류)
(2) 하인리히 : 직접원인, 부원인, 기초원인(3종류)

1 직접 원인

【1】불완전한 행동(인적인 요인)

(1) 안전장치의 기능 제거
(2) 불안전한 속도의 조작
(3) 권한 없이 행한 조작, 경고의 미준수
(4) 불안전한 장비의 사용, 장비 대신 손을 사용
(5) 불안전한 적재, 적하, 혼잡, 결합 등
(6) 불안전한 자세, 동작
(7) 안전 복장을 착용하지 않았거나 개인보호구를 착용하지 않음
(8) 잡담, 당황, 놀림, 장난을 하는 행위
(9) 감독 및 연락불충분
(10) 운전 중인 기계에 주유, 수리, 점검, 청소, 용접, 방치하는 행위

【2】 불안전한 기계적 상태(물적 요인)

(1) 안전방호장치 결함
(2) 불량상태 방치
(3) 불안전한 설계, 구조, 건축
(4) 위험한 배열
(5) 불안전한 조명
(6) 불안전한 환경
(7) 불안전한 복장 보호구
(8) 불안전한 방법, 공정, 작업순서, 계획 등
(9) 안전표지의 미부착, 경계구역 미설정, 경계표시의 부재

2 부원인(subcause) : 간접 원인

【1】 부적절한 태도

(1) 고의적 무시　　　　　(2) 무모
(3) 게으름　　　　　　　(4) 불복종
(5) 비협조　　　　　　　(6) 공포
(7) 민감　　　　　　　　(8) 질투
(9) 조급함　　　　　　　(10) 흥분
(11) 망상　　　　　　　(12) 강박관념
(13) 공포증　　　　　　(14) 경거망동

【2】 지식 또는 기능의 결여

(1) 충분히 알고 있지 못함　(2) 잘못 이해
(3) 필요성을 못 느낌　　　(4) 무경험
(5) 경험미숙　　　　　　　(6) 우유부단

【3】 신체적인 부적격

(1) 청각   (2) 시각   (3) 나이
(4) 성별   (5) 신장   (6) 질병
(7) 알레르기 (8) 반응느림 (9) 중독

3 기초 원인 - 습관적, 사회적, 환경적, 유전적, 관리감독적 특성

(1) 조직적인 안전활동의 결여, 감독자의 안전관리 안전위원회의 결여, 사고조사의 결여, 조직의 결여 등
(2) 불충분한 안전관리 활동, 비효과적인 안전 활동
(3) 안전활동의 수행방향과 참여의 결여
(4) 가드의 미설치, 충분한 응급조치, 개인보호구, 안전공구, 안전작업 환경 결여
(5) 신입 작업자의 적성과 작업경험을 시험하는 적당한 과정 결여
(6) 작업자의 사기의욕의 저하
(7) 안전작업규정의 이행규제의 결여
(8) 사고발생 책임소재의 결여

4 재해발생형태

【1】 단순 자극형에 의한 재해발생

불안전한 행동만으로 사고가 발생한 경우

【2】 연쇄형에 의한 재해발생

하나의 원인이 기초가 되어 다른 원인을 유발하거나 자극함으로서 연쇄반응으로 재해가 발생하는 경우 또는 여러 가지 원인이 상호작용을 하는 경우

【3】 복합형에 의한 재해발생

많은 위험요소가 서로 얽혀서 재해를 발생시키는 경우, 즉 불안전한 행동과 불안전한 상태가 함께 작용해서 발생하는 재해

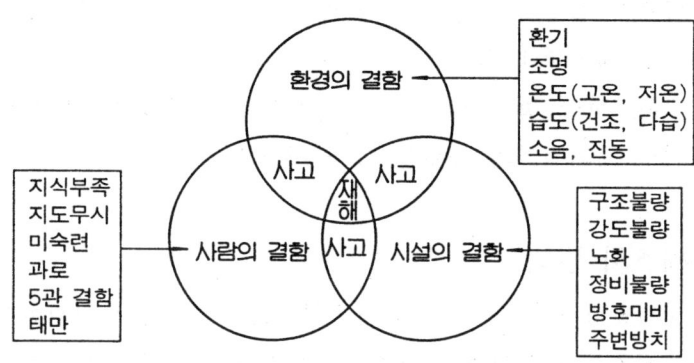

〔재해의 복합 발생 요인 구조〕

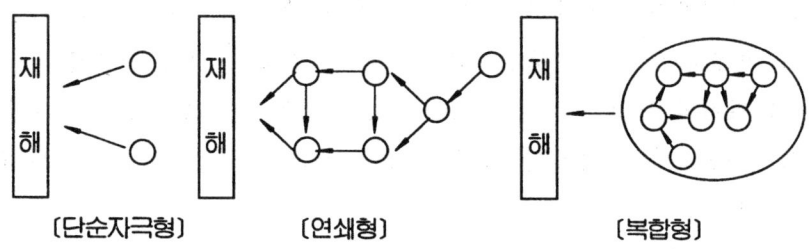

〔단순자극형〕　　〔연쇄형〕　　〔복합형〕

【4】 재해발생의 흐름도

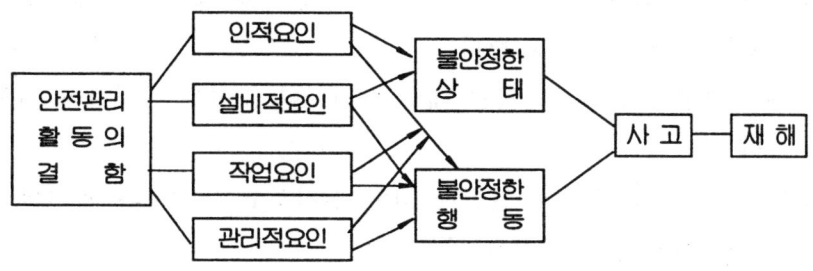

3.3 산업재해 조사

1 재해조사의 목적
(1) 재해의 원인을 발견하여 동종의 유사재해가 발생되지 않도록 예방 대책을 세우는데 있다.
(2) 재해조사는 조사하는 데 목적이 아니고 잘못한 사람의 책임추궁도 아니며 재해원인의 사실을 아는 데 있다.

2 재해조사 방법
(1) 재해발생 즉시 현장이 변형되지 않은 상태에서 실시한다.
(2) 재해조사시 책임추궁보다는 재발방지에 우선을 둔다는 기본적인 태도를 갖고 한다.
(3) 목격자가 발언한 사실 외에 추측의 말은 참고로만 하고 가능하다면 피해자의 사고 재해당시의 설명을 청취하는 것이 중요하다.
(4) 과거의 사고 경향, 사례조사 기록 등을 참고하여 조사하여야 한다.
(5) 객관적인 입장에서 하여야 하며 어떤 편견을 가지고 조사하여서는 안된다.
(6) 재해와 관련된 기계시설장치, 작업공정특징. 작업방법, 작업행동 등을 철저히 조사한다.
(7) 평상시 현장에서의 특징이 있는 습관이나 관례에 대해서도 책임자로부터 들어 참고로 한다.
(8) 재해현장도 될 수 있는 대로 사진이나 도면을 작성하여 기록해 둔다.
(9) 재해조사는 2명이 일조가 되어 실시하고 피해자와 관련된 전원에게서 재해 전후 사정을 청취한다.

(10) 재해 장소에 들어갈 때는 그 자체의 예방과 위험 유해성에 대응한 보호구를 착용하여야 한다.
(11) 피해자에 대한 조사자의 기본적인 태도는 동정적이면서도 피해자의 입장에서 생각해야 한다.
(12) 재해현장도 오래두면 다음에 또 다른 재해가 유발될 우려가 있으므로 재해조사를 빨리 끝낸다.

3 재해조사표 작성

(1) 산업 재해가 발생하면 재해 조사가 끝남과 동시 재해 조사표를 작성하여 사고 원인을 규명한다.
(2) 2부를 작성하여 일부는 3년간 사업장에 보관하고 일부는 노동부지방사무소로 보고한다.
(3) 재해조사표 기록내용은 다음과 같다.
  ① 재해발생 일시와 장소
  ② 재해발생자(유발자)의 신상명세서
  ③ 재해원인과 결과
  ④ 조사자의 의견
(4) 재해발생 조치 순서
  ① 응급조치   ② 재해조사   ③ 원인 추구
  ④ 대책수립   ⑤ 대책실시계획   ⑥ 실시
  ⑦ 평가
(5) 산업재해 조사표
(6) 재해보고를 요하는 중대재해
  ① 사망자가 1인 이상 발생한 재해

② 3개월 이상의 요양을 요하는 부상자가 동시에 2명 이상 발생
③ 동일한 종류의 부상 또는 질병자가 10명 이상 발생했을 때는 발생원인, 피해상황, 조치, 전망, 기타 사항을 포함한 내용을 보고토록 하고 있다.

(7) 재해의 원인분석방법
 ① 개별적 원인분석
  ㉮ 상세한 원인분석
  ㉯ 특수재해, 중대재해
 ② 통계적 원인분석
  ㉮ 파렛토도 : 사고의 유형, 기인물 등
  ㉯ 특성요인도
 ③ 클로즈(close) 분석 : 2개 이상의 문제 분석
 ④ 관리도 : 관리상한, 중심선, 관리 하한을 두고 재해를 체계적으로 관리하고자 하는 방법

(8) **각종 재해통계**(사업장 단위의 재해통계)
 ① 월별 통계
 ② 직장별 통계
 ③ 직종별 통계
 ④ 요일별 통계(예시)

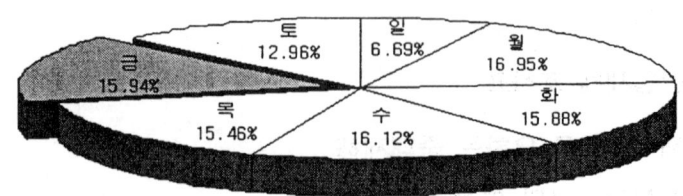

⑤ 시각별 통계(예시)

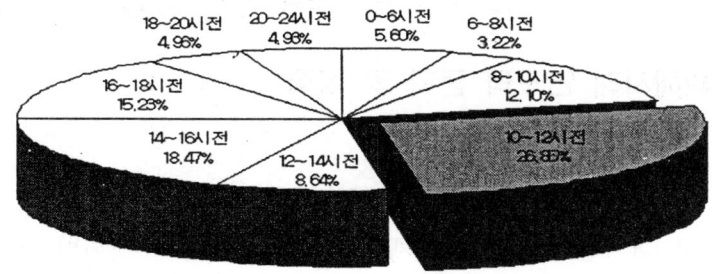

⑥ 근속년수별 통계(예시)

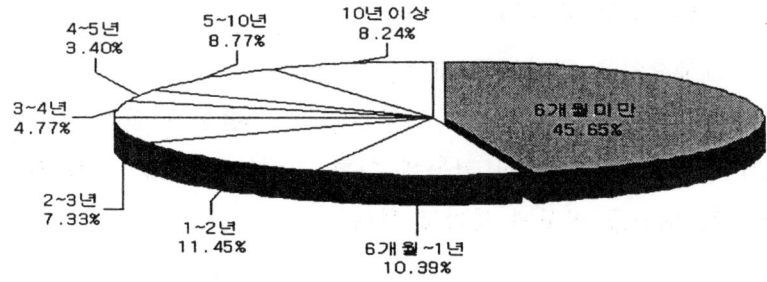

⑦ 연령별 통계(예시)

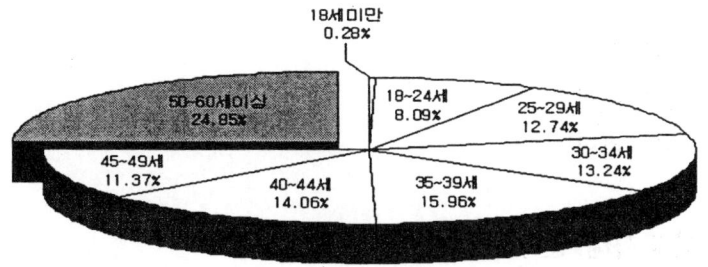

⑧ 부상부위별 통계
⑨ 기타

3.4 재해사례 연구방법

1 재해사례 연구의 정의 및 목적

【1】재해사례 연구법

산업재해의 사례를 과제로 하여 그 사고와 배경을 체계적으로 파악하고 파악된 문제점 및 재해원인을 결정하고 재해방지대책을 세우기 위한 방법.

【2】재해사례 연구목적

(1) 재해요인을 규명해서 대책을 세운다.
(2) 재해방지의 원칙을 습득하여 안전보건 활동에 실천한다.
(3) 참가자의 안전보건 활동에 관한 견해나 생각을 깊게 하기도 하고, 다른 태도를 바꾸게 하기도 한다.

2 재해사례 연구의 진행방법

【1】재해사례 연구순서

(1) 개별연구
(2) 반별토의
(3) 전체회의

【2】재해사례 연구의 진행단계

(1) 전제조건(재해상황의 파악)
  ① 재해발생 일시, 장소
  ② 업종, 규모

③ 상해의 상황
④ 물적피해 상황
⑤ 피해근로자의 특성
⑥ 사고의 형태
⑦ 기인물
⑧ 가해물
⑨ 조직계통도
⑩ 재해현장 도면
(2) 제1단계 : 사실의 확인
(3) 제2단계 : 문제점의 발견
(4) 제3단계 : 근본적 문제점 결정
(5) 제4단계 : 대책의 수립

3.5 사고 및 재해의 예방

1 재해 예방 대책

【1】사고 예방 대책의 기본원리 5단계

(1) 제1단계 : 안전관리조직
(2) 제2단계 : 사실의 발견(현상파악)
① 사고 및 활동 기록의 검토
② 작업분석
③ 점검 및 검사
④ 사고조사
⑤ 각종안전회의 및 토의
⑥ 근로자의 제안 및 여론 조사
⑦ 관찰 및 보고서의 연구

(3) 제3단계 : 분석 평가
  ① 사고보고서 및 현장조사 분석
  ② 사고기록 및 관계자료 분석
  ③ 인적, 물적, 환경적 조건 분석
  ④ 작업공정 분석
  ⑤ 교육 및 훈련 분석
  ⑥ 배치사항 분석
  ⑦ 안전수칙 및 작업표준 분석
  ⑧ 보호장비 적부 분석

(4) 제4단계 : 시정방법의 선정(대책의 선정)
  ① 기술적 개선
  ② 배치조정
  ③ 교육 및 훈련개선
  ④ 안전행정의 개선
  ⑤ 규정 및 수칙, 작업 표준, 제도의 개선
  ⑥ 안전운동전개의 효과적 개선

(5) 제5단계 : 시정책의 적용(목표달성)
  ① 교육(education)
  ② 기술(engineering)
  ③ 독려, 규제(enforcement)

❖ Harby의 안전 3E(Three E's of safety) ❖

Harby는 사고를 방지하고 안전을 확보하기 위해서는 안전 교육과 안전공학 및 안전 감독이 조화와 균형을 이뤄야 한다고 주장
1. 안전 교육(safety education)   2. 안전 공학(safety engineering)
3. 안전 감독(safety enforcement)

단계별	과정	조치사항
1단계	안전 조직	① 안전관리조직과 책임 부여 ② 안전관리규정 제정 ③ 안전관리계획수립
2단계	사실 발견	① 자료수집 ② 작업공정분석, 위험 확인 ③ 점검, 검사 및 조사 실시
3단계	분석 평가	① 자료수집 ② 작업공정분석, 위험 확인 ③ 점검, 검사 및 조사 실시
4단계	시정책선정	① 기술적인 개선안 ② 관리적인 개선안 ③ 제도적인 개선안
5단계	시정책적용	① 목표설정 ② 실시(3 토의 적용) ③ 재평가, 시정(후속조치)

〔사고예방대책 5단계〕

2 재해예방의 4원칙

【1】 예방가능의 원칙

재해는 원칙적으로 근원적인 원인만 제거하면 모두 예방이 가능하다.

【2】 손실우연의 원칙

재해손실은 사고발생시 대상 조건에 따라 달라지므로 사고의 결과로서 생긴 재해손실은 우연에 의해 결정된다. 따라서, 재해방지의 대상은 우연에 의해 좌우되는 재해손실 방지보다는 사고발생 자체의 방지에 힘써야 한다.

【3】 원인연계의 원칙

모든 재해는 필연적인 원인에 의해서 발생한다. 즉, 사고와 손실과의 관계는 우연적이지만 원인과의 관계는 필연적인 계기가 있다.

【4】 대책선정의 원칙 : 하비(J. H. Harby)의 3E 시정대책

 (1) 기술적 대책(engineering) : 기술적 원인 제거
 (2) 교육적 대책(education) : 교육적 원인 제거
 (3) 규제적 대책(enforcement) : 관리적 원인 제거

재해통계 및 재해코스트

4.1 재해 통계

【1】 산업재해 통계 작성시 유의점

재해 통계의 내용은 그 활용목적에 충족할 수 있을 만큼 충분해야 하고, 구체적으로 그 사실을 정확하게 보고, 읽고 이해하여 판단해야 한다. 재해 통계는 안전활동을 추진하기 위한 자료로서 시간낭비나 경비의 낭비가 없도록 알차게 작성되어야 한다.

【2】 산업재해 통계의 활용

산업재해통계는 설비상의 결함, 근로책임에 의한 결함, 관리책임에 의한 결함을 찾고 개선, 시정시키고, 관리자의 수준을 향상시킬 수 있는 도구로 활용되어진다. 또한 산업재해통계로 다음 사항을 알 수 있다.
① 최근의 재해경향은 어떠한가?
② 다른 동종사업장 또는 업종평균의 재해율과 비교하여 어떤 위치에 있는가?
③ 과거의 실적과 현재의 실적을 비교하여 어떤 경향이 있는가?
④ 재해경향과 생산성과의 관련은 어떻게 되고 있는가?

⑤ 지금까지 어떤 종류의 재해가 많았는가?
⑥ 재해에 의한 손실은 어느 정도인가?
⑦ 재해율을 낮추기 위해서는 어떤 조치를 강구할 필요가 있는가? 등으로 산업재해통계에 의한 사실을 파악하여 효과적으로 이용할 수 있도록 습관화시킬 필요가 있다.

【3】 산업재해 원인 분석

(1) 개별적 원인 분석

① 개개의 재해를 하나하나 분석하는 것으로 상세하게 그 원인을 규명하는 것이다.

② 특수 재해나 중대 재해 및 재해 건수가 적은 사업장 또는 개별 재해 특유의 조사 항목을 사용할 필요성이 있을 때 사용한다.

(2) 통계적 원인 분석

각 요인의 상호 관계와 분포 상태 등을 거시적(macro)으로 분석하는 방법이다.

① 파렛트도 : 사고의 유형, 기인물 등 분류 항목을 큰 순서대로 도표화한다. (문제나 목표의 이해에 편리)

② 특성 요인도 : 특성과 요인 관계를 도표로 하여 어골상(魚骨狀)으로 세분한다.(특성 요인도)

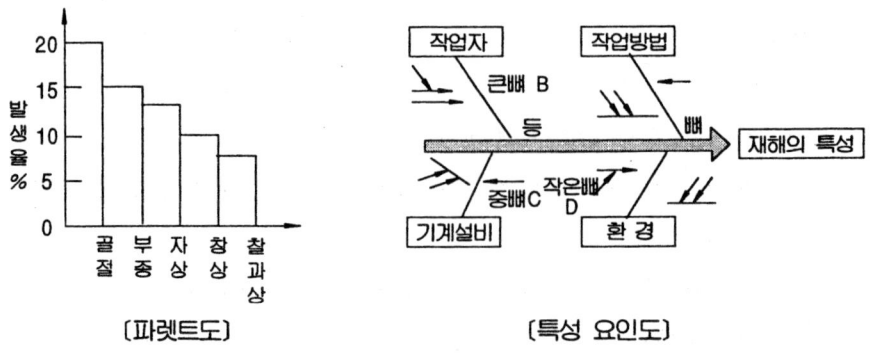

〔파렛트도〕   〔특성 요인도〕

③ 클로즈(close)분석 : 2개 이상의 문제 관계를 분석하는 데 사용하는 것으로, 데이터(data)를 집계하고 표로 표시하여 요인별 결과 내역을 교차한 클로즈 그림을 작성하여 분석한다.
④ 관리도 : 재해 발생 건수 등의 추이를 파악하여 목표 관리를 행하는데 필요한 월별 재해 발생수를 그래프(graph)화 하여 관리선을 설정 관리하는 방법이다. 관리선은 상방 관리한계선(UCL ; upper control limit), 중심선(CL ; Central Line), 하방 관리한계선(LCL ; low control limit)으로 표시한다.

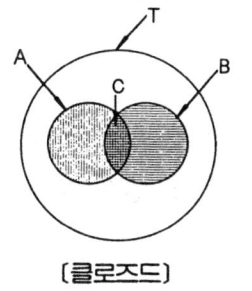

〔클로즈드〕

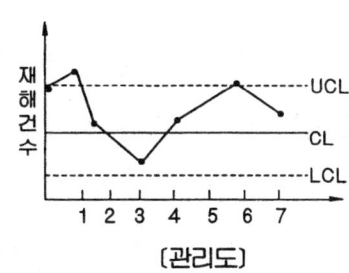

〔관리도〕

4.2 재해코스트

【1】재해율 측정(1947년 제6회 국제노동기구(ILO)에서 정함)

(1) 국별, 시기별, 산업별 비교를 위하여 도수율이나 강도율로 나타낸다.

(2) 도수율은 재해의 건수를 연근로시간으로 나누고 100만 시간당으로 환산한 것이다.

◎ 도수율(Frequency Rate of Injury) = $\dfrac{\text{산업재해건수(N)}}{\text{연근로시간수(H)}} \times 10^6$

※ 연평균 근로시간수 = 8시간/일 × 25일/월 × 12개월 = 2400시간/년

[예제] 연간 2건의 재해가 발생했을 때,

$$도수율 = \frac{2}{2400} \times 1,000,000 = 833.33건$$

(3) 강도율은 총손실 근로일수를 연근로시간으로 나누고 1000시간당으로 환산한 것이다.

◎ 강도율(Severity Rate of Injury) = $\frac{총손실일수(N)}{연근로시간수(H)} \times 10^3$

※ 근로손실일수 = 재해에 의한 휴업일수 × 300/365

[예제] 작업장에서 연간 1명의 사망자가 발생했을 때,

$$강도율 = \frac{50}{2,400} \times 1,000 = 3,125일$$

[예제] 연간 작업장에서 14등급의 재해판정을 받은 1명의 재해자가 발생했을 때, (14p, 등급별 노동손실 일수 참조)

$$강도율 = \frac{50}{2,400} \times 1,000 = 20.83일$$

【2】 재해율의 산출이용

(1) 천인율 : 천인율은 일정한 기간에 근무한 근로자의 평균 근로자수에 대한 재해자수를 나타내어 1000배한 것이다. 즉 평균 재적 근로자 1000명에 대하여 발생한 재해자수를 말한다.

$$천인율 = \frac{재해자수}{평균근로자수} \times 1000$$

[예제] 평균근로자가 200명인 직장에서 8명의 재해자가 발생했다. 천인율은 얼마인가?

[풀이] 천인율 = $\frac{8}{200} \times 1000 = 40$, 즉, 이 사업장에는 근로자수 1000명당 40명의 재해자가 발생했다는 뜻이다.

(2) 도수율(F.R.)
   ① 도수율은 일정한 시간동안에 발생한 재해빈도를 나타내는 것이다.
   ② 재해빈도를 측정하는 척도로써 사용되고 있는 것이 도수율이다.
   ③ 연근로시간은 정확한 취업기록시간에 의하여 산정한다.
   ④ 확실한 기록이 어려울 때는 1일의 근로시간을 8시간으로 간주하고 1개월간의 근로일수를 25일로 산정하여 1년은 300일로 계산한다.

$$도수율(F.R.) = \frac{재해발생건수}{연근로시간수} \times 10^6$$

   즉, 도수율 : 연근로시간 100만 시간당 재해발생건수

   예제 350명의 근로자가 근무하고 있는 공장에서 연간 15건의 재해가 발생하였다. 1일 8시간 연간 300일 근무한다면 도수율은 얼마인가?

   풀이 도수율을 구하기 위해서는 연근로시간수를 구해야 한다.

   연근로시간수 = 350명 × 8시간 × 300인 = 840,000시간

   $$재해도수율 = \frac{15}{840,000} = 17.86$$

   즉, 연근로시간 100만 시간중에 약 18건이 발생했다는 뜻이다.

(3) 도수율과 천인율의 관계 : 천인율과 도수율과는 그 기준이 다르기 때문에 정확하게 환산하기는 어려우나 재해발생률을 서로 비교하려고 했을 때 천인율도 도수율도 근로자 1인당 년간 2400시간이라고 가정하면

   천인율 = 도수율 × 2.4

   $$도수율 = \frac{천인율}{2.4}$$

(4) 강도율(Severity Rate of Injury)
① 산업재해의 경중의 정도를 알기 위한 재해율로 강도율이 많이 이용된다.
② 강도율도 재해자수나 재해발생 빈도에 관계없이 그 재해의 내용을 측정하는 척도로 사용되고 있다.
③ 근로시간 1,000시간당 재해로 인하여 근무하지 못하는 총 손실 일수를 말한다.
④ 근로손실일수의 산정기준(14p, 등급별 노동손실 일수 참조)
　㉮ 사망 및 영구전 노동불능(신체장애 등급 Ⅰ~3급) : 7,500일
　㉯ 영구, 일부노동불능
　㉰ 일시 전노동불능은 휴업일수에 $\frac{300}{365}$ 을 곱한다.
　㉱ ㉮, ㉯의 경우 휴업일수는 손실일수에 가산되지 않는다.

(5) 도수율과 강도율의 관계 : 도수율과 강도율은 1923년 국제노동기구(ILO)에 의하여 채택되어 공통적으로 이용되고 있다. 연근로시간을 10만 시간으로 하고 이 기본 10만 시간당 재해건수를 F, 근로손실일수를 S로 환산하여 계산하면 환산도수율은 한사람이 직장에서 10만 시간 일하는 동안에 재해를 입는 평균일수가 되며 환산강도율은 근로하는 동안에 재해로 인한 근로손실일수를 알 수 있다.

　　근로자 1인당 근로가능시간
　　　=1일 근로시간×연가동일수가×가능근로년수

◎ 환산도수율(F) = $\frac{100,000시간}{1,000,000시간}$ × 도수율 = $\frac{도수율}{10}$

◎ 환산강도율(S) = $\frac{100,000}{1,000}$ × 강도율 = 100 × 강도율

(6) 종합재해지수

① 기업의 재해 빈도와 상해의 정도를 종합하여 나타내는 종합재해지수는 직장과 기업의 성적지표로 보다 값지게 사용하는 경우도 있다.

② 지수분포를 열체감율 도표로 도시하면 문자 그대로 통계의 글자 뜻으로 '압축하여 한눈으로 이것을 본다'라는 뜻으로 간단히 나타낼 수 있다.

$$종합재해지수 = \sqrt{(도수율 \times 강도율)}$$

(7) 안전활동율 : 미국의 브랙크(R.P.Blake)가 제안

$$안전활동율 = \frac{안전활동건수}{연근로시간수 \times 평균근로자수} \times 10^6$$

(안전활동건수에 포함되어야 할 항목)
① 실시한 안전개선 권고수
② 안전 조치한 불안전 작업수
③ 불안전 행동 적발수
④ 불안전한 물리적 지적 건수
⑤ 안전회의 건수
⑥ 안전 홍보 건수

(8) 세이프 티 스코어(Safe T. Score) — Dan Peterson

과거와 현재의 안전성적을 비교분석하는 방법

$$\text{Safe T. Score} = \frac{도수율(현재) - 도수율(과거)}{\sqrt{\frac{도수율(과거)}{총근로시간수(현재)}) \times 1,000,000}}$$

① 2.00 이상 : 과거보다 심하게 안전도가 나쁨
② 2.00 ~ -2.00 : 과거와 차이 없음
③ -2.00 이하 : 과거보다 안전도가 좋아짐

(9) 안전관리도

안전활동의 목표값의 상한·하한을 설정해 놓고 현재의 안전 활동율의 계획안에 맞게 조정한다.

① 상한계(UCL) = $A + 2567\sqrt{\dfrac{A(1-A)}{MA}}$

② 하한계(LCL) = $A - 2567\sqrt{\dfrac{A(1-A)}{MA}}$

  A = X ÷ MH

  여기에서, X = 각 기간 사이의 재해 건수
  　　　　　M = 근로자수
  　　　　　MH = 동일 기간 내 근로 총시간
  　　　　　H = 근로시간수

(10) 생산량에 따른 주행거리당 재해발생률

① 생산량 100톤일 경우 재해발생율 = $\dfrac{재해건수}{생산톤수} \times 100$

② 주행거리 100km당 재해발생률 = $\dfrac{사고건수}{주행거리} \times 100$

【3】재해코스트

재해코스트는 재해발생으로 인하여 생기는 직접적 또는 간접적 물적손실 및 인적손실을 경제적인 측면에서 평가하는 것을 말한다.

(1) 재해손실비의 산정방법

① Heinrich의 빙산의 법칙

㉮ 총 재해 손실비는 직접비가 1이라면 간접비는 4배를 적용하여 전체 5로 적용한다.

㉯ 직접비 : 법으로 정한 재해자에게 지급되는 산재보상비(휴업, 장

해, 요양, 유족 보상비, 장의비, 특별보상비 등)
  ㉰ 간접비 : 재산손실, 생산중단 등으로 기업이 입는 손실
② Bird의 수정 빙산의 법칙
  ㉮ 총 재해 손실비는 직접비(가시금액)가 1이라면 간접비(비가시금액)는 5배를 적용하여 전체 6으로 하여 적용한다.
  ㉯ 가시금액 : 보험비(의료비, 보상금)
  ㉰ 비가시금액 : 미보험 회계비용 + 보험 회계비용(건물손실, 도구 및 장비손실, 제품 및 재료손실, 조업중단 및 지연, 시간조사, 교육, 임대 등 기타 항목)
③ Simonds 방식
  ㉮ 총 재해 손실비=산재보험 코스트+비보험 코스트
  ㉯ 비보험 코스트=(휴업상해 건수×A)+(통원상해 건수×B)+(응급조치 건수×C)+(무상해사고 건수×D)
    ※ A, B, C, D는 장해정도별 비보험 코스트의 평균치 임.

안전관리계획

5.1 안전점검 및 진단

【1】 안전점검의 필요성

사고가 발생하기 전에 적절한 예방책을 강구하기 위하여, 모든 생산 작업장에서 존재하는 불안전한 작업방법 및 행동과 불안전 물질, 물체 및 기계의 상태를 조사하여 위험성을 찾아내는 수단을 안전점검(진단) 또는 검사라 한다.

즉, 안전점검이란 각 생산, 작업현장에 있어서의 불안전한 상태 및 불안전 행동의 발견, 그 대책실시와 확인 등을 계획적으로 추진함으로써 재해를 방지하는데 목적이 있으며 이를 완전히 실행하지 않고는 안전수준의 향상은 기대할 수 없다.

【2】 안전점검의 종류와 실시방법

(1) 점검시기에 의한 구분

① 일상점검 : 현장에서 매일 기계설비를 가동하기 전 또는 가동 중에는 물론 작업의 종료시에 행하는 점검

㉮ 체크리스트의 체크사항 : 주변의 정리 정돈, 설비의 본체, 구동부분, 전기스위치, 청소상태, 주유상태, 안전장치 등 일상정비의 이

용 상태 점검
  ㉯ 가동중 : 이상소음, 냄새, 진동, 기름누출, 가스누출 등 위험요소 중심으로 생산제품의 품질 이상 여부, 작업자의 복장 및 동작상태 점검
  ㉰ 종료시 : 기계의 청수 S/W 조작, 안전장치 작동여부, 주변의 물건방치 여부, 바닥에 기름이 흘렸는지 여부, 환기, 통로정리 등
② 특별점검 폭우, 폭풍, 지진 등 천재지변이 발생한 경우나 이상상태가 발생하였을 때에 감독자나 관리자가 시설이나 기계기구의 기능상 이상 유무 점검
③ 정기점검 : 회사자체에서 주기적으로 일정한 기간을 정하여 일정한 시설이나 건물 및 기계 등에 대하여 점검하는 방법
  ㉮ 주간점검
  ㉯ 월간점검
  ㉰ 연간점검
④ 수시점검 : 일정한 기간을 정해서 실시하는 것이 아니라 경영자가 기술부서장 및 관리감독자에 의하여 비정기적으로 실시되는 점검
  ㉮ 인적점검 : 기본안전방침이나 세부실시사항에 대하여 현장직원들에게까지 지시 전달상태 확인
  ㉯ 시설점검 : 보호구 착용상태, 안전교육 실시상태, 정리 정돈, 정비 상태, 보관 상태, 안전수칙 준수상태, 통로확보 및 기계청소상태 등

(2) 점검 방법에 의한 분류
 ① 외관점검 : 기기의 적정한 배치, 설치상태, 변형, 균열, 손상, 부식, 볼트의 여유 등
 ② 기능점검 : 간단한 조직을 행하여 대상기기의 기능여부

③ 작동점검 : 안전장치나 누전장치 등 정해진 순서에 의한 작동
④ 종합점검 : 종합적인 기능점검

【3】 점검실시자와 점검대상

(1) 체크리스트를 작성할 때 유의할 내용
① 사업장의 작업내용에 맞는 내용을 가지고 재해예방에 도움이 되도록 작성할 것
② 설비나 작업방법이 타당성 있게 개선된 내용일 것
③ 위험성이 높고 긴급을 요하는 순서로 작성할 것
④ 점검내용을 폭넓게 일정한 양식으로 할 것
⑤ 점검항목은 이해하기 쉽도록 표현하고 구체적으로 작성할 것

(2) 안전점검 실시시 유의 사항
① 안전점검은 안전수준을 향상시키는 수단이므로 필요없이 결점을 지적하거나 조사 색출한다는 태도를 삼가할 것
② 안전점검은 형식이나 내용에 따라 변화를 줌으로 몇 개의 점검방법을 병용한다.
③ 점검자의 능력에 적응하는 점검내용을 활용할 것
④ 점검한 내용은 상호이해하고 협조하는 분위기 속에서 시정책을 강구할 것
⑤ 사소한 사항도 묵인하지 말고 도출할 것
⑥ 안전점검이 끝나면 강평을 실시하고 결함을 지적해주는 한편 장점에 대해서 칭찬을 해줄 것

〔점검자 및 점검대상 업무내용〕

점검자	점검대상
경영층	• 안전보건에 대한 기본방침의 실시상황 • 전반적인 의식고취 상황 • 설비의 레이아웃(lay out)에 대한 안전성 여부 • 현장간부의 안전에 대한 인식 정도 • 작업안전 상태여부
안전관리자	• 안전에 관한 현황파악 • 법규에 정해진 직무수행 • 작업설비, 작업방법 등에 대한 위험의 유무 • 안전보호구, 안전제어장치 등의 이상 유무 • 안전계획의 이행상태 및 조치사항의 확인
부·과장	• 안전작업의 실시여부 • 위험설비의 안전성 확보 여부 • 유해물, 위험물 취급 및 보관 여부 • 기타 관장하는 작업장에 대한 안전
감독자	• 관할하는 직장 전반에 대한 안전 여부 • 보호구의 착용 및 관리실태 적절 여부 • 안전활동의 추진 여부 • 안전교육 내용의 이행상태 여부 • 안전수칙 준수 여부
작업자	• 기계설비 공구, 보호구 안전장치 등의 성능적정 여부 • 작업환경 정리정돈 여부

⑦ 과거에 재해가 발생한 곳에는 그 요인이 없어졌는지의 여부를 확인할 것

⑧ 하나의 설비에서 불안전한 상태가 발견되었을 때에는 다른 동종의 기계나 설비도 점검할 것

(3) 안전점검시 불안전한 행동과 상태를 발견하기 위해 필요한 사항
 ① 설비, 기계, 장치, 기구 등의 각 부분이 양호한 상태인가?
 ② 위험 유해물이 안전상 적절하게 사용되고 있는가?
 ③ 안전장치 등이 확실하게 사용되고 있는가?
 ④ 통로, 계단, 비상구 등은 안전한 상태인가?
 ⑤ 조명, 환기, 온도, 습도, 먼지, 가스 등 작업환경 조건이 적절한 상태인가?
 ⑥ 작업자의 행동은 안전기준에 적합한가 또는 잘 지켜지고 있는가?

【4】 안전점검의 4대 순환과정
(1) 현상의 파악 : 불안전 상태 및 불안전 행동 유무 확인
(2) 결함의 발견 : 상태나 행동의 이상 유무 발견 check list작성
(3) 시정대책의 선정
 ① 근원적 개선책 : 시간적 및 경제적 부담이 많은 것이 단점
 ② 응급적 개선책
(4) 대책의 실시

【5】 점검표 작성
(1) 구체적이고 재해방지에 실효성이 있도록 할 것
(2) 중점도 순위로 작성
(3) 점검표는 일정한 양식에 의거 작성하며 다음 사항을 포함한다.
 ① 점검항목
 ② 검검사항
 ③ 점검방법
 ④ 판정기준
 ⑤ 판정

【6】 자체검사의 정의(법 제36조)

　사업주는 노동부령이 정하는 기계, 기구에 대하여는 노동부령이 정하는 자격을 가진자로 하여금 정기적으로 자체검사를 실시하도록 하고 그 결과에 대하여 산업안전 보건위원회의 의견을 첨부하여 기록, 보존하여야 한다.

【7】 자체검사의 종류

(1) 검사대상에 의한 분류
  ① 기능 검사(성능검사)
  ② 형식 검사
  ③ 규격 검사

(2) 검사방법에 의한 분류
  ① 육안 검사
  ② 타진에 의한 검사
  ③ 검사기기에 의한 검사
  ④ 시험에 의한 검사

(3) 자체검사시 확인하여야 할 사항
  ① 내외면의 변형 유무
  ② 부식
  ③ 마모 상태
  ④ 손상 유무
  ⑤ 기능의 정상적 작동 상태

(4) 자체검사원의 자격
  ① 안전관리자

② 보건관리자(국소배기장치에 한함)

③ 산업안전보건법·령·규칙에서 규정한 당해 자체 검사분야의 안전 담당자

④ 노동부장관이 실시하는 자체검사원에 관한 소정의 교육을 이수한 자

(5) 자체 검사 준비(순서)

① 검사원 임명

② 연간 종합 검사 계획 작성

③ 검사용 check list 작성

④ 검사대상에 사전 이력 파악(재해사고 및 고장수리상황 등)

⑤ 검사 대상에 대한 검사방법의 결정

(6) 자체검사 기록사항

① 검사년월일   ④ 검사결과에 따른 조치의 개요

② 검사방법   ⑤ 검사자의 성명

③ 검사부분   ⑥ 검사결과

【8】 검사계획 및 검사경과의 처리

(1) 검사계획의 내용(포함사항)

① 검사대상

② 검사실시 일시 및 기간

③ 검사원

④ 검사기관(외부기란 의뢰시)

(2) 검사 결과처리

① 검사원의 업무사항

㉮ 성실한 검사업무 수행

㈏ 검사 계획의 작성
㈐ 검사자 체크리스트 작성
㈑ 검사방법의 결정과 검사기관 선정
㈒ 검사결과 조치
㈓ 작업방법의 지도

② 이상 또는 위험상태가 발견되었을 때
㈎ 즉시 사용 중지시키고 '사용중지' 표지를 부착
㈏ 사용 중시 사유가 제거된 후가 아니면 재가동 금지
㈐ 재 가동시에는 검사자가 표지를 제거하고 확인 후 가동

③ 검사결과 보고(자체검사 완료시 보고사항)
다음 사항을 지체 없이 사업주에 보고하여야 한다.
㈎ 검사 체크리스트
㈏ 검사결과에 대한 개선 대책
㈐ 개선에 필요한 소요예산과 개선기관
㈑ 개선 책임자

④ 법정보고 사항(노동부 지방사무소장)
㈎ 검사일시   ㈑ 검사결과 개선계획
㈏ 검사원   ㈒ 검사 체크리스트 사본
㈐ 검사결과

⑤ 점검결과 기록사항(3년간 보존)
㈎ 점검 년월일   ㈑ 점검결과
㈏ 점검방법   ㈒ 점검실시자 명단
㈐ 점검개소   ㈓ 점검결과에 따른 조치사항

【9】 표준 작업의 목적

(1) 위험요인의 제거
(2) 손실요인의 제거
(3) 작업의 효율화

【10】 표준 작업의 필요성

근로자가 생산공정상의 절차나 지침을 어기고 불안전한 행동을 함으로써 발생되는 사고나 손실을 최대한 방지하고자 함이다.

【11】 표준 작업 수정해야 할 작업

(1) 재해가 많은 작업
(2) 불합격품이 나오기 쉬운 작업
(3) 위험·유해도가 높은 작업

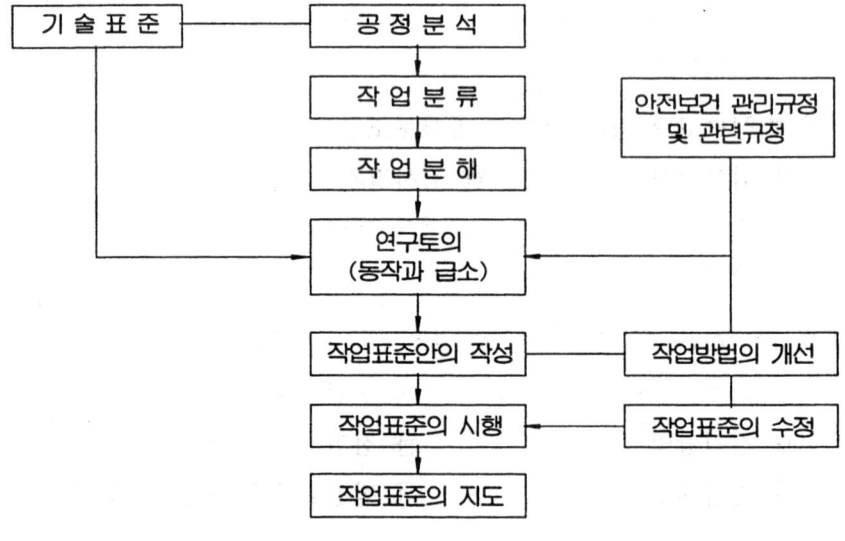

〔작업표준의 작성절차〕

【12】 작업위험분석

(1) 설비, 환경, 인간의 위험분석
(2) 과업에 절차를 포함
(3) 안전 작업 표준화가 목적
(4) 비정규 작업에는 적용 곤란
(5) 작업위험분석 방법
  ① 면접
  ② 관찰
  ③ 설문방법
  ④ 혼합방식

5.2 안전관리규정과 계획

1 안전관리 규정

【1】 규정의 중요성

안전관리 규정은 그 사업장의 안전보건 관리를 위한 법이다. 안전규정을 정점으로 각종 규정(안전수칙, 안전위원회 규칙) 및 안전작업기초 설비검사기준을 제정, 안전 활동을 조직적이고 계획성 있게 행함으로써 안전관리의 효용과 중요성을 전 종업원에게 안전의식을 고취시킬 수 있다.

【2】 규정 제정시 꼭 고려해야 할 사항 4가지

(1) 업종   (2) 규모
(3) 안전수준   (4) 환경 조건

【3】 규정내용(표준적인 예)

(1) 총칙(목적, 법령 및 제 규정과의 관계, 용어의 정의)
(2) 조직과 책임(기본 조직, 기본 책임과 직무, 관리체제, 회사 및 종업원의 책임, 안전보건 요원의 선임)
(3) 안전보건 위원회
(4) 하청 사업장의 안전관리
(5) 안전기준
(6) 보건기준
(7) 안전교육훈련
(8) 점검과 검사
(9) 긴급조치
(10) 재해 및 사고조사 보고
(11) 보호구 관리
(12) 상 벌
(13) 제안제도
(14) 기 타

【4】 안전관리 규정의 필요성

(1) 법규는 성격상 최저의 규범이므로 안전에 대한 명확한 규정이나 기준이 필요하다.
(2) 안전관리 규정은 사업장의 안전관리에 기본이 되는 규정이므로 안전 활동을 추진하는 데 꼭 필요하다.
(3) 안전관리 규정은 안전수칙, 설비관리규정, 안전작업표준, 각종 위원회 규정 등이 포함되어야 한다.

【5】 안전규정 작성시 주의사항

(1) 규정된 기준은 법적기준을 상회하도록 할 것
(2) 다른 규정과 모순된 내용이 없도록 할 것
(3) 관리자층의 직무와 권한, 근로자에게 강제 또는 요청할 부분을 명확히 삽입할 것
(4) 규정의 내용은 사업장의 실태에 맞도록 할 것
(5) 관계법령의 제, 개정에 따라 즉시 개정이 되도록 라인 활용에 쉬운 규정이 되도록 할 것
(6) 현재의 안전수준보다 높은 수준이면서 필히 실행 가능하도록 할 것
(7) 작성 및 개정시에는 반드시 현장의 직·반장 및 근로자의 의견을 충분히 반영할 것
(8) 규정 내용은 정상시는 물론 재해발생 조치에 관해서도 규정할 것

【6】 사항별 관리에 관한 규정

(1) 설비 등의 관리에 관한 규정
① 기존 기계설비등에 대하여 본질적 안전대책을 추진하기 위해서는 명확한 규정을 세워둘 것
② 기계설비를 신설하거나 도입할 경우 안전성에 대한 법령을 규정해 둘 것
③ 기존 기계설비에 대해서도 본질적 안전화 대책을 생각해서 안전장치 및 안전보호구를 현 상태에 알맞은 안전기준을 설정할 것
④ 기계 설비 등의 안전상태를 유지하기 위해서 사내 안전검사에 따른 규정을 세울 것

(2) 작업방법의 관리에 관한 규정
　① 작업방법의 변경시에는 사전검사의 대상에 포함해서 조치하도록 규정해 둘 것
　② 작업안전기준을 정하는 것이 효과적인 안전관리 수단이 되므로 안전작업기준의 제정·변경·주지·이행 등에 따른 규정을 설정해 둘 것
　③ 불안전한 상태, 불안전한 행동을 체크하고 시정하기 위한 안전점검에 대해 규정해 둘 것

(3) 안전교육훈련에 관한 규정
　① 안전교육훈련의 체계화와 계획의 책정 및 실시방법과 더불어 그 효과의 측정 등 그밖에 안전교육훈련의 담당부서 등에 대해 규정해 둘 것
　② 산업안전보건법에 규정된 신규 채용시 교육 및 작업변경시의 교육 유해위험 업무에 대한 특별교육, 관리·감독자에 대한 안전보건교육 등을 포함시킬 것

(4) 취업금지 및 취업제한 등에 관한 규정
　① 산업안전보건법
　② 근로기준법

(5) 기타 규정
　① 안전관리계획의 입안 등에 관한 규정
　② 안전의식 제고에 관한 사항

【7】 안전관리규정의 활용방법 및 주지방법

(1) 안전관리 규정의 배포와 선서
(2) 안전관리 규정의 내용이해 － 설명회

【8】 안전규정 준수시 고려사항

(1) 경영자 또는 관리직이 솔선하여 실행할 것
(2) 반대가 있더라도 적극적인 태도로 실행할 것
(3) 신중을 기해서 시도할 것이며 단계적에서 완전 실시로 이행할 것
(4) 전사적 분위기를 조성할 것
(5) 실시 후에도 연구회·설명회 등을 개최하여 계속 수정, 보완할 것

2 안전관리 계획

【1】 계획의 개요

(1) 재해사고의 감소라고 하는 보다 직접적이며 좁은 의미로서 계획일 것
(2) 근로의욕을 증진시키고 생산성을 높이는 안전점검의 계획일 것

【2】 안전관리계획의 기본방향

(1) 현재 기준범위 내에서 안전유지 방향
(2) 기준의 재설정 방향
(3) 문제해결의 방향

【3】 계획의 구비조건

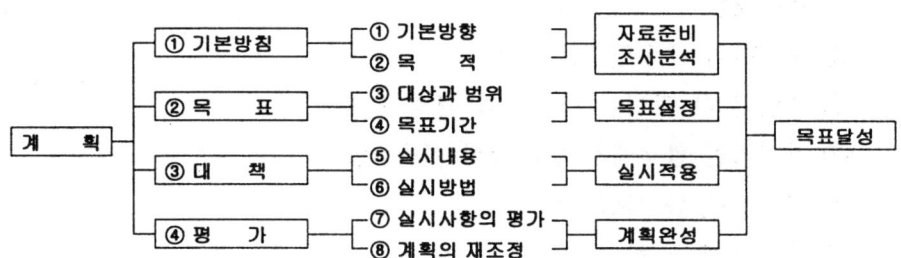

【4】계획의 종류와 그 특성

계획은 목표를 달성하기 위한 수단의 체계로써 일반적으로 기본계획과 세부계획으로 분류하고 있다. 회사가 지향하는 방향으로 목표 및 방향을 기본계획으로 수립하고 이것을 바탕으로 구체적인 세부계획을 수립한다. 전사적 혹은 단위 사업장별, 재해의 유형별, 계획 기간별에 따른 기본계획 및 세부계획을 수립하고, 이것에 따른 목표달성을 기대해 본다.

【5】계획작성시 고려할 사항

(1) 목표와 대책과의 평행상태 유지
(2) 대책구상전에 조감도를 작성한다. 조감도의 우선순위는 다음과 같다.
  ① 목표달성에 대한 기여도
  ② 대책의 긴급성 - 우선순위 결정
  ③ 문제 확대가능성의 여부(대책의 미수립 혹은 지연)
  ④ 대책의 난이성에 우선순위결정 지향

【6】계획의 내용

(1) 계획내용의 구비조건
  ① 구체적인 내용일 것
  ② 관련된 타 분야관리 계획과 균형이 맞을 것
  ③ 장기적인 관점에서 일관성이 있을 것
  ④ 실시 가능한 것일 것
  ⑤ 이해가 용이 할 것

(2) 계획내용의 항목
① 중점사항과 세부실시사항
② 실시시기
③ 실시부서 및 실시담당자
④ 실시상의 유의점
⑤ 실시결과의 보고 및 확인

【7】 계획내용을 알리는 방법
(1) 경영수뇌부에서 계획을 직접 공포하는 법
(2) 조직의 계통을 통해서 계획내용을 통보하는 법
(3) 유인물에 의해서 공포하는 법

【8】 계획실시시 유의점
(1) 년차계획을 월별로 나누어 실시
(2) 실시결과는 반드시 안전위원회에서 검토할 것
(3) 실시상황 확신을 위해 스텝과 라인관리자는 점검을 철저히 실시한다.

【9】 계획의 작성 순서
(1) 1단계(준비) - 각종 자료수집
(2) 2단계(자료분석) - 자료 분석의 문제점 파악
(3) 3단계(기본방침과 목표의 설정) - 안전에 대한 기본 방향과 목표
(4) 4단계(종합평가의 실시) - 자체평가실시
(5) 5단계(최종결정) - 경영자가 계획 확정 공포

【10】평가

(1) 평가 방향(계획의 3대 기본조건)

계획 — 실시 — 평가 — 계획수정 — 완성 — 평가

(2) 평가의 종류

① 평가내용 - 정성적 평가, 정량적 평가
② 평가방식 - 체크리스트에 의한 방법 카운셀링에 의한 방법

(3) 중요한 평가 척도

① 절대척도 - 재해건수 등 수치로 표현
② 상대척도 - 도수율, 강도율 등
③ 평정척도 - 양, 보통, 불량 등 단계로 평정
④ 도수척도 - %로 나타내는 것

5.3 안전보건개선계획

(1) 안전보건관리계획의 법적근거 : 사업장 시설 기타 사항에 관하여 산업재해 예방을 위한 종합적인 개선조치가 필요한 경우에 노동부장관을 노동부령이 정하는 바에 의하여 사업주에 대하여 안전보건 개선계획을 수립 시행할 것을 명할 수 있다(법 제20조).

(2) 대상사업장

① 당해사업장의 재해율이 동종업종의 평균 재해율 보다 높은 사업장
② 유해 위험 사업장으로서 작업환경이 현저히 불량한 사업장
③ 중대 재해가 년간 3건 이상 발생한 사업장
④ 안전보건 진단을 받은 사업장
⑤ 제① 또는 제②에 준하는 사업장으로 노동부장관이 정하는 사업장
  (시행규칙 제 126조)

(3) 안전보건 진단사업장
  ① 중대재해 발생 사업장
  ② 안전보건 개선계획 수립, 시행명령을 받은 사업장
  ③ 기타 지방 노동관서의 장이 안전, 보건진단이 필요하다고 인정되는 사업장

(4) 계획서 검토 승인 사항(노동부훈령)
  ① 개선계획에 지시된 내용의 준수 여부
  ② 개선지시 내용의 세부 시행계획 수립 여부
  ③ 개선계획의 실현 가능성 여부
  ④ 개선기일의 고의적 지연 여부

(5) 개선계획서에 포함하여야 할 주요내용
  ① 시설
  ② 안전보건교육
  ③ 안전보건관리체제
  ④ 산업재해 예방 및 작업환경 개선에 필요한 사항

(6) 개선계획에 포함하여야 할 공통사항
  ① 안전보건관리 조직
  ② 안전표시 부착
  ③ 보호구 착용
  ④ 건강진단 실시
  ⑤ 참고사항

(7) 개선계획에 포함되어야 할 주요 내용 중 중점개선 계획을 필요로 하는 항목
  ① 시설

② 기계장치
③ 작업환경
④ 원료재료
⑤ 작업방법
⑥ 기타(산업 안전보건법상의 안전보건기준)

(8) 개선계획 수립 실시의 목적
① 재해사고의 감소 방향
② 생산성 향상 방향
③ 쾌적한 작업환경의 조성 방향

(9) 개선계획서의 목차
① 작업공정별 유해 위험 분포도
② 재해발생 현황
③ 재해 다발 원인 및 유형분석
④ 교육 및 점검 계획
⑤ 유해위험 작업부서 및 근로자 수
⑥ 개선계획
　㉮ 공통 사항
　㉯ 중점개선계획

(10) 개선계획 수립시 유의 사항
① 경영층이 안전보건에 지대한 관심을 가질 것
② 무리·불균형·낭비적인 요소를 대폭 개선할 것
③ 종전에 비해 작업능률이 향상되고 제품이 개선되도록 할 것

무재해 운동

6.1 무재해 운동의 이론

1 무재해 운동이란?

【1】 무재해 운동의 정의

무재해란 근로자가 상해를 입지 않을 뿐만 아니라 상해를 입을 수 있는 위험요소가 없는 상태를 말한다. 사업장 무재해 운동 운영규정에서도 "무재해란 근로자가 업무에 기인하여 사망 또는 4일 이상의 요양을 요하는 부상 또는 질병에 이환되지 않은 것"라고 정의하고 있다. 무재해 운동은 인간존중의 이념에 바탕을 두어 직장의 안전과 건강을 다함께 선취하자는 것이다.

※무재해 운동의 5행 활동 : 정돈, 청소, 청결, 습관화

【2】 인간존중 및 무재해 운동의 3원칙

(1) 인간존중

무재해운동은 인간존중의 이념에서 시작한다. 그러므로 경영자는 먼저 인간존중의 경영철학을 기반으로 해서 자신이 고용한 근로자가 단

한 사람도 재해를 당하는 일이 있어서는 안된다는 기본이념을 가져야
하며, 관리감독자는 자신의 노력에 의하여 한 사람의 근로자도 재해를
당하지 않도록 한다는 숭고한 인간애적 사상을 가지고 있어야 한다.

즉 인간존중이라는 기본이념을 경영지표로 삼고 무재해운동의 기법
을 도입하여 실천할 때, 근로자에게까지 그 사상이 깊이 침투하여 안
전과 보건을 확보하고 직장을 활성화시키며, 생산성을 높이게 되는 것
이다.

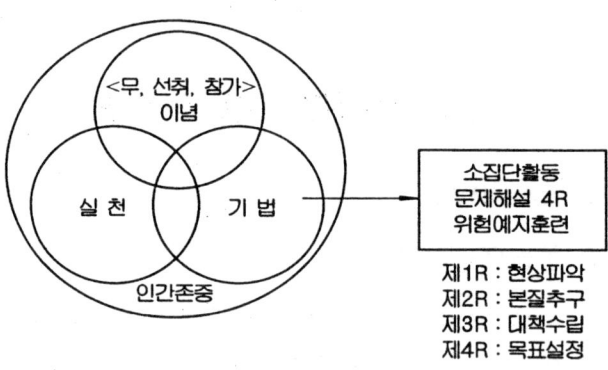

(2) 무재해 운동의 3원칙(무재해 운동의 기본원칙, 이념의 3원칙)

① 무(無)의 원칙 : 무재해란 단순히 사망재해나 휴업재해만 없으면
된다는 소극적인 사고(事故)가 아니고, 불휴재해는 물론 직장내에
숨어있는 모든 위험요인을 적극적으로 사전에 발견, 파악, 해결함으
로써 뿌리에서부터 산업재해를 없앤다는 것이다.

② 선취(先取)의 원칙 : 무재해운동에 있어서 선취란 무재해, 무질병의
직장을 실현하기 위하여 직장의 위험요인을 행동하기 전에 예지하여
발견, 파악, 해결함으로서 재해 발생을 예방하거나 방지하는 것을
말한다.

③ 참가(參加)의 원칙 : 직장에서의 안전과 건강을 선취하고자 할 때 꼭 필요한 것은 전원참가의 협력이다. 참가란 작업에 따르는 위험을 해결하기 위하여 각자의 처지에서 '하겠다'는 의욕을 갖고 문제나 위험을 해결하는 것을 뜻한다.

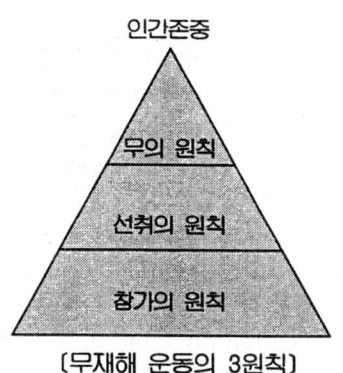

〔무재해 운동의 3원칙〕

(3) 무재해 운동의 추진 3기둥(무재해 운동의 3요소)

① 최고경영자의 엄격한 안전경영자세 : 안전보건은 최고경영자의 '무재해, 무질병'에 대한 확고한 경영자세로 시작한다.

② 안전활동의 라인(Line)화 : 안전보건을 추진하는 데는 관리감독자가 생산활동 속에서 안전보건을 병합하여 실천하는 것이 불가결하다. 따라서 관리감독자의 강한 결의와 실천이 없으면 무재해운동은 시작될 수 없으므로 부하 직원 개개인을 충실히 지도하고 원조하는 것은 라인이 아니면 불가능하기 때문이다.

③ 직장 자주 안전활동의 활성화 : 근로자는 안전보건이 자신의 문제이며 동시에 같은 동료의 문제로 진지하게 받아들여 직장의 다른 팀 멤버와의 협동노력으로 자주적으로 추진해 나가는 자세가 필요하며 작업자의 제일선은 보통 몇 사람의 소수가 집단을 이루는 데 무재해 운동에서는 안전보건 자주활동의 활성화를 위해서 이 직장소집단 활동의 역할을 중시하고 있다.

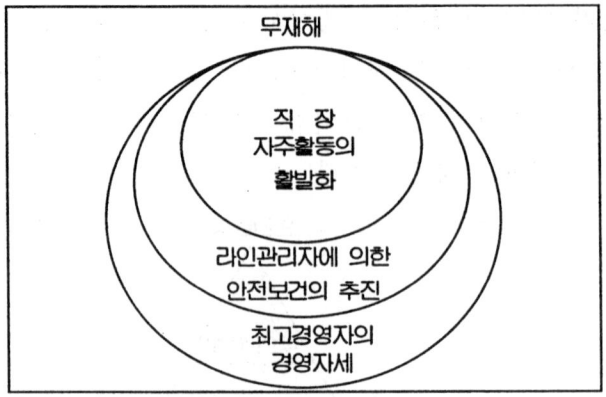

〔무재해 운동의 3기둥〕

무재해 운동을 추진하려 할 때, 기본적으로 중요한 3개의 기둥이 있다. 이 3기둥은 서로 연관되어 지탱하여야 하며, 어느 한 기둥이 빠져도 무재해 운동은 진전되지 않는다.

2 무재해 운동의 추진방법

(1) 무재해 운동 적용대상 사업장

  ① 안전관리자를 선임해야 할 사업장

  ② 건설공사의 경우 도급금액이 10억원 이상인 건설현장

  ③ 해외건설공사의 경우 상시근로자수 200인 이상이거나 도급금액 1억 달러 이상인 건설현장

  ④ 기타 무재해 운동 개시보고서를 한국산업안전공단 이사장 또는 기술지도원장에게 통보한 사업장

(2) 무재해 운동에서의 재해의 범위

  ① 근로자가 업무상 기인하여 사망이나 4일 이상의 요양을 요하는 부상 또는 질병에 이환된 경우(산업재해라고 함)

② 500만원 이상의 물적손실이 발생한 경우(산업사고라고 함)
③ 소음성 난청으로 판명된 직업병인 경우

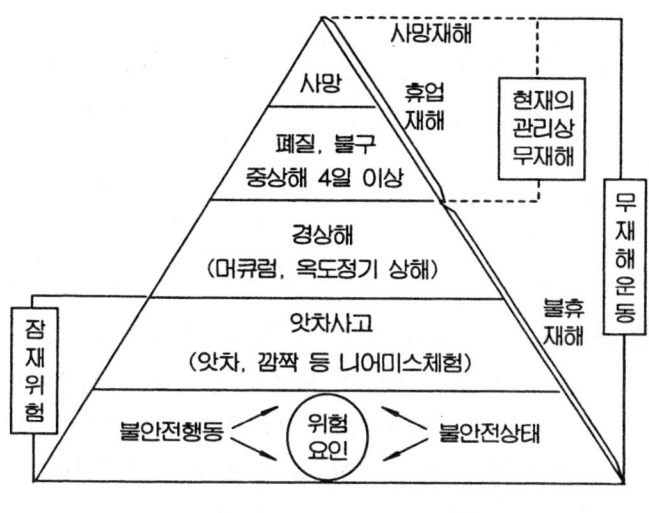

〔잠재위험요인과 산업재해〕

(3) 무재해 운동의 성과
① 무재해 운동을 실시하면 산재보상금 및 간접비용의 손실을 막을 수 있고 생산성 저하도 막을 수 있으므로 기업에 경제적 이익을 준다.
② 무재해 운동은 자율적 문제해결운동으로서 생산, 품질의 문제해결 능력이 향상된다.
③ 무재해 운동은 명랑하고 참가적이며 창조적인 직장풍토로 만들어진다.
④ 무재해 운동으로 노사간 화합분위기 조성으로 노사신뢰가 두터워진다.

(4) 무재해 시간의 산정 방법

무재해 운동이 개시되면 그 시점부터 무재해 시간은 누적되어 가는 것으로서 산정방법은 아래와 같이 한다.

구분	산정방법	비고
무재해 시간	실근로자수×실근무시간	• 사무직은 1일 8시간으로 산정 • 생산직 과장급 이상은 사무직으로 간주
무재해 일수	휴업한 일수를 제외한 실 근로 일수	• 공휴일 등 휴일에 단 1명의 근로자라고 근무한 사실이 있으면 기간에 산정 • 하루 3교대 작업시라도 1일로 계산

예제 근로자수가 1,000명인 사업장에서 매일 8시간씩 근무하고 그 중 10명이 2시간씩 잔업을 한다고 가정한다면 하루 중 무재해시간은 1,000명×8시간/일+잔업시간(10명×2시간)으로 8,020시간이 되어 그 누계가 목표시간에 이르면 달성이 되는 것이다.

6.2 무재해 운동의 실천기법

1 위험예지훈련이란?

위험예지훈련은 작업하기 전 단시간(5~7분) 내에 토의하고 생각하여 개개인의 위험에 대한 감수성을 높이고 그 위험요인을 해결하는 것을 생활화하는 훈련이다.

(1) 위험예지훈련의 3가지 훈련
① 감수성 훈련 : 위험예지훈련은 직장이나 작업의 상황속에서 위험요인을 발견하는 감수성을 개인 수준에서 팀 수준으로 높이는 훈련이다.
② 단시간미팅 훈련(집중력훈련) : 잠재하고 있는 위험요인을 단시간 미팅을 통해 발견하고 대책을 수립하는 훈련이다.

③ 문제해결 훈련 : 위험요인을 작업하기 전에 제거하겠다는 의욕으로 해결하는 문제 해결 훈련이다.

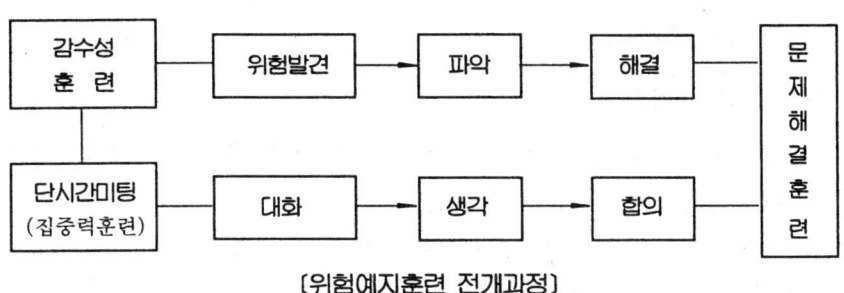

〔위험예지훈련 전개과정〕

2 브레인 스토밍(Brain Storming ; B.S)으로 아이디어 개발

(1) 브레인 스토밍이란?

  잠재의식을 일깨워 자유로이 아이디어를 개발하자는 것이다.

(2) 브레인 스토밍의 4가지 기본

  ① 개발한 아이디어에 대해 '좋다, 나쁘다'라는 비판을 하지 않는다.
  ② 아이디어의 수는 많을수록 좋다.
  ③ 개발한 아이디어를 힌트로 연결해서 새로운 아이디어를 전개한다.
  ④ 자유자재로 변하는 아이디어를 개발한다.

(3) 브레인 스토밍의 방법

  ① 멤버는 10명 전후로서 리더 1명, 기록자 1명을 정하고 시간은 1시간 정도가 좋다.
  ② 주제는 구체적인 것을 선정한다.
  ③ 모조지에 매직 등으로 발표하는 아이디어를 차례 차례 기입해 나간다.
  ④ 아이디어 발표가 끝나면 동일한 의견을 종합하여 문제해결에 시간

이 걸리는 것, 중요한 것을 남겨 놓고 그렇지 못한 것은 제거해 나간다.
⑤ 남은 것 중에서 효과가 크고 조기실행 가능한 것을 선정해서 해결책으로 정한다.

(4) 리더의 역할
① 발언의 내용은 그대로 기록한다. 의미가 확실하지 않을 때에는 발언자에게 양해를 얻어 수정한다.
② 발언이 중단되었을 때에는 각도를 바꾸어서 자극을 주도록 한다.
③ 지나치게 떠들지 않도록 유도한다.

(5) 불안전한 행동 방지의 기본적인 대책(4E 대책)
① Engineering(기술) : 설비, 환경, 작업조건, 순서, 지시를 정한다.
② Education(교육) : 지식, 태도, 기능교육을 행한다.
③ Enforcement(규제) : 감독, 지도, 직장의 분위기를 지키게 한다.
④ Enthusiasm(의욕) : 본인의 정보와 판단에 의한 의욕적인 행동

3 위험예지훈련의 4단계(4 Round법)

(1) 준비 : 4~6명의 멤버구성, 역할분담
(2) 도입 : 전원기립, 리더인사, 정렬, 구령, 건강확인 등
(3) 제1단계(현상파악) : 어떤 위험이 잠재하고 있는가?
(4) 제2단계(본질추구) : 이것이 위험의 포인트이다.
(5) 제3단계(대책수립) : 당신이라면 어떻게 하겠는가?
(6) 제4단계(목표설정) : 우리들은 이렇게 하자
(7) 확인 발표, 코멘트
(8) 위험예지훈련의 4라운드란?
도해 속에 그려진 작업의 상황 속에 "어떠한 위험이 잠재하고 있는

가"를 직장의 동료간에 대화를 나누는 경우 무재해 운동에서는 다음의 위험예지 4라운드를 거쳐 단계적으로 진행해 나가며 대화에 들어가기 전에 준비작업으로서 다음 사항이 필요하다.

① **준비할 것** : 도해, 갱지, 칼라펜(흑, 적 각 1개)
② **팀편성** : 실기에서는 보통 한 팀을 5~7인으로 한다.
③ **역할분담** : 리더와 서기를 정한다. 필요에 따라 발표자, 보고서, 강평담당 등을 정한다(서기는 리더가 겸해도 좋다).
④ **시간배분과 항목수** : 몇 라운드까지 하는가, 각 라운드를 몇 분에 마칠 것인가, 각 라운드에는 몇 항목을 내어야 하는가 등을 미리 정해 놓고 멤버에게 알려 준다.
⑤ **미팅의 진행방법** : 전원의 대화방법으로 다음 4가지 사항에 유의한다.
  ㉮ 본심으로 왁자지껄 대화한다. (편안한 분위기로)
  ㉯ 본심으로 자꾸자꾸 대화한다. (현장의 생생한 정보)
  ㉰ 본심으로 끊임없이 대화한다. (단시간)
  ㉱ "과연 이것이다." 라고 합의한다. (납득해서 합의한다)

6.3 산업안전보건법상 무재해 운동

1 무재해 운동의 추진

(1) 노동부장관은 법 제4조 1항 제5호의 규정에 의한 무재해운동을 효율적으로 추진하기 위하여 사업장 무재해운동의 확산과 그 추진기법의 보급 및 목표달성사업장에 대한 시상 등 무재해운동의 활성화를 위한 시책을 강구하여야 한다.
(2) 사업주는 제1항의 규정에 의한 시책에 따라 당해 사업장의 실정에 적합한 무재해운동 추진기법을 도입·시행하고 근로자가 무재해운동

과 관련한 교육 또는 훈련 등에 적극적으로 참여할 수 있도록 적절한 지원을 하여야 한다.

(3) 무재해운동에 참여하는 적용사업장의 범위·적용업종별 목표시간·개시보고·목표달성 사업장에 대한 시상요령 등 무재해운동의 추진에 필요한 사항은 노동부장관이 따로 정한다.

수지	호칭(수지의 가르침)	확인점
모지 (마음)	하나, 자기도 동료도 부상을 당하거나, 당하게 하지 말자.	정신을 차려서 마음의 준비
시지 (복장)	둘, 복장을 단정하게 안전작업 (부드러운 충고, 사람의 화(和)와 신뢰)	연락, 신호, 그리고 복장의 정비
중지 (규정)	셋, 서로가 지키자. 안전수칙 (정리정돈은 안전의 중심)	통로를 넓게 규정과 기준
약지 (정비)	넷, 정비, 올바른 운전(물에 닿지 않는 손가락, 재해를 일으키지 않는 행동)	기계차량의 점검, 정비
작은 손가락 (확보)	다섯, 언제나 점검 또 점검(작은 손가락도 도움이 된다. 보호구는 반드시)	표시는 뚜렷하게 안전확인

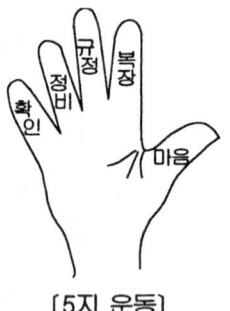

[5지 운동]

[안전 확인 5지 운동]

〔표시등의 문자 보기와 게시장소〕

색	색이 표시하는 뜻	문자보기	게시 장소의 보기
빨강	1. 정지	일시정지	일시정지를 필요로 하는 장소
	2. 방화	소화전, 소화기, 화재경보기	소화기, 소화전 등의 소재, 위치 또는 방향을 표시
	3. 위험	1. 특별고압, 고압위험, 충전 중 2. 위험물 적재소 3. 화약류를 취급하는 장소 4. 고압가스	1. 고전압 시설이 있는 장소, 저전압이라도 위험한 장소 2. 위험물 적재소 등의 입구 3. 화약, 폭약류의 제조, 저장, 취급하는 장소의 입구 4. 아세틸렌가스, 액화석유가스 등을 제조, 저장 취급하는 장소의 입구
	4. 긴급	고장	자동 건널목 경보기가 고장난 경우의 긴급 표시
노랑	주의	1. 주의, 발 밑 주의, 머리 위 주의 2. 공사중 3. 출구	1. 도로 위의 위험한 곳 등(모퉁이, 건널목) 2. 공사중인 곳 등 3. 특히 번잡한 플랫폼의 출구 표시
녹색	1. 안전	1. 비상구, 피난구, 비상계단, 피난계단 2. 구명보트, 구명대, 구명복 3. 피난소, 대피소	1. 비상구, 피난구 등. 여기서부터는 안전함을 알리는 개소 2. 선박 내의 구명복이 있는 곳, 구명보트, 구명대의 소재 방향 등을 표시 3. 갱도의 대피소, 터널 내의 대피소
	2. 진행	진로, 갱도	
	3. 구급	방독마스크, 들것, 구호소	구급 관계의 소재 위치
청	유도	자동차 주차장	주차장 입구

주 문자의 색은 원칙적으로 흰색 및 노랑 바탕의 경우에는 흑색으로 한다.

제 7 장

바이오리듬, 피로, 스트레스

7.1 생체리듬의 종류 및 특징

【1】개요

바이오리듬이란, biological rhythm의 준말로서 인간의 생리적 주기 또는 리듬에 관한 이론이다. 약 2400년전 히포크라테스(Hippocrates)가 환자 치료법으로 처음 개발하였으며 현재까지 체계화되지 못하고 있으며 근래에 들어서 한국에서도 지하철 기관사에게도 적용이 되고 있다.

【2】생체 리듬의 종류 및 특징

(1) 육체적 리듬(physical cycle) : 육체적으로 건전한 활동기(11.5일)와 그렇지 못한 휴식기(11.5일)가 23일을 주기로 하여 반복된다. 육체적 리듬(P)은 신체적 컨디션의 율동적인 발현, 즉 식욕, 소화력, 활동력, 스태미너 및 지구력과 밀접한 관계를 갖는다.

(2) 지성적 리듬(intellectual cycle) : 지성적 사고능력이 재빨리 발휘되는 날(16.5일)과 그렇지 못한 날(16.5일)이 33일을 주기로 반복된다. 지성적 리듬(I)은 상상력, 사고력, 기억력 또는 의지, 판단

및 비판력 등과 깊은 관련성을 갖는다.

(3) **감정적 리듬**(sensitivity cycle) : 감정적으로 예민한 기간(14일)과 그렇지 못한 둔한 기간(14일)이 28일을 주기로 반복된다. 감정적 리듬(S)은 신경조직의 모든 기능을 통하여 발현되는 감정, 즉 정서적 희노애락, 주의력, 창조력, 예감 및 통찰력 등을 좌우한다.

(4) **바이오리듬의 계산방법**
① 신체리듬(P)=T-23K (단, P<23)
② 감성리듬(S)=T-28K (단, S<28)
③ 지성리듬(I)=T-33K (단, I<33)
여기서, T=총 생존일수(365×n+a+α)
    n=완전히 생존한 연도의 수
    a=n년 이외의 생존일수
    α=n년 중의 윤년수
    K=각 리듬의 완전한 주기 반복 회수

【3】 위험일(critical day)

(1) P, S, I 3개의 서로 다른 리듬은 안정기[positive phase(+)]와 불안정기[negative phase(-)]를 교대하면서 반복하여 싸인(sine) 곡선을 그려 나가는데 (+)리듬에서 (-)리듬으로 또는 (-)리듬에서 (+)리듬으로 변화하는 점을 영(zero) 또는 위험 일이라 하며, 이런 위험일은 한달에 6일 정도 일어난다.

(2) '바이오리듬'상 위험 일(critical day)에는 평소보다 뇌졸증이 5.4배, 심장질환의 발작이 5.1배 그리고 자살은 무려 6.8배나 더 많이 발생된다고 한다.

(3) 생체 리듬의 변화
① 혈액의 수분 염분량 : 주간 감소, 야간 증가
② 체온, 혈압, 맥박수 : 주간 상승, 야간 감소
③ 야간 체중 감소, 소화분비액 불량
④ 야간 말초운동 기능저하, 피로의 자각 증상 증대

> 참고
> • 24시간 중 사고발생률이 가장 심한 시간 03~05시 사이
> • 주간일과 중 오전 10시~11시, 오후 15시~16시 사이

【4】 "바이오리듬" 곡선의 표시

"바이오리듬" 곡선의 표시 방법은 국제적으로 통일이 되어 있으며, 색이나 또는 선으로 표시하는 두 가지 방법이 사용된다. 육체적 리듬인 P는 청색, 감성적 리듬인 S는 적색, 지성적 리듬 I는 녹색으로 나타내고 P는 실선(---)으로, S는 점선(····)으로 I는 실선과 점선(-·-·-)으로 나타내며, 위험한 날은 점, 하트형, 크로바형 등으로 나타내게 되어 있다.

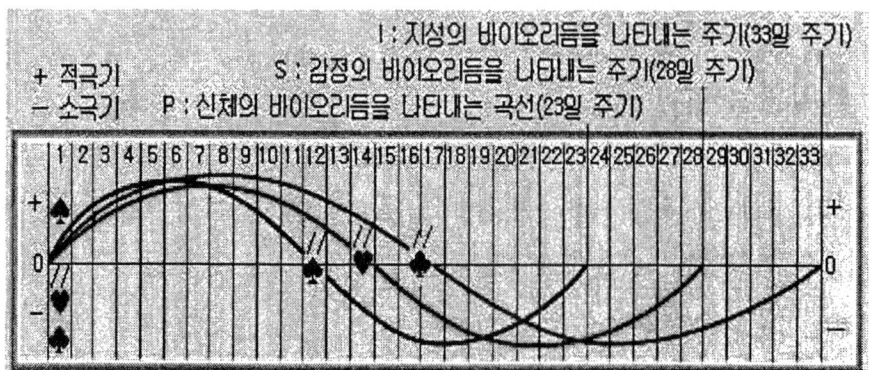

[바이오 리듬의 주기]

【5】 모랄 서베이(morals survey)

(1) 모랄 서베이의 효용
① 근로자의 심리, 욕구를 파악하여 불만을 해소하고 노동의욕을 높인다.
② 경영관리를 개선하는 데 자료를 얻는다.
③ 종업원의 정화 작용(catharsis)을 촉진시킨다.

(2) 모랄 서베이의 주요 방법
① 통계에 의한 방법 : 사고 상해율, 생산율, 결근, 지각, 조퇴, 이직 등을 분석하여 파악하는 방법
② 사례연구법 : 경영관리상의 여러 가지 제도에 나타나는 사례에 대해 사례연구(case study)로서 현상을 파악하는 방법
③ 관찰법 : 종업원의 근무 실태를 계속 관찰함으로서 문제점을 찾아내는 방법
④ 실험연구법 : 실험 그룹과 통제 그룹(control group)으로 나누고, 상황, 자극을 주어 태도변화 여부를 조사하는 방법
⑤ 태도조사법(의견조사) : 질문지법, 면접법, 집단토의법, 투사법 (projective technique) 등에 의해 의견을 조사하는 방법

【6】 직업 적성

(1) 기계적 적성
기계작업에 성공하기 쉬운 특성으로 기계작업에서의 성공에 관계되는 요인으로서는 다음과 같은 것이 있다.
① 손과 팔의 솜씨 : 빨리 그리고 정확히 잔일이나 끈 일을 해내는 능력
② 공간 시각화 : 형상이나 크기의 관계를 확실히 판단하여 각 부분을 뜯어서 다시 맞추어 통일된 형태가 되도록 손으로 조작하는 과정
③ 기계적 이해 : 공간 시각화, 지각 속도, 추리, 기술적 지식, 기술적 경험 등의 복합적 인자가 합쳐져서 만들어진 적성

(2) 사무적 적성

　사무적 일에는 지능도 중요하지만 그와 함께 손과 팔의 솜씨나 지각의 속도 및 정확도 등이 특히 중요하다.

7.2 노동과 피로

【1】 피로의 정의 및 증상

(1) 피로(fatigue)란 : 어느 정도 일정한 시간, 작업활동을 계속하면 객관적으로 작업능률의 감퇴 및 저하, 착오의 증가, 주관적으로는 주의력의 감소, 흥미의 상실, 권태 등으로 일종의 복잡한 심리적 불쾌감을 일으키는 현상이다.

(2) 신체적 피로의 증상(생리적 현상)
　① 작업효과나 작업량이 감퇴 및 저하된다.
　② 작업에 대한 몸자세가 흐트러지고 지치게 된다.
　③ 작업에 대한 무감각, 무표정, 경련 등이 일어난다.

(3) 정신적 피로의 증상(심리적 현상)
　① 긴장감이 해지 및 해소된다.
　② 주의집중력이 감소 또는 경감된다.
　③ 권태, 태만, 관심 및 흥미감이 상실된다.
　④ 두통, 졸음, 실증, 짜증이 온다.
　⑤ 불쾌감정이 증가된다.

(4) 피로의 원인
　① 개인적인 조건 : 체력, 성별, 연령, 숙련도, 질병 유무 등
　② 작업조건 : 질적 조건, 양적 조건
　③ 환경조건 : 온도, 습도, 진동, 소음, 조명, 공기오염 등
　④ 생활조건 : 수면, 식사, 성생활, 자유시간, 레크레이션 등

⑤ 사회적 조건 : 인간관계, 임금과 생활수준, 통근시간 및 방법, 주택 환경 등

(5) 피로의 종류
  ① 정신피로 : 정신운동이나 신경(중추신경계)을 긴장시켜 일하였을 때 일어나는 피로
  ② 육체피로 : 근육에서 일어나는 피로
  ③ 전신성피로 : 근육노동 또는 특히 전신의 넓은 범위의 근육을 사용해서 일한 경우나 고도의 피로의 경우
  ④ 국소피로 : 국소피로나 국소장애는 근대 산업에서 작업이 분화되어 몸의 일정부위를 계속 사용하는 일이 많아져 생기는 것으로 가성근시나 경완 증후군이 있다.
  ⑤ 급성피로 : 피로의 발생이 갑작스러우나 휴식하면 쉽사리 풀리는 피로
  ⑥ 만성피로 : 매일 한결같이 계속되는 노동으로 주말을 향해 차츰 쌓여가는 피로 축적
  ⑦ 환경성 피로 : 고열작업자, 기계의 진동, 불량한 조명이나 침침한 조명, 사무실의 냉난방등이 원인이 되는 피로와 인간관계에서 오는 피로
  ⑧ 근무제도에서 오는 피로 : 잔업, 교대성 근무, 야근 등

(6) 피로가 작업에 미치는 영향
  ① 실동률의 저하
  ② 자연휴식 시간과 그 횟수의 증대
  ③ 작업속도의 저하
  ④ 재해의 발생

(7) 피로의 회복방법
  ① 휴식과 수면이 가장 좋은 방법이다.

② 충분한 영양섭취
③ 산책 및 가벼운 운동
④ 음악감상 및 오락
⑤ 목욕, 마사지 물리적 요법

(8) 피로 측정 방법(3가지)

검사방법	검사항목	측정방법 및 기기
1) 생리적 방법	· 근력, 근활동(筋活動) · 반사 역치(反射閾値) · 대뇌피질 활동 · 호흡 순환 기능 · 인지 역치(認知閾値)	· 근전계(근전계 : EMG) · 슬역 측정기(슬역측정기 : PSR) · 뇌파계(EEG) · schneider test, 심전계(심전계 : ECG) · 청력검사(audiometer), 근점거리계 (근점거리계, flicker test
2) 생화학적 방법	· 혈색소 농도 · 혈액 수분, 혈단백 · 응혈 시간 · 혈액, 뇨전해질 · 뇨단백, 뇨교질 배설량 · 부신피질 기능	· 광도계 · 혈청 굴절률계 · storanbelt graph · Na, K, Cl의 상태 변동 측정 · 뇨단백 침전, Donaggio 검사 · 17-OHCS
3) 심리학적 방법	· 변별역치 · 피부(전위) 저항 · 동작 분석 · 행동 기록 · 연속 반응 시간 · 정신 작업 · 집중 유지 기능 · 전신 자각 증상	· Ebbinghaus 촉각계 · 피부 전기 반사(GSR) · 연속 촬영법 · holygraph(안구 운동 측정 등) · 전자 계산 · Kleapelin 가산법 · 표적, 조준 기록 장치 · CMI, THI 등

【2】 스트레스(Stress)

(1) 스트레스의 정의
   ① 자기욕심   ③ 출세   ⑤ 사랑의 갈망
   ② 명예욕   ④ 건강   ⑥ 재물탐욕

(2) 스트레스의 영향 요인
   ① 외부로부터의 자극 요인
      ㉮ 경제적인 어려움
      ㉯ 직장에서의 대인관계상의 갈등과 대립
      ㉰ 가정에서의 가족관계의 갈등
      ㉱ 가족의 죽음이나 질병
      ㉲ 자신의 건강문제
   ② 마음속에서 일어나는 내적 자극 요인
      ㉮ 자존심의 손상과 공격방어 심리
      ㉯ 출세욕의 좌절감과 자만심의 상층
      ㉰ 지나친 과거에의 집착과 허탈
      ㉱ 업무상의 죄책감
      ㉲ 지나친 경쟁심과 재물에 대한 욕심
      ㉳ 남에게 의지하고자 하는 심리
      ㉴ 가족간의 대화단절 의견의 불일치

(3) 스트레스의 증세
   ① 불안신경증   ⑤ 신체형 스트레스
   ② 공포신경증   ⑥ 해리 신경증
   ③ 강박신경증   ⑦ 우울증
   ④ 외상성 스트레스

(4) 리더쉽의 기법(Haire M.의 방법론)
  ① **지식의 부여** : 종업원에게 직장 내의 정보와 직무에 필요한 일관된 규율을 유지 한다.
  ② **관대한 분위기** : 종업원으로 하여금 안심하고 존재하도록 하기 위해서 직무상 관대한 분위기를 유지한다.
  ③ **일관된 규율** : 행동 기준에 혼란을 일으키지 않도록 일관된 규율을 부여한다.
  ④ **향상의 기회** : 성장의 기회와 사회적 욕구 및 이기적 욕구의 충족을 확대할 기회를 준다.
  ⑤ **참가의 기회** : 직무의 모든 과정에서 참가를 보장한다.
  ⑥ **호소하는 권리** : 종업원에게 참다운 의미의 호소권을 부여한다.

제8장

보호구

8.1 보호구의 정의

【1】보호구에 대한 안전의 특성 및 정의

　　외계의 유해한 자극물을 차단하거나 또는 그 영향을 감소시키는 목적을 가지고 작업자의 신체일부 또는 전부에 장착하는 것을 보호구라 한다.

【2】신체부위별 보호구의 작업 복장

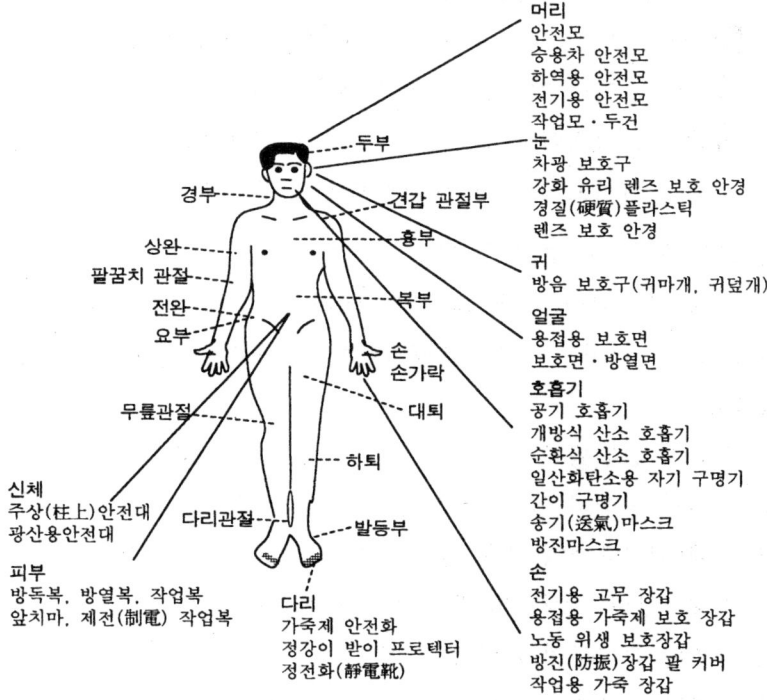

8.2 보호구 사용시 일반사항

(1) 보호구를 사용할 때의 유의사항
 ① 작업에 적절한 보호구를 설정한다.
 ② 작업장에는 필요한 수량의 보호구를 비치한다.
 ③ 작업자에게 올바른 사용방법을 빠짐없이 가르친다.
 ④ 보호구는 사용하는 데 불편이 없도록 철저히 한다.
 ⑤ 작업을 할 때에 필요한 보호구는 반드시 사용하도록 한다.

(2) 안전보호구를 선택할 때에 알아두어야 할 사항은 다음과 같다.
 ① 작업 중 언제나 사용하는 것(예 안전모, 안전화), 작업 중 필요한 때에 사용하는 것(예 보호안경), 위급한 때에 임시로 사용하는 것(예 방독 마스크) 등 사용목적에 적합하여야 한다.
 ② 보호구 검정에 합격된 품질이 좋은 것이어야 한다.
 ③ 사용하는 방법이 간편하고 손질하기가 쉬워야 한다.
 ④ 무게가 가볍고 크기가 사용자에게 알맞아야 한다.

(3) 보호구의 구비조건 및 보관방법
  보호장구는 인명과 직결되므로 여러 가지 제약조건이 있다. 신체에 직접적으로 미치는 위험 유해사항을 통제하기 위해서는 다음 사항이 필요하다.
 ① 착용이 간편할 것
 ② 작업에 방해가 안 되도록 할 것
 ③ 유해 위험요소에 대한 방호성능이 충분히 있을 것
 ④ 보호장구의 원재료의 품질이 양호한 것일 것
 ⑤ 구조와 끝마무리가 양호할 것
 ⑥ 겉모양과 표면이 섬세하고 외관상 좋을 것

보호장구가 필요할 때 어느 때라도 착용할 수 있도록 청결하고 성능이 유지된 상태에서 보관되어야 한다. 각종 재료의 부식, 변질이 발생하지 않도록 보관해야 한다.

① 광선을 피하고 통풍이 잘되는 장소에 보관할 것
② 부식성, 유해성, 인화성 액체, 기름, 산 등과 혼합하여 보관하지 말 것
③ 발열성 물질을 보관하는 주변에 가까이 두지 말 것
④ 땀으로 오염된 경우에 세척하고 건조하여 변형되지 않도록 할 것
⑤ 모래, 진흙 등이 묻은 경우는 깨끗이 씻고 그늘에 건조할 것

(4) 보호구의 선정 조건
  ① 종류
  ② 형상
  ③ 성능
  ④ 수량
  ⑤ 강도

8.3 보호구의 검정

(1) 검정대상 보호구(12종)
  ① 안전대
  ② 안전모
  ③ 안전화
  ④ 안전장갑
  ⑤ 귀마개 또는 귀덮개
  ⑥ 보안경
  ⑦ 보안면

⑧ 방진마스크
⑨ 방독마스크
⑩ 송기 마스크
⑪ 방열복
⑫ 기타 근로자의 작업상 필요한 것으로서 노동부장관이 정하는 보호구
　　※ ①~④는 안전보호구
　　※ ⑤~⑫는 위생보호구
　　※ 단, 마스크는 산소농도 18% 이상에서만 사용할 것

(2) 보호구 검정절차
　① 검정기관 : 한국산업안전공단
　② 합격표시 : 보호구나 포장에 표시
　　㉮ 합격마크
　　㉯ "한국산업안전공단검정필"이라는 문자
　　㉰ 수입검정 합격 번호 및 합격 등급
　　㉱ 제조 년월일 및 합격 년월일

8.4 보호구 사용을 기피하는 이유

(1) 지급기피
(2) 사용방법 미숙
(3) 이해부족
(4) 불량품
(5) 비위생적

8.5 보호구의 종류

1 안전모

【1】 사용 목적에 따라

일반용 안전모, 승차용 안전모, 전기작업용 안전모, 하역작업용 안전모

【2】 안전모의 종류

종류	사용구분	모체의 재질	내전압성
A	물체의 낙하나 날아옴에 의한 위험을 방지, 경감시키는 것	합성, 금속합성	비내전압성
B	추락에 의한 위험을 방지 또는 경감시키는 것	합성수지	비내전압성
A B	물체 낙하, 날아옴, 추락에 의한 위험을 방지, 경감시키는 것	합성수지	비내전압성
A E	물체 낙하, 날아옴에 의한 위험을 방지 또는 경감하고 머리 부위 감전에 의한 위험을 방지하기 위한 것	합성수지 (FRP)	내전압성
ABE	물체의 낙하 또는 날아옴 및 추락에 의한 위험, 감전에 의한 위험을 방지하는 것	합성수지 (FRP)	내전압성

주 내압성이란 7000V 이하의 전압에 견디는 것을 말한다.
FRP ; Fiber Glass Reinforest Plastic(유리섬유 강화 플라스틱)

【3】 안전모의 명칭

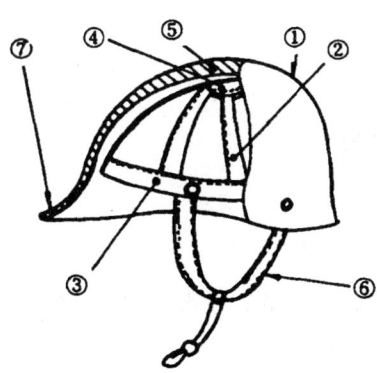

①	모 체(합성수지)	
②	착	머리 받침끈
③	장	땀 방지대
④	체	머리 받침 코너
⑤	충격흡수 받침판(liner)	
⑥	턱 끈	
⑦	모자챙(서양)	

【4】 안전모의 착용대상 사업장

(1) 2m 이상 고소작업
(2) 낙하 위험작업
(3) 비계의 해체 조립작업
(4) 차량계 운반 하역작업

【5】 안전모의 종류별 중량(KS기준)

(1) 1종 : 350g 이하
(2) 2종 : 400g 이하
(3) 3종 : 600g 이하

【6】 안전모의 선택 방법

(1) 작업성질에 따라 머리에 가해지는 각종 위험으로부터 보호할 수 있는 종류의 안전모를 선택해야 한다.
(2) 규격에 알맞고 성능검사에 합격품이어야 한다(성능검사는 KS 또는 한국산업안전공단 성능시험에 합격한 제품을 말한다).
(3) 가볍고 성능이 우수하며 머리에 꼭 맞고 충격흡수성이 좋아야 한다.

【7】 안전모에 사용하는 재료의 성질

(1) 쉽게 부식하지 않을 것
(2) 피부에 해로운 영향을 주지 않는 것
(3) 사용목적에 따라 내열성, 내한성 및 내수성을 보유할 것
(4) 모체의 표면은 밝고 선명한 색채로 한다.

(5) 안전모의 착장체, 턱끈 등의 부속품을 제외한 무게가 0.44kg을 초과하여서는 안된다.

(6) 충분한 강도를 가질 것

【8】 안전모 성능시험의 종류

(1) 내관통성 시험

(2) 내전압성 시험

(3) 내수성 시험

(4) 난연성 시험

(5) 충격흡수성

〔안전모의 시험 항목별 성능〕

항 목	성 능
① 내관통성	종류 AE, ABE의 안전모는 관통거리가 9.5mm 이하, 종류 A, B, AB 안전모는 관통거리가 11.1mm 이하이어야 한다(단, 관통거리에 모체의 두께가 포함된다).
② 충격흡수성	최고 전달 충격력이 4450N(1000lb)를 초과해서는 안되며, 또한 모체와 착장제가 분리되거나 파손되지 않아야 한다.
③ 내전압성	종류 AE, ABE의 안전모는 1분간 견디고 또한 충전전류가 10mA 이하이어야 한다.
④ 내수성	종류 AE, ABE의 안전모는 질량 증가율이 1% 미만이어야 한다.
⑤ 난연성	종류 AE, ABE의 안전모는 연소를 계속할 때 또는 계속하지 않을 때에 관계없이 연소시간이 60초 이상이어야 한다.

【9】 내관통성 시험

(1) 종류 A, AB, AE, ABE의 안전모를 규정에 의거 전처리 한 후 그림 (1)에 나타난 장치에 따라 시험안전모를 땀 방지대가 느슨한

상태로(땀방지대 길이가 57.79cm 이상) 사람 머리모형에 장착하고 0.45kg의 철제추를 낙하점에 모체 정부에서 76mm 안이 되도록 높이 3.048m에서 자유 낙하시키고 관통 거리를 측정한다. 관통거리는 모체 두께를 포함한 철제추가 관통한 거리를 말한다. 이 시험은 전처리한 후 15초 이내에 행하여야 한다.

(2) 시험 안전모의 전처리는 각각 -18℃±2℃, 49℃±2℃에서 적어도 2시간 이상 방치하여야 한다.

(3) 사람 머리모형은 마그네슘 k-Al, 알루미늄을 재료로 하구 질량은 3.64kg±0.45kg이어야 한다. 사람 머리모형의 형상과 치수는 그림 (2)와 같다.

(4) 철재추의 치수와 형상은 질량이 0.45kg으로 원뿔형 팁의 뾰족한 끝은 반지름이 0.25mm 이하의 반구성이어야 한다.

(5) 종류 B, AB, ABE의 안전모는 낙하점이 모체 앞머리, 양 옆머리, 뒷머리가 되도록 장착한 후 (1)항과 동일한 방법으로 관통거리를 추가 측정한다.

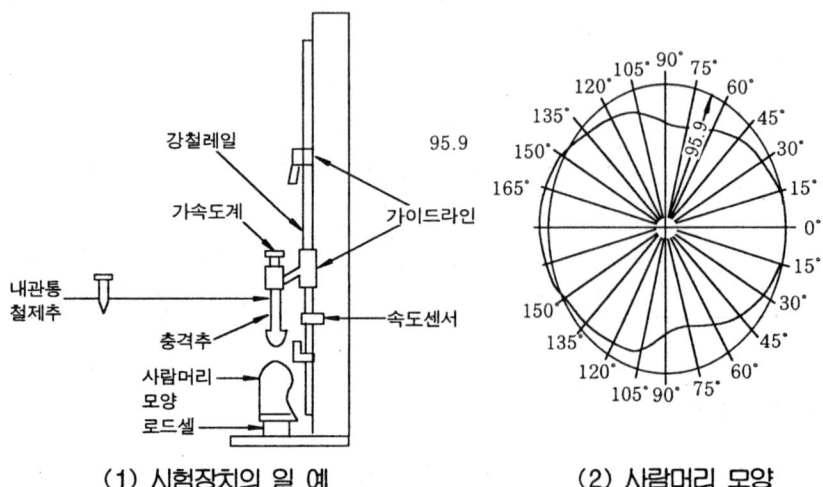

(1) 시험장치의 일 예   (2) 사람머리 모양

【10】 내전압성 시험

본 시험은 AE 및 ABE형 안전모 즉 전기 안전모에 대한 사험으로서, 그림과 같이 시험 안전모를 장치하여 유지시키고 모체 내외의 수위가 동일하도록 물을 넣는데, 이 경우 모체의 내부 수면에서 전부위의 차양이 있는 것은 차양의 끝까지, 최소 연면 거리는 30mm로 한다. 이 상태에서 모체 내외의 수중에 전극을 담그고 이것에 주파수 60Hz의 정현파에 가까운 20kV의 전압을 가하고 충전 전류를 측정한다.

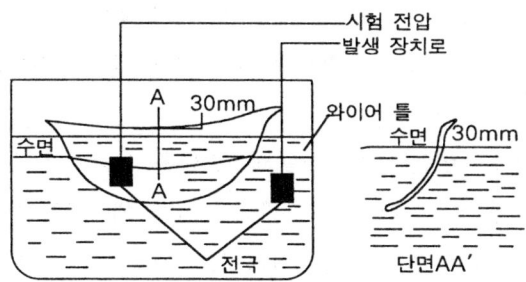

【11】 충격흡수성 시험

(1) **전처리** : 내관통시험과 동일

(2) **시험** : 내관통시험시와 동일하게 장착하고 무게 3.6kg(8파운드)의 철제 충격추를 충격점이 모체 정부를 중심으로 직경 76mm안이 되도록 높이 1524m(6피트)에서 자유낙하시키고 전달 충격을 측정한다. 이 시험 역시, 전처리 후 15초 이내에 하여야 하며 절대로 1번 이상 충격을 가하지 않도록 주의하여야 한다.

【12】 내수성 시험

(1) 대상 안전모 : AE와 ABE형
(2) 전처리 : 모체를 20~25t 수중에 24시간 담가 놓는다.
(3) 시험 : 전처리 후 대기 중에 꺼내어 마른 천 등으로 표면의 수분을 닦아내고 다음 식으로 무게 증가율(%)을 산출한다.

$$\therefore 무게증가율(\%) = \frac{담근후\ 무게 - 담그기전의\ 무게}{담그기전의\ 무게} \times 100$$

【13】 난연성 시험

(1) 종류 AE와 ABE의 안전모의 모체로부터 나비 25mm, 길이 125mm마다 표시를 한다. 부품의 실내에서 다음 그림과 같이 시험편의 종축을 수평으로, 횡축을 수평면에 대해 45°가 되도록 하고, 시험편을 세워서 유지한다.

② 분젠버너 또는 알콜 램프의 불꽃을 높이 약 20mm 청색 불꽃으로 조절하구 그 선단을 시험편의 자유단에 접촉시킨다.

③ 30초 후 램프 위 불꽃을 제거하고 시험편으로부터 약 450mm이상 메어 놓는다. 1회의 점화로 연소가 이루어지지 않을 때에는 불꽃이 소멸한 후 다시 30초간 자유단에 불꽃을 접촉시킨다.

④ 1회 또는 2회의 점화로 시험편이 계속 연소할 때, 불꽃이 시험편의 하단 25mm의 표선에 달한 때부터 100mm의 표선하단에 달할 때까지의 시간을 측정하고 연소시간 (초)으로 한다.

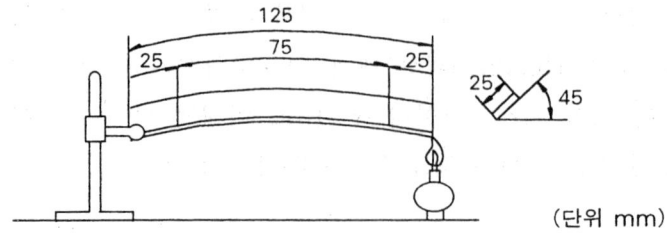

(단위 mm)

2 보호안경

【1】 보호안경의 종류

(1) 방진안경 : 절단을 하거나 깎는 작업을 할 때에 침가루 등이 눈에 들어 갈 우려가 있을 때 눈을 보호하기 위해 사용
(2) 차광안경 : 자외선(아크용접), 가시광선, 적외선(가스용접, 용광로 작업)으로부터 눈의 장해를 방지하기 위한 것

【2】 보호안경의 종류와 안경의 유지관리법

(1) 보호안경의 종류

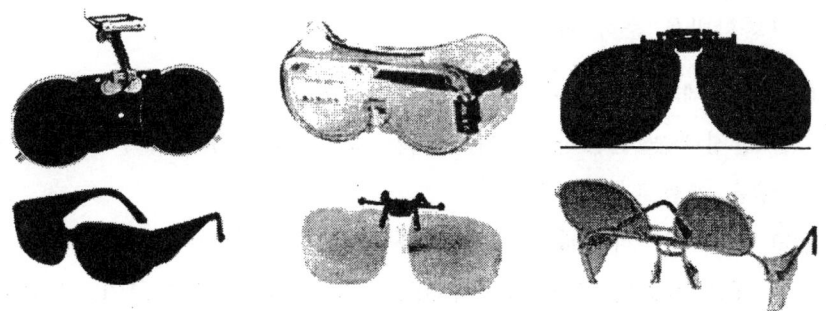

(2) 안경의 유지 관리법
① 렌즈를 매일 깨끗이 닦아야 한다.
② 홈집이 생긴 보호구는 교환해 주어야 한다.
③ 교환렌즈는 전면으로 빠지도록 한다.
④ 머리 띠(head band)는 성능이 떨어진 것은 교환해 주어야 한다.
⑤ 적절한 케이스와 통 등에 보관해야 한다.
⑥ 사용자가 바뀔 때는 깨끗이 세척하여 소독한 후에 지급되어야 한다.
⑦ 소독은 정기적으로 하되 건조하고 서늘한 곳에 보관한다.

⑧ 소독제는 페놀, 차가염소산염, 4기 암모늄, 콤파운드 등에 10분만 담근 후 건조시켜 자외선 소독기로 소독한다.

【3】 방진안경

(1) 렌즈의 구비조건
① 렌즈에는 줄이나 홈, 기포, 비뚤어짐이 없을 것
② 빛의 투과율은 90% 이상이 좋고, 70% 이하가 아닐 것
③ 광학적으로 질이 좋아 두통을 일으키지 않을 것
④ 렌즈의 양면을 매끈하고 평행되게 할 것
⑤ 렌즈의 강도가 요구될 때는 강화렌즈를 사용할 것
⑥ 화약약품을 사용할 시는 유리 이외의 재료로 된 렌즈를 사용할 것 (화학반응 분해 때문)

(2) 안경테의 구비조건
① 안경테는 튼튼하고, 타지않고, 소독 등에 부식되지 않으며 녹슬지 않은 재료로 만들 것
② 착용자의 피부에 통증이나 화학변화를 일으켜서는 안된다.
③ 테는 렌즈가 깨어져도 파편을 보호할 수 있어야 하며, 가볍고 매끄러울 것

(3) 형상, 환기 구멍의 구비조건
① 얼굴에 닿은 부분은 유연하고 불연성의 재질이며, 얼굴과 잘 조화를 이룰 것
② 렌즈가 흐려지는 것을 방지하기 위해 뚫은 환기 구멍은 눈으로 들어오는 액체의 비중을 막을 수 있는 구조일 것
③ 흐름방지 구멍으로 가수 연기, 수증기가 들어오는 것도 없는 편이 좋다.

【4】 차광안경

(1) 차광안경의 종류

① 안경형

② 헬멧형(helmet type)

③ 실드형(shield type)

(2) 차광안경의 구비조건

① 커버렌즈, 커버플레이트는 가시광선을 적당히 투과하여야 한다(89% 이상 통과).

② 자외선 및 적외선은 허용치 이하로 약화시켜야 한다.

③ 아이캡(eye cap) 형에서는 시계 105″ 이상으로 통기성의 구조를 갖추어야 한다.

④ 필터렌즈, 필터플레이트의 색은 무채색 또는 황적색, 황색, 황록색, 녹색, 청색 등의 색이어야 한다.

(3) **차광안경의 선택기준** : 차광렌즈는 투과광에 의해서 눈이 부시는 것을 느끼지 않고, 아크 같은 광원의 주변상황을 식별하는데 용이하고 눈의 피로가 적고, 신경을 초조하지 않도록 하는 색상이어야 한다(순도가 높은 청록이나 적색은 피로하기 쉽고, 자색은 아크 주변의 관찰에 부적당하다).

(4) **차광보호구**(blower's eye) : 눈을 보호하는 것과 피부를 보호하는 것 2가지가 있다.

(5) 광선은 400~700(mμ)의 파장을 가진 가시광선, 400(mμ) 보다 단파장인 자외선, 700(mμ) 보다 장파장인 적외선으로 대별되며, 300(mμ) 이하의 자외선과 4000(mμ) 이상의 적외선은 1(mm) 두께의 유리로도 차단이 되므로 유해성이 있는 것은 300~400(mμ)의 자외선과 800~4000(mμ) 범위의 적외선이다.

(6) 안경의 농도(D) : 안경의 차광번호는 S(차광도)로 표시한다.

D=log 1/T (T : 투과율)

D=3/7(s−1) (s : 차광도)

3 안면 보호구

안면 보호구는 유해 광선으로부터 눈을 보호하고 파편에 의한 화상이나 안면부를 보호하기 위하여 착용하는 보호구이다.

【1】 종류 및 사용구분과 재질

종 류	사 용 구 분	렌즈 재질
용접용 보안면	아크용접, 가스용접, 절단작업시 발생하는 유해한 자외선, 가시광선 및 적외선으로부터 눈을 보호하고, 용접광 및 열에 의한 화상, 가열된 용재 등의 파편에 의해 화상의 위험에서 용접자의 안면, 머리부분, 목부분을 보호하기 위한 것이다.	발카라이즈 하이버, FRP
일반 보안면	일반작업 및 점용접 작업시 발생하는 각종 비산물과 유해한 액체로부터 얼굴을 보호하기 위하여 착용한다.	플라스틱

【2】 보호구 재료의 성질

(1) 면체는 발카라이즈 하이버 또는 FRP 성형품은 한국산업안전공단 보호구 검정기준에 의한다.

(2) 필터 플레이트 및 커버플레이트는 차광안경과 동일하다.

(3) 핸드클립은 전기부도체로 난연성이 있어야 한다.

(4) 면체 이외의 플라스틱 부품은 실용상 지장이 없는 강도이어야 한다.

【3】 보안면의 질량(용접용)

(1) 헬멧형 : 560g 이하
(2) 핸드시일드(hand shield)형 : 500g 이하
　　(단, 필터플레이트 및 커버플레이트는 제외)

4 안전화

【1】 안전화의 종류

(1) 밑창(합성고무) 성능에 따른 분류
　① 1종 : 내마모, 내유, 내열성이 보통 성능인 안전화
　② 2종 : 내유성이 강한 안전화
(2) 제조방법에 따른 분류
　① G.W(굿도야 우랠드)라는 기계로 박아서 만든 안전화
　② V.P(직접가류 압착) 방식으로 만든 안전화

〔안전 장화〕

㉮ 재질 : 우피(복스, 은면)
㉯ 규격 : 8인치
㉰ 종류 : Molding화, Side welting화, Wetting화
㉱ 특성 : 양질의 가죽과 특수 toe cap 사용으로 견고함
㉲ 용도 : 철강, 건설, 토목공사 및 일반 사업장용

【2】 안전화의 재료 및 일반적인 구비조건

(1) 제조하는 과정에서 앞발가락 끝부분에 선심을 넣어 압박 및 충격에 대하여 착용자의 발가락을 보호할 수 있는 구조일 것
(2) 착용감이 좋고 작업에 편리할 것
(3) 견고하게 제작하여 부분품의 마무리가 확실하여 형상은 균형이 있어야 한다.
(4) 선심의 내측은 헝겊, 가죽, 고무 또는 플라스틱 등으로 감싸고 특히 후단부의 내측은 보강되어야 한다.
　① 선심은 평활하고 가장자리 및 모서리는 경사가 있어야 하고 강재는 방청 처리를 해야 한다.
　② 선심을 하단에서 구부리는 부분은 거의 수평으로 집어 구부리고 그 폭은 3mm 이상이어야 한다.
　③ 선심 후단 최고부의 높이 너비는 33mm, 길이 28mm 이상이어야 한다.
　④ 선심 아치 후단 중앙부와 최선단부의 수평거리는 높이 너비 40~60mm, 길이 30~50mm이어야 한다.

안전화의 구조

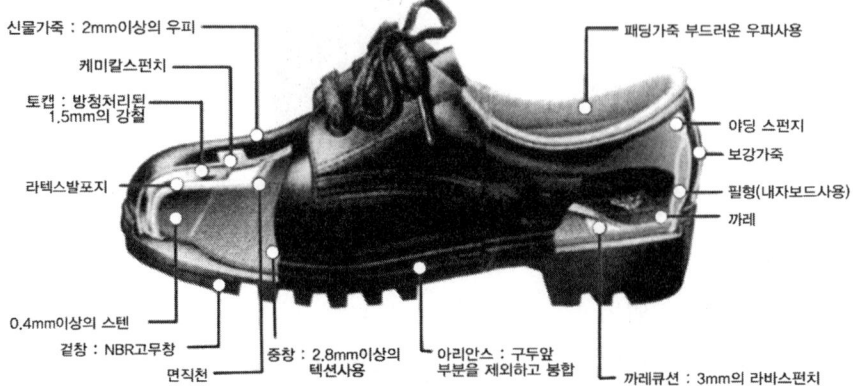

〔안전화의 구조〕

【3】 안전화의 성능조건

(1) 내마모성   (3) 내유성
(2) 내열성   (4) 내약품성

【4】 절연장화의 종류 및 용도

〔절연장화의 종류 및 용도〕

종류	용 도
A종	주로 300V를 초과 교류 600V, 직류 750V 이하의 작업에 사용하는 것
B종	주로 교류 600V, 직류 750V 초과 3500V 이하의 작업에 사용
C종	주로 3500V 초과, 7000V 이하 작업에 사용

5 안전대

【1】 사용방법에 따른 안전대의 종류(노동부고시)

〔안전대의 종류〕

종류	사용방법	비고
1종	U자걸이 전용	클립부착 포함
2종	1개걸이 전용	
3종	1개걸이, U자걸이 공용	
4종	1개걸이, U자걸이 공용	보조훅 부착

(1) U자걸이 : 안전대의 로우프를 구조물 등에 U자 모양으로 돌린 뒤 훅을 D링에, 신축조절기를 각 링에 연결하여 신체의 안전을 도모하는 방법이다.

(2) 1개걸이 : 로우프의 한쪽문을 D링에 고정시키고 훅을 구조물에 걸거나 로우프를 구조물 등에 한번 돌린 후 다시 훅을 로우프에 거는 등에 의해 추락에 의한 위험을 방지하기 위한 방법을 말한다.

참고 한국공업규격에 정한 주상안전대(KSP 8165)

종류	형식	사용조건
1종	1겹 벨트형	1개걸이, U자걸이 공용
2종	2겹 벨트형	1개걸이, U자걸이 공용
3종	3겹 벨트형	U자걸이 전용
4종	4겹 벨트형	1개걸이, U자걸이 공용(보조훅 부착)

【2】안전대 사용시 유의사항(노동부에서 고시하는, 안전대 규격에 맞는 것을 사용)

(1) 벨트, 로우프, 버플 등을 함부로 바꾸어서는 안된다.
(2) 클립이나 신축조절기는 바른 방향에 달도록 한다.
(3) 각부의 상태를 점검하고 결점이 있는 것은 교환한다.
(4) 한번 충격을 받은 안전대는 사용하지 않는다.

【3】안전대의 구조 및 명칭

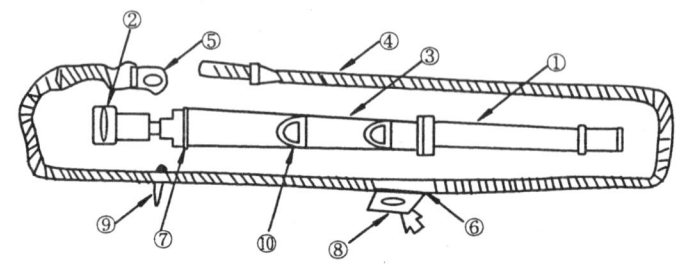

[안전벨트 구조도]

① 벨트 : 신체에 착용하는 띠모양의 부품
② 버클 : 벨트를 착용하기 위해 그 끝에 부착한 금속장치
③ 동체대기벨트 : V자걸이 사용시 벨트와 겹쳐서 몸체에 대는 역할을 하는 띠

④ 로우프 벨트와 지지로우프 기타 걸이설비 : 안전대를 안전하게 걸기 위한 설비
⑤ 훅 : 로우프와 걸이설비 등 또는 D링과 연결하기 위한 고리모양의 금속장치
⑥ 신축조절기 : 로우프의 길이를 조절하기 위하여 로우프에 설치된 금속장치
⑦ D링 : 벨트와 로우프를 연결하기 위한 D자형 금속장치
⑧ 8자형 링 : 안전대를 1개걸이로 사용할 때 훅과 로프를 연결하기 위한 8자형 금속장치
⑨ 세개이음형 고리 : 안전대를 1개걸이로 사용할 때 훅과 로우프를 연결하기 위한 세 개 이음형 고리 금속장치를 말한다.
⑩ 각링 : 벨트와 신축조절기를 연결하기 위한 큰 형태의 금속장치

【4】 안전대의 각 명칭별 재료

〔안전대의 재료〕

명 칭	재 료
벨트, 동체대기벨트, 로우프링 부착부분	합성수지, 합성수지류
D링, 각링, 세개링, 8자형링	일반구조용 압변강제에 규정한 2종 이와 동등 이상의 양질재료(DSD 3503)
버클, 클립 신축조절기	KSD 3512(냉각압연 강판과 강대) 규정한 이와 동등 이상의 양질재료
훅, 카라바나	KSD 6763(알루미늄, 알루미늄 합금봉 및 선)에 규정한 일반구조용 압연강제, 규정 2종
신축조절기	KSD 3503에 규정한 2종(SB-41) KSD 6759에 규정한 동등 이상의 재료

【5】 안전대의 강도

추락시 인체가 받는 충격하중은 900kg이나 된다. 따라서 안전율을 감안하면 그 이상의 충격하중에도 안전대 각 부분의 강도는 ILO 기준에 준하여 1150kg 이상을 요한다.

(1) ILO의 안전대 기준
  ① 안전벨트는 적어도 폭 12cm, 두께 6mm이어야 하고, 최소한 1150kg의 최대 파탄 강도를 지녀야 한다.
  ② 끈은 상질의 마닐라로프 또는 이와 동등 이상의 강도를 지닌 재료로써 1150kg의 최대 파단강도를 지녀야 한다.

【6】 안전대의 구조 기준

(1) U자 걸이로 사용할 수 있는 안전대 구조
  ① 동체, 대기멜 1추 각링 및 신축조절기가 있을 것
  ② D링 및 각링은 안전대 착용자의 동체 양측에 해당하는 곳에 위치해야 함
  ③ 신축조절기와 로우프로부터 이탈하지 말 것

(2) U자 걸이 전용안전대의 구조 기준
  ① 훅이 열리는 나비가 로우프의 직경보다 작다.
  ② 8자 링형 및 이음형 고리가 없어야 한다.

(3) 보조 훅 부착 안전대의 구조 기준 : 신축조절기의 역방향으로 낙하 저지 기능을 갖춰야 한다. 탄, 로우프에 스토퍼가 부착된 경우 제외

【7】 안전대용 로우프의 구비 조건

(1) 충격, 인장 강도에 강할 것

(2) 내마모성이 높을 것

(3) 내열성이 높을 것

(4) 습기나 약품류에 잘 손상되지 않을 것

(5) 부드럽고 되도록 매끄럽지 않을 것

(6) 완충성이 높을 것

【8】 안전대 착용대상 사업장

(1) 2m 이상의 고소작업

(2) 분쇄기 또는 혼합기의 개구부

(3) 슬레이트 지붕위의 작업

(4) 비계의 조립, 해체작업

6 호흡용 보호구

【1】 방진 마스크(dust mask)

(1) 종류

① 구조형식에 따라 - 직결식, 격리식

② 사용용도에 따라 - 고농도 분진용(H_1-H_4), 저농도 분진용(H_1-H_4)

(2) 여과 효율 및 통기 저항에 따른 등급

구 분	특 급	1급	2급	비 고
여과효율	99.5% 이상	95% 이상	85% 이상	일반적인 검정품은 72% 이상 성능 보유
흡배기 저항	8mmHO 이하	6mmHO 이하	6mmHO 이하	

(3) 방진 마스크의 구비 조건(선정 기준)

① 여과 효율이 좋을 것

② 흡배기 저항이 낮을 것

③ 사용적이 적을 것(180cm² 이하)
④ 중량이 가벼울 것(직결식 120g 이하)
⑤ 시야가 넓을 것(하방 시야 60° 이상)
⑥ 안면 밀착성이 좋을 것
⑦ 피부 접촉부위의 고무질이 좋을 것

(4) 방진 마스크의 구조
① 격리식 : 여과제──연결관──흡기변──마스크──배기변
② 직결식 : 여과제──흡기변──마스크──배기변

(5) 방진 마스크의 구분 및 사용 장소

구분	사 용 장 소(작업)
특급	수은, 비소, 납, 망간, 아연 등 중독 위험이 높은 분진이나 흄(fume)을 발산하거나 방사성 물질 분진이 비산하는 장소
특급 또는 1급	① 갱내, 암석 또는 암석과 유사한 광물을 뚫는 작업 ② 동력을 이용하여 토석, 암석, 광석을 파쇄, 분쇄하는 작업 ③ 분상의 광물 물질을 선별, 혼합 또는 포장하는 작업 ④ 금속을 전기 아크로 용접 또는 용단하는 작업 ⑤ 주물 공장에서 사형을 사용하고 사락 작업을 할 때 ⑥ 석면을 재료로 사용하는 작업 ⑦ 현저히 분진이 많은 사업장
2급	이외의 작업

【2】 방독 마스크(gas mask)

(1) 종류
① 연결관의 유무에 따라 : 격리식, 직결식, 직결식 소형 마스크
② 면체의 형상에 따라 : 전면식, 반면식, 구명기식(구편형)

(2) 방독마스크의 흡수관(흡수통)
  ① 흡수관속에 들어있는 흡수제에 따라 그 종류별로 유효한 적응가스가 정해져 있다. 적응하는 가스의 종류를 나타내기 위해 흡수통에 색별의 도장과 기호가 표시되어 있다.
  ② 흡수관의 제독능력에는 한계가 있다. 흡수제가 포화되어 흡수능력을 상실하면 유해 가스는 제거되지 않은채 통과되고 마는데, 이런 상태를 흡수관의 파괴라고 한다. 파괴시간은 흡수관의 종류에 따라 다르며, 가스의 농도에 반비례하고, 고농도의 경우에는 의외로 짧은 시간에서 효력을 상실하고 만다. 따라서 흡수관의 사용시간은 반드시 기록하여 두고 파괴시간에 도달하기 전에 새로운 흡수관으로 교체하여야 한다.
  ③ 흡수제 : 활성탄, 실리카겔(silicagel), 소다라임(sodalime), 호프카라이트(hopcalite), 큐프라마이트(kuperamite) 등

(3) 방독마스크 사용시 유의사항
  ① 방독마스크를 과신하지 말 것
  ② 수명이 지난 것은 절대 사용하지 말 것
  ③ 산소결핍(일반적으로 16% 기준) 장소에서는 사용하지 말 것
  ④ 가스의 종류에 따라 용도 이외에는 사용하지 말 것

【3】 호스마스크

(1) 호스마스크의 종류
  ① 압축공기식 호스마스크 압축공기를 넣은 용기에 감압장치를 붙여 호스로 마스크에 공기를 보내주는 형식
  ② 송풍기식 호스마스크 : 송풍기로 저압의 공기를 마스크에 공급
  ③ 흡입식 호스마스크 : 사용자의 호흡운동에 따라 공기가 흡수되는 경식으로 면체 연결관, 호스(10m 이내) 및 공기 수집구조 구성

(2) 호스마스크 착용대상 사업장
① 탱크, 갱, 지하실 통풍이 불충분한 작업장
② 선저 창고
③ 사용하지 않은 우물속

【4】산소 호흡기 : 산소 압축통에서 산소를 공급받은 형식

이 호흡기는 산소통을 휴대하는 형식이므로 광범위하게 사용되는 반면, 조작이 복잡하여 사용자에게 착용법과 조작법을 반드시 교육시켜야 한다. 압축산소는 순수한 100% 산소를 사용하는 것이 아니며 순수한 산소(공업용 99.5% 이상의 순도)를 흡입하면 사망한다.

7 손보호 장갑

작업시 손을 많이 사용하므로 각종 위험요소로부터 손이 부상당하기 쉬우므로 작업종류에 따라 보호장갑을 착용하여 손의 부상을 극소화시켜야 한다. 유기용제를 취급하는 작업장에서도 장갑을 착용하여 피부염 등의 장해를 제거해야 한다.

보호장갑의 종류 및 재료는 다음과 같다.

(1) 일반작업용 : 천연 합성섬유(면, 나일론, 비닐), 소가죽(크롬 무두질) 고무

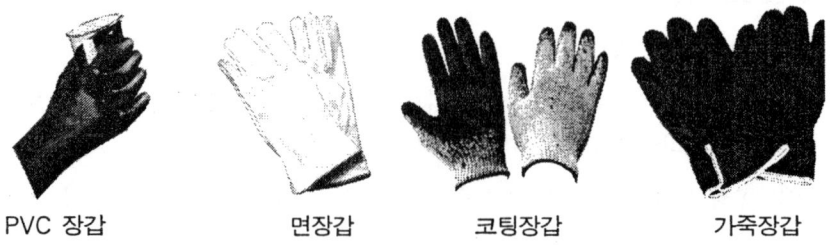

PVC 장갑   면장갑   코팅장갑   가죽장갑

〔일반작업용 장갑〕

(2) 용접용 : 소가죽(크롬 무두질), 석면용

〔용접장갑〕

〔방열장갑〕

〔용접용 장갑〕

(3) 내열, 내화작용 : 석면, 알루미늄으로 표면 처리한 석면, 고무, 합성고무, 플라스틱
(4) 방전용 : 고무, 플라스틱
(5) 절상방지용 : 금속, 특수섬유

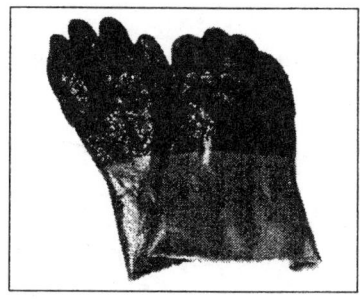
〔절연장갑〕

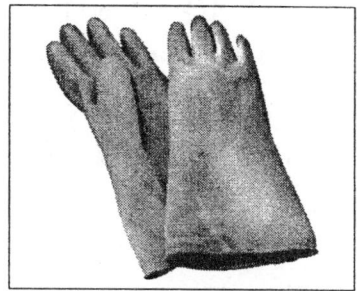
〔고무장갑〕

〔기타 고무장갑〕

　전기용 절연장갑은 300V～7000V의 전기회로의 작업에 사용되는 장갑이다. 그 종류는
① A종 : 주로 300V를 초과 교류 600V 또는 750V 이하 작업에 사용하는 것

② B종 : 주로 T류 600V 또는 직류 750V 초과 3500V 이하 작업에 사용하는 것
③ C종 : 주로 3500V 초과, 7000V 이하 작업에 사용하는 것

따라서 고전압을 취급할 시에는 알맞은 절연장갑을 반드시 착용해야 한다.

8 안전 작업복장

작업장에서는 그 작업에 적합한 복장을 단정히 하고 작업을 함으로서 일하기도 쉽고 재해로부터 몸을 지킬 수 있는 것이다. 여름철에 작업복을 입지 않은 채로 작업을 하면 옥외에서는 태양의 방사 때문에 오히려 덥고, 옥내에서도 현장에 있는 쇠 부스러기, 기름, 고열물 등에 맞아 재해를 당하게 되므로 작업복을 착용하는 것이 필요하다. 깔끔한 복장은 마음도 긴장시켜서 훌륭한 작업을 할 수 있고 재해도 줄어든다. 안전한 작업을 하기 위해 작업복장을 선정할 때에는 다음의 사항에 유의하여야 한다.

(1) 작업복은 몸에 맞고 동작이 편하며, 상의의 끝이나 바지자락 또는 단추가 기계에 말려 들어갈 위험이 없도록 한다.
(2) 작업복은 항상 깨끗이 하여야 하며 특히 기름이 묻은 작업복은 불이 붙기 쉬우므로 위험하기 때문에 세탁하여 사용토록 한다.
(3) 화기사용 직장에서는 방염성(防炎性), 불연성(不燃性)의 것을 사용하도록 한다.
(4) 착용자의 연령, 성별 등을 감안하여 적절한 스타일을 선정하는 것이 바람직하다.

〔작업모〕
(1) 기계의 주위에서 작업을 할 때에는 반드시 모자를 쓰도록 한다.
(2) 여자나 머리가 긴 사람의 경우에는 모자 또는 수건으로 머리카락을

완전히 감싸도록 한다.
(3) 여자의 경우에는 일부러 앞 머리카락을 내놓고 모자를 착용하는 경우가 많으므로 착용방법에 대하여 철저히 지도한다.

[안면 및 머리보호 안전보호구]

<신발>

(1) 신발은 작업내용에 맞는 것을 선정하여 사용시키는 것이 필요하다.
(2) 굽이 높은 구두나 운동화를 구부려 신는 것은 걸음걸이 불안정해 넘어지거나 관절을 삘 우려가 있으므로 착용하지 않도록 한다.
(3) 맨발은 부상당하기 쉽고 고열 물체에 닿을 때에는 화상을 당하는 등 위험하므로 절대로 금지시킨다.

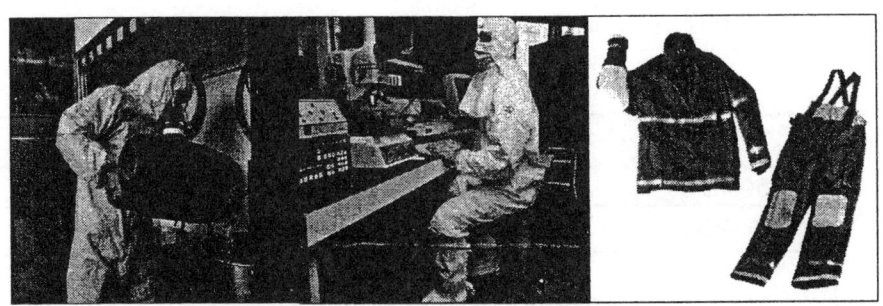

[작업복장]

9 방음보호구

(1) 방음 보호구의 종류

 1) 귀마개(ear plug)

  ① EP-1(1종) : 저음부터 고음까지 전반적으로 사용하는 것

  ② EP-2(2종) : 고음만을 차음하는 것

 2) 귀덮개(ear muff) : 저음부터 고음까지를 차단하는 것

(2) 방음 보호구의 구비 조건

 1) 귀마개(귀구멍을 막는 것)

  ① 귀에 잘 맞을 것

  ② 사용 중에 쉽게 탈락하지 않을 것

  ③ 사용 중에 현저한 불쾌감이 없을 것

  ④ 분실하지 않도록 적당한 곳에 끈으로 연결시킬 것

 2) 귀덮개(귀 전체를 덮는 것)

  ① 캡(cap)은 귀 전체를 덮어야 하며, 흡음재 등으로 감쌀 것

  ② 쿠션은 귀의 주위에 밀착시키는 구조일 것

  ③ 헤드밴드는 길이 조절이 가능하고, 스프링은 탄력성이 있어서 압박감을 주지 않을 것

〔차음 성능치〕

주파수 \ 종류	귀마개(EP-1)	귀마개(EP-2)	귀 덮 개
500Hz	10dB 이상	10dB 이상	20dB 이상
1000Hz	15dB 이상	-	25dB 이상
2000Hz	20dB 이상	20dB 이상	25dB 이상
4000Hz	25dB 이상	25dB 이상	30dB 이상

(3) 방음 보호구의 선정기준
① 귀마개의 감음율은 고주파수에서 25~30dB이므로 소음 수준 115~120dB에서의 작업이 가능하다.
② 귀덮개의 감음율은 고주파수에서 35~45dB이므로 130~135dB에서의 작업이 가능하다.
③ 귀마개와 귀덮개를 동시 착용시는 추가로 3~5dB 까지 감음시킬 수 있으나 어떠한 경우에도 50dB 까지는 감음시킬 수 없다.

산업안전표지

9.1 산업안전표지

【1】산업안전 표지의 목적

안전표지는 근로기준법의 적용을 받은 사업장에서 안전을 기하기 위하여 사용되는 산업안전의 표지, 표찰, 완장 등에 관하여 필요한 사항을 규정함을 목적으로 한다.

【2】용어의 정의

(1) 산업안전 표지 : "산업안전 표지"라 함은 사업장 위험시설, 위험장소 또는 위험물질에 대한 경고, 비상시의 지시나 안내사항 또는 안전의식을 고취하기 위한 사항 등을 표상한 그림, 기호 및 글자를 포함한 형체를 말한다.
(2) 산업안전 색채 : "산업안전 색체"라 함은 산업안전 표지에 그 표시사항을 나타내기 위하여 사용하는 색채를 말한다.
(3) 안전표찰 : "안전표찰"이라 함은 안전모 등에 부착하는 녹십자표지를 말한다.
(4) 안전완장 : "안전완장"이라 함은 안전에 관하여 일정한 책임을 가진 자가 그 직책을 표시하기 위하여 팔에 두르는 장식을 말한다.

【3】 안전표찰은 다음의 곳에 부착한다.

(1) 작업복 또는 보호의의 우측어깨
(2) 안전모의 좌우면
(3) 안전완장

【4】 산업안전 표지의 구분

(1) **금지표지** : 특정의 행동을 금지시키는 표지(안전명령)
(2) **경고표지** : 위해 또는 위험물에 대한 주의를 환기시키는 표지
(3) **지시표지** : 보호구 착용을 지시하는 등 지시 표지
(4) **안내표지** : 위치(비상구, 의무실, 구급용구)를 알리는 표지

【5】 산업안전표지의 종류

(1) **금지표지** : 총 8가지가 있으며 적색원형으로서 색상 5R, 명도 4, 채도 13의 색의 3속성을 기준으로 한다. 흰색 바탕에 빨간색 원과 45°각도의 사선으로 이루어진다. 금지할 내용은 원의 중앙에 검정색으로 표현하며, 둥근 테와 사선의 굵기는 원 외경의 10%이다.

① 출입금지 표지
② 보행금지 표지
③ 차량통행금지 표지
④ 사용금지 표지
⑤ 탑승금지 표지
⑥ 금연 표지
⑦ 화기금지 표지
⑧ 물체이동금지 표지

(2) **경고표지** : 흑색 3각형의 황색표지로서 색상 2.5Y, 명도 8, 채도 12를 기준으로 하며 총 15종이다. 노랑색바탕의 검정 삼각테 형태이며, 경고내용은 검정색이고, 노랑색이 전체 면적의 50% 이상이 되어야 한다.

① 인화성물질 경고표지
② 산화성물질 경고표지
③ 폭발물 경고표지
④ 독극물 경고표지
⑤ 부식성물질 경고표지
⑥ 방사성물질 경고표지
⑦ 고압전기 경고표지
⑧ 매달린 물체 경고표지
⑨ 낙하물 경고표지
⑩ 고온 경고표지
⑪ 저온 경고표지
⑫ 몸균형 상실경고 표지
⑬ 레이저광선 경고표지
⑭ 유해물질 경고표지
⑮ 위험장소 경고표지

(3) **지시표지** : 청색원형바탕에 백색으로서 색상 7.5PB, 명도 2.5, 채도 7.5를 기준으로 하며 총 9종이 있다. 파란색 원형의 형태이며, 지시하는 내용은 희색이고, 파란색은 전체면적의 50% 이상이 되어야 한다.

① 보안경 착용 지시표지
② 방독마스크 착용 지시표지
③ 방진마스크 착용 지시표지
④ 보안면 착용 지시표지
⑤ 안전모 착용 지시표지
⑥ 귀마개 착용 지시표지
⑦ 안전화 착용 지시표지
⑧ 안전장갑 착용 지시표지
⑨ 안전복 착용 지시표지

(4) **안내표지** : 안내를 뜻하는 표지이며, 색상 5G, 명도 5.5, 채도 6을 기준으로 하며 녹색 4각형 표지로 안내를 뜻하는 내용이 그려져 있고, 총 7종이 있다. 녹색 바탕의 정방향 또는 장방형이며, 표현하고자 하는 내용은 흰색이고, 녹색은 전체 면적의 50% 이상이 되어야 한다.

① "녹십자" 표지
② "들것" 표지
③ "비상구" 표지
④ "우측비상구" 표지
⑤ "응급구호" 표지
⑥ "세안장치" 표지
⑦ "좌측비상구" 표지

【6】 색의 종류 및 사용 범위(KSP)

〔산업안전 색채의 종류, 색도기준 및 표시사항〕

종류	기준	표시사항	사용예
빨 강	5 R 4/13	금 지	정지신호, 소화설비 및 그 장소, 유행행위의 금지
노 랑	2.5 Y 8/12	경 고	위험경고, 주의표지, 기계방호물
파 랑	7.5 PB 2.5/7.5	지 시	특정행위의 지시 및 사실의 고지
녹 색	5 G 5.5/6	안 내	비상구 및 피난소, 사람, 차량의 통행표시
흰 색	N 9.5		파랑, 녹색에 대한 보조색
검정색	N 1.5		문자 및 빨강, 노랑에 대한 보조색

참고 (1) 허용차 H=±2, V=±0.3, C=±1(H는 색상, V는 명도, C는 채도를 말한다)
(2) 위의 색도기준은 한국공업규격 색의 3속성에 의한 표시방법(KS A 0062) 상공부고지 제2163호에 따른다.

[산업안전표지의 기본모형]

번호	기본모형	규격비율	표시사항
1		$d \geq 0.025L$ $d_1 = 0.8d$ $0.7d < d_2 < 0.8d$ $d_3 = 0.1d$	금지
2		$a \geq 0.034L$ $a_1 = 0.8a$ $0.7a < a_2 < 0.8a$	경고
3		$d \geq 0.025L$ $d = 0.8d$	지시
4-1		$b \geq 0.022L$ $b_2 = 0.8b$	안내
4-2		$h < 1$ $h_2 = 0.8h$ $1 \times h \geq 0.0005L^2$ $h - h_2 = l - l_2 = 2e_2$ $l \div h = 1, 2, 4, 8$ (4종류)	안내

참고 1. L=안전표지를 인식할 수 있거나 인식해야 할 안전거리를 말한다.
   (L a, b, d, e, h, l은 동일단위로 계산해야 한다)
2. 점선안에는 표시사항과 관련된 부호 또는 그림을 말한다.

[산업안전표지일람표(노동부령 제2호 81. 6. 17)]

① 금지표시	101 출입금지	102 보행금지	103 차량통행금지	104 사용금지	105 탑승금지	106 금 연
107 화기금지	108 물체이동금지	② 경고표지	201 인화성물질 경고	202 산화성 물질 경고	203 폭발물 경고	204 독극물 경고
205 부식성 물질 경고	206 방사성물질 경고	207 고압전기경고	208 매달린 물체 경고	209 낙하물 경고	210 고온경고	210-1 저온경고
211 몸균형 상실 경고	212 레이저 광선 경고	213 유해물질 경고	214 위험장소 경고	③ 지시표지	301 보안경 착용	302 방독 마스크 착용
303 방진마스크 착용	304 보안면착용	305 안전모 착용	306 귀마개 착용	307 안전화 착용	308 안전장갑 착용	309 안전복 착용
④ 안내표지	401 녹십자 표지	402 응급구호표지	402-1 들것	402-2 세안장치	403 비상구	403-1 좌측비상구
403-2 우측비상구	⑤ 문자추가시 범례					

9.2 색채 조절(Color conditioning)

【1】색채조절의 목적

(1) 작업자에 대한 감정적 효과, 피로방지 등을 통하여 생산능률 향상에 있다.
(2) 재해사고방지를 위한 표식의 명확화 등에 목적이 있다.

【2】색의 3속성

(1) 색상(hue) : 유채색에만 있는 속성이며 색의 기본적 종별을 말한다.
(2) 명도(value) : 눈이 느끼는 색의 명암의 정도, 즉 밝기를 나타낸다.
(3) 채도(chroma) : 색의 선명도의 정도, 즉 색깔의 강약을 의미한다.

【3】색의 선택 조건

(1) 차분하고 밝은 색을 선택한다.
(2) 안정감을 낼 수 있는 색을 선택한다.
(3) 악센트(accent)를 준다.
(4) 자극이 강한 색을 피한다.
(5) 순백색은 피한다.
(6) 차가운 색, 아늑한 색을 구분하여 사용한다.

【4】뮨셀(Munsell)의 표색계 : 기호 HV/C로 색의 단위를 나타낸다.

(1) 색상(H) : 적(Red), 황(Yellow), 녹(Green), 청(Blue), 자(Purple)의 5색상을 기본으로 하고 그 사이사이에 YR, GY, BG, PB, RP를 넣어 10색상으로 등분하고, 다시 각 색상을 10분할(예 1R, 2R, 3R, 4R-7R)로 100분할한 것을 색상으로 하고 있다.

① 빨강-방화, 정지, 금지
② 주황-위험
③ 노랑-주의, 경고
④ 녹색-안전, 진행, 구급기호, 안내
⑤ 자주-방사능
⑥ 흰색-통로, 정돈 또는 파랑색과 녹색의 보조색
⑦ 파랑-지시
⑧ 검정-빨간색, 노랑색의 보조색

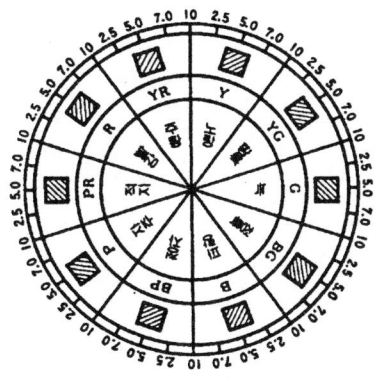

〔뮨셀의 표색계〕

(2) **명도**(V) : 완전 흑을 0, 완전 백을 10으로 한 것으로 11단계 분류하고 있다.

(3) **채도**(C) : 무채색을 0으로 하고, 각 색상마다 감각적 등 보도가 되도록 나뉘어져 있다. 순색의 채도는 각 색상 및 명도마다 다르며 적의 순색의 채도가 가장 높다(가장 밝은 황은 5Y 8/12, 적은 5R 4/14, 청은 5PB/12).

【4】 안전색광

(1) 빨강 – 정지, 방화, 위험, 긴급
(2) 노랑 – 주의
(3) 녹색 – 안전, 진행, 구급
(4) 청자 – 유도, 방사성 물질
(5) 흰색 – 보조색

산업안전심리

10.1 산업심리학

1 정 의

(1) 산업심리학은 응용심리학으로 인간심리의 관찰, 실험, 조사 및 분석을 통하여 일정한 과학적 법칙을 얻어 생산을 증가하고 근로자의 복지를 증진하고자 하는 데 목적을 두고 있다.
(2) 사람을 적재적소에 배치할 수 있는 과학적 판단과 배치된 사람을 어떻게 하면 만족하게 자기책무를 다할 수 있는 여건을 만들어 줄 것인가를 연구하는 학문이 산업심리학이다.

2 산업심리학의 범위

(1) 인사관리학
(2) 사회심리학
(3) 안전관리학
(4) 인간공학
(5) 노동생리학
(6) 노동과학
(7) 심리학
(8) 응용심리학
(9) 신뢰성공학
(10) 행동과학
(11) 산업보건학

3 산업심리학의 일반적 분야

(1) 인사노무 부분
　① 직무분석의 방법기술　　　④ 교육훈련
　② 직업적성 및 적성 검사법　⑤ 인사고과
　③ 근로자의 선발배치　　　　⑥ 노동인격의 육성문제

(2) 작업능률 부분
　① 환경조건　　　　　　　　④ 동작분석 및 작업연구
　② 작업조건　　　　　　　　⑤ 재해사고 방지 및 안전관리
　③ 생산능률 및 피로와의 관계

(3) 사회심리학적 부분
　① 인간관계의 분석　　　　② 노동집단의 심리학적 구조
　③ 직장의 team work　　　 ④ 산업 인사 상담
　⑤ 경영참가　　　　　　　⑥ 제도의 운명
　⑦ 의사소통　　　　　　　⑧ 노사관계의 관리
　⑨ P.R. 활동　　　　　　　⑩ 선전, 광고 시장조사, 판매활동

10.2 사회심리학

1 개성(personality)

인간의 성격, 능력 및 기질의 개인적 특성을 총칭한다(성격+능력+기질). 인간형성 요인 4가지는 습관, 습성, 환경조건, 교육이다.

2 욕구(desire)

사회행동을 심리적 원동력을 욕구라 한다.

【1】 의식통제가 힘든 순서(생리적 욕구)

(1) 호흡욕구   (5) 수면욕구
(2) 안전욕구   (6) 활동 욕구
(3) 해갈욕구   (7) 활동
(4) 배설욕구

【2】 활동욕구(사회활동욕구 : 인간과 동물 구별)

(1) 경제행동 : 생명유지
(2) 통제행동 : 행동의 조정
(3) 가족행동 : 친교 행동
(4) 생활행동 : 물질적 조건
(5) 정신활동 : 정신적 조건

3 사회행동의 기초 및 기본 형태

【1】 사회행동 기초

(1) 욕구 (2) 개성 (3) 인지 (4) 신념 (5) 태도

【2】 기본 형태

(1) 협력(cooperation) : 협력, 조력, 분업
(2) 대립(opposition) : 공격, 경쟁
(3) 도피(escape) : 고립 정신병, 자살
(4) 융합(accomodation) : 강제, 타협, 융합

4 인간관계의 매카니즘(대인행동)

(1) 동일화(identification) : 다른 사람의 행동 양식이나 태도를 투입 시키거나, 다른 사람 가운데서 자기와 비슷한 것을 발견하는 것을 말한다.
(2) 투사(投射 : projection) : 자기속의 억압된 것을 다른 사람의 것으로 생각하는 것을 투사(또는 투출)이라고 한다.
(3) 커뮤니케이션(communication) : 갖가지 행동 양식이나 기호를 매개로 하여 어떤 사람으로부터 다른 사람에게 전달되는 과정을 말한다.
(4) 모방(imitation) : 남의 행동이나 판단을 표본으로 하여 그것과 같거나 또는 그것에 가까운 행동 또는 판단을 취하려는 것이다.
(5) 암시(suggestion) : 다른 사람으로부터의 판단이나 행동을 무비판적으로 논리적, 사실적 근거 없이 받아들이는 것을 말한다.

5 집단행동

(1) 통제있는 집단행동 : 규칙이나 규율과 같은 룰(rule)이 존재한다.
 ① 관습 : 풍습(folks ways), 도덕(mores ; 풍습에 도덕적인 제재가 추가된 사회적인 관습), 예의(ritual), 금기(taboo ; 금지적 기능을 가지는 관습) 등으로 나누어진다.
 ② 제도적 행동(institutional behavior) : 합리적으로 성원의 행동을 통제하고 표준화함으로서 집단의 안정을 유지하려는 것이다.
 ③ 유행(fashion) : 공통적인 행동양식이나 태도 등을 말한다.
(2) 비통제의 집단행동 : 성원의 감정, 정서에 의해 좌우되고 연속성이 희박하다.

① 군중(crowd) : 성원 사이에 지위나 역할의 분화가 없고, 성원 각자는 책임감을 가지지 않으며 비판력도 가지지 않는다.
② 모브(mob) : 폭동과 같은 것을 말하며, 군중보다 한층 합의성이 없고 감정만에 의해서 행동한다.
③ 패닉(panic) : 이상적(理想的)인 상황에서고 모브가 공격적인데 대하여 패닉은 방어적인 것이 특징이다.
④ 심리적 전염(mental epidemin) : 유행과 비슷하면서도 행동양식이 이상적이며, 비합리성이 강한 것으로, 어떤 사상이 상당한 기간을 걸쳐 광범위하게 논리적, 사고적 근거없이 무비판하게 받아들여지는 것을 의미한다.

6 집단역학(group dynamics)

(1) 집단의 유형 : 심리적 집단(psychogroup), 사회적 집단(sociogroup)
(2) 집단이 분화된 구조를 가지게 되는 요인
 ① 집단 활동의 능률화
 ② 집단 내 성원의 능력과 요구
 ③ 집단의 환경
(3) 집단의 기능
(4) 집단효율성의 결정 요인
 ① 참여와 배분   ② 의사결정과정
 ③ 문제 해결과정   ④ 리더쉽

10.3 인간의 특성과 안전

1 사고의 경향성

【1】 상황성 누발자의 재해 유발 원인
(1) 작업이 어렵기 때문에
(2) 기계설비의 결함이 있기 때문에
(3) 환경상 주의력 집중이 곤란하기 때문에
(4) 심신에 근심이 있기 때문에

【2】 소질성 누발자
(1) 주의력의 산만, 주의력 지속 불능
(2) 주의력 범위의 협소, 편중
(3) 저지능
(4) 불규칙, 흐리멍텅함
(5) 경시, 경솔성
(6) 정직하지 못함
(7) 흥분성(침착성 결여)
(8) 비협조적
(9) 도덕성의 결여
(10) 소심한 성격(도전적)
(11) 감각운동의 부적합

2 동기부여(Motivation)와 인간의 욕구

【1】 안전과 동기부여
(1) Williams James : 업무 유지하는 데 40%
  ① 동기 부여에 의해 좌우 40~80% : 자유 재량적 노력
  ② 절정의 업부 수행 80~100%

(2) Douglas Mcgregor의 X이론과 Y이론
  ① X이론 : 선천적 게으름, 처벌두려움, 자기 중심적, 조직 무관심, 책임회피, 외부 통제, 지시 필요, "독재적 관리 야기"
  ② Y이론 : 놀 때처럼, 업무 노력, 성취감, 자신과 조직의 필요성 일치가 가능, 책임감, 스스로 제어 발전, "권한의 부여와 지도력에 크게 기여"

(3) Abraham Maslow의 욕구의 수직 구조(인간 욕구의 5단계)
  ① 육체적 욕구(살아 남으려는) : 의식주, 섹스, 휴식
  ② 안전 욕구(안전함을 느끼려는) : 안전, 보호, 미래의 준비
  ③ 사회적 욕구(소속되려는) : 소속, 팀 정신, 그룹 의식
  ④ 자아 욕구(어떠한 인물이 되려는) : 존엄성, 권력, 지위, 자유, 인정, 자존
  ⑤ 자아실현 욕구(잠재성을 키우려는) : 자기표현, 창조성, 잠재력 개발

【2】 동기 부여시 고려하여야 할 인간의 속성

(1) 인간은 자신의 욕구 지향성(육체적/ 정신적 욕구 조화)
  ① 육체적 욕구 : 공기, 물, 영양, 배설, 휴식, 체온조절 등 자기보존 욕구
  ② 정신적 욕구 : 애정, 성취, 독립성, 자기표현, 존엄성확보, 타인 인정 욕구

(2) 인간은 서로 상충되는 바램을 갖음
  <안전하게 행동하려는 마음>
  ① 시간 절약(줄일 수 있는 시간이 많을수록 불안전한 행동을 감수)
  ② 노력 절감(노력을 많이 줄일 수 있는 정도에 따라 위험을 감수하려고 하는 동기 강해짐 : 잔디밭의 지름길)

③ 편리함(안전한 방법이 더 불편할 경우, 위험하지만 편한 방법 채택하고자 하는 유혹 : 보호구)
④ 주의 끌기(과시행위를 통해 주위의 인정이 강할수록 불안전한 행동을 강행 : 서커스)
⑤ 독립성(타인의 지배, 간섭을 안받고 독립적임을 과시 : 검사, 감독, 지도를 거부하는 마음)
⑥ 단체 내 안주(불안전한 방법이 안전한 방법보다, 그룹 내에서 더 인정을 받을 경우 : 왕따, 은근한 압박)

【3】 안전 동기의 유발 방법

(1) 안전의 근본이념을 인식시킬 것
(2) 안전 목표를 명확히 설정할 것
(3) 결과를 알려 줄 것
(4) 상과 벌을 줄 것
(5) 경쟁과 협동을 유도할 것
(6) 동기유발의 수준유지

【4】 구체적 동기 유발 요인

(1) 안정   (2) 기회   (3) 참여   (4) 인정   (5) 경제
(6) 성과   (7) 권력   (8) 적응도 (9) 독자성 (10) 의사소통

【5】 헬쯔버그(Frederick Herzberg)의 2 요인론 : 위생 요인과 동기 요인

동기-위생이론, Maslow의 ①, ②단계를 위생요인으로 ③, ④, ⑤ 단계를 동기유발 요인으로 구분하여 2요인 이론을 주장하였다.

(1) 위생요인(직무 환경) : 회사 정책과 관리, 개인 상호간의 관계, 감독, 임금, 보수, 작업조건, 지위, 안전
(2) 동기요인(직무 내용) : 성취감, 책임감, 인정감, 성장과 발전, 도전감, 일 그 자체

〔위생요인과 동기요인〕

위생요인(직무 환경)	동기요인(직무 내용)
회사 정책과 관리, 개인 상호간의 관계, 감독, 임금, 보수, 작업 조건, 지위, 안전	성취감, 책임감, 인정감, 성장과 발전, 도전감, 일 그 자체

【6】 3가지 이론의 관련성

고차욕구 ↕ 저차욕구	Maslow의 욕구5단계 이론	Herzberg 2 요인론	Alderfer의 ERG이론
	자아 실현의 욕구	동기요인	성장 욕구(G)
	존경의 욕구		
	사회적 욕구	위생요인	관계 욕구(R)
	안전의 욕구		존재 욕구(E)
	생리적 욕구		

3 태도(Attitude)

【1】 태도의 특성

(1) 태도는 곧 인격의 상징이며 행동의 표상이다.
(2) 인간의 행동은 마음의 자세에 달려 있다.
(3) 행동결정을 판단하고 지시하는 것은 내적행동체계라고 할 수 있다.

(4) 태도가 결정되면 오랫동안 유지된다.
(5) 개인의 심적태도 교정보다 집단의 심적태도 교정이 용이하다.

【2】 교육을 통한 안전태도의 형성

(1) 청취한다(hearing)
(2) 이해한다(understand)
(3) 모범을 보인다(example)
(4) 권장한다(evaluation)
(5) 칭찬한다(Praise)
(6) 벌을 준다(punish)

【3】 조직의 기능적 작용과 효율화

(1) 안전기준을 조직규범으로 성립시킨다.
(2) 구성원 상호간의 접촉으로 유도한다.
　① 안전교육　　　　③ 안전대화
　② 안전회의　　　　④ 카운셀링

【4】 인간의 행동 특성

(1) 레윈(Lewin)의 법칙

$$B = f(P \times E)$$

B : Behavior(행동)

P : Person(소질) — 연령, 경험, 심신상태, 성격, 지능 등에 의하여 결정

E : Environment(환경) — 심리적 영향을 미치는 인간관계, 작업환경, 설비적 결함

f : function(함수) — 적성, 기타 P와 E에 영향을 주는 조건

【5】 인간의 동작 특성

(1) 외적 조건
  ① 동적 조건 : 대상물의 동적 성질에 따른 조건이며 최대요인이다.
  ② 정적 조건 : 높이, 폭, 길이, 크기 등의 조건
  ③ 환경 조건 : 기온, 습도, 조명, 분진 등 물리적 환경 조건

(2) 내적 조건
  ① 생리적 조건(피로, 긴장)   ② 경험시간   ③ 개인차

【6】 동작의 실패를 초래하는 제 조건

(1) 기상 조건
(2) 피로도(신체조건, 스트레스, 질병 등)
(3) 작업강도(작업량, 작업시간, 작업속도)
(4) 자세의 불균형(행동의 관습 등)
(5) 환경 조건(심리적 환경, 작업환경)

4 주의력

【1】 주의 특징

(1) 선택성 : 다종의 자극을 지각할 때 소수의 특정 자극에 선택적으로 주의를 기울이는 기능
(2) 방향성 : 주시점(시선이 가는쪽)만 인지하는 기능
(3) 변동성 : 주의 집중시 주기적으로 부주의의 리듬이 존재

【2】 주의의 특성

(1) 주의력의 단속성

(2) 주의력의 중복집중의 곤란

(3) 주의를 집중한다는 것은 좋은 태도라 할 수 있으나 반드시 최상이라 할 수는 없다.

【3】 주의 수준

(1) 0(zero) level
　① 수면중　　　　　　　　　　② 자극에 의한 반응 시간 내

(2) 중간 level
　① 다른 곳에 주의를 기울이고 있을 때
　② 가시 시야 내 부분
　③ 일상과 같은 조건일 경우

(3) 고 level
　① 주시부분　　　　　　　　　② 예기 레벨이 높을 때

【4】 부주의에 대한 대책

(1) 정신적 측면에 대한 대책
　① 주의력의 집중훈련
　② 스트레스의 해소 대책
　③ 안전의식의 제고
　④ 작업의욕 고취

(2) 기능 및 작업측면의 대책
　① 표준 동작의 습관화
　② 안전작업방법 습득
　③ 작업조건의 개선과 적응력 향상
　④ 적성배치

(3) 설비 및 환경적 측면의 대책
  ① 표준작업제도의 도입
  ② 설비 및 작업환경의 안전화
  ③ 긴급시 안전작업 대책

(4) 인간의 신뢰도를 결정하는 요인 3가지
  ① 주의력   ② 긴장수준   ③ 의식수준

10.4 적성검사와 적성

1 적성검사

【1】 적성 검사의 개요

(1) 인간의 지능과 평가치

$$지능 \ 지수(IQ) = \frac{지능연령}{생활연령} \times 100$$

(2) 적성 검사의 정의(인간능력 범위)
  ① **기초능력** : 정신능력, 지각기능, 정신운동의 기능과 같은 량에 있어서 포괄된 기능
  ② **직무 특유 능력**(job specific abilities) : 어떤 불특정의 직무를 수행하면서 필요한 학습 또는 경험의 축적에 의하여 얻어진 능력을 말한다.

(3) 적성검사의 목적 : 적성검사는 개인의 어떤 직무에 임하기에 앞서 그 직무를 최상의 상태로 수행할 수 있는 신뢰성과 타당성에 관하여 진단하고 예측하려는 방법론적 목적을 말한다.

(4) 적성 검사의 범위
  ① 기초인간 능력   ④ 시각 기능

② 기계적 능력　　　　　　　　⑤ 직무특유 능력
③ 정신운동 능력

(5) 적성 검사의 구성 및 형태
　① 작업별 검사 구성　　　　　② 직무별 검사 구성
　③ 기능별 능력에 따른 검사 구성

(6) 적성 검사의 종류
　① 지능　　　　　　　　　　　④ 시각과 수동작의 적응력
　② 형태 식별 능력　　　　　　⑤ 손작업 능력
　③ 운동속도

구분	세부 검사 내용
시각적 판단 검사	① 언어 판단 검사(vocabulary) ② 형태 비교 검사(form matching) ③ 평면도 판단 검사(two dimension space) ④ 입체도 판단 검사(three dimension space) ⑤ 공구 판단 검사(tool matching) ⑥ 명칭 판단 검사(name comparison)
정확도 및 기관성 검사 (정밀성 검사)	① 교환 검사(place) ② 회전 검사(turn) ③ 조립 검사(assemble) ④ 분해 검사(disassemble)
계산에 의한 검사	① 계산 검사(computation) ② 수학 응용 검사(arithmatic reason) ③ 기록 검사(기호 또는 선의 기입)
속도 검사	타점 속도 검사(speed test)
직무 적성도 판단 검사	설문지법, 색채법, 설문지에 의한 컴퓨터 방식

(7) 적성 검사 주요소와 실시상의 문제점
① 적성검사의 주요소 : 검사방법에 의해 검사결과를 알고자 하는 사항은 다음과 같은 9가지의 적성요인이 있다.
㉮ 지능(Intelligence) (I.Q.)
㉯ 수리 능력(Numerical Aptitude)
㉰ 사무 능력(clerical Aptitude)
㉱ 언어 능력(Verbal Aptitude)
㉲ 공간 판단력(Spatial Aptitude)
㉳ 형태 지각 능력(Form Perception)
㉴ 운동조절 능력(Motor Coordination)
㉵ 수지 조직 능력(Finger Dexterity)
㉶ 수동작 능력(Manual Dexterity)
② 적성 검사 실시상의 요소
㉮ 검사실시 담당자
㉠ 성실한 태도
㉡ 정확한 검사의 실시
㉯ 검사장소 : 외부로부터의 방해를 받거나 인접피검자 간에 담화 등 서로 방해되지 않아야 한다.
㉰ 검사대상의 결정 : 개별검사와 집단검사로 구분되며 집단검사는 가급적 적은 인원 (학습상의 학급편성 인원은 50명을 기준으로 하고 있으나 이 보다 더 적은 수의 인원)으로 구성해야 한다.

(8) 검사 결과의 활용
① 적성배치 배려와 작업지도
② 자기개발과 자기실현에의 동기 부여

2 적성배치

【1】 적성 검사 결과의 활용

(1) 적성배치 배려와 작업지도

(2) 자기재발과 자기실현에의 동기 부여 : 우리나라 산업재해의 60% 이상을 차지하는 불안정한 행동은 주로 적성배치의 부적절함에 있다고 말할 수 있을 정도이므로 적성검사를 통한 적성배치는 자신의 잠재능력 개발에 의한 자기실현의 기회를 부여함으로서 근무의욕을 고취시키고 기업의 생산성 및 재해사고의 예방에 기여하는 효과를 가져오게 될 것이다.

【2】 적성 배치의 방향 및 기본 방침

(1) 조직의 인간적 요소 : 적성배치 즉, 그 조직의 기능과 부합되는 인간요소는 직무설계에서 가장 중요한 것으로 작업경제학(Ergonomics)이라고도 한다.

(2) 적성배치 방향 : 적성배치는 배치대상자의 능력에 따라 이루어지며 인간의 능력에는 기초능력과 직업특유의 능력이 있으므로 이양자의 가능성을 포괄하는 방향으로 조정되어야 한다.

(3) 적성배치는 직업과 관련된 업무에 스스로 적용하는 것과 조직이 요구하는 적성과의 조화에 있다고 할 수 있다. 즉, 개인의 능력과 직무에 자격요건을 상호 보완케 하는 방법이다.

(4) 합리적인 적성배치를 위하여 고려되어야 할 기본적 사항
① 적성검사를 실시하여 능력을 평정한다.
② 직무를 평가하여 자격수준을 정한다.
③ 주관적인 감정요소를 배제한다.
④ 인사관리 원칙에 준한다.

⑤ 직무에 영향을 줄 수 있는 환경적 제 요인을 검토한다.

【3】 적성 배치와 사고 예방 대책

(1) 적성의 기본은 지능이며, 지능이 높은 곳과 지능이 낮은 곳이 서로 조화되지 못하고 맞지 않은 곳에서 사고가 많이 발생한다. 따라서 적성배치에는 작업의 기능과 인간의 지능과의 균형을 유지해야 한다.
(2) 불안전행동의 원인을 분석해 보면 ① 적응훈련의 미숙, ② 적성배치 부적합, ③ 적성관리 미비 등을 지적할 수 있으며, 불안전행동은 ① 기계설비의 오조작 ② 취급미숙 ③ 동작미숙 등을 유발시켜 사고의 원인이 된다.

10.5 인간의 특성과 안전

【1】 인간실수(Human Error)의 분류

(1) 심리적인 분류
  ① 필요한 작업 또는 절차를 수행하지 않으므로 인한 실수
  ② 필요한 작업 또는 절차의 수행 지연으로 인한 실수
  ③ 필요한 작업 또는 절차의 불확실한 수행으로 인한 실수
  ④ 필요한 작업 또는 절차의 순서를 잘못 이해로 인한 실수
  ⑤ 불필요한 작업 또는 절차를 수행함으로 인한 실수

(2) 인간의 행동과정을 통한 분류
  ① 입력 실수(input error)
  ② 정보처리(information processing) 경우의 실수
  ③ 의사결정(decision making) 경우의 실수
  ④ 출력(output) 경우의 실수
  ⑤ 피드백(feed back) 단계에서의 실수

【2】 의식의 레벨과 휴먼 에러

(1) 인간의식의 레벨의 변화
① 피로시의 긴장수준(tension level)
② 이완시의 긴장수준
③ 24시간 생리적 리듬의 계곡에서의 긴장수준
④ 졸음(의식희박) 때의 긴장수준
⑤ 의식상실(질병에 의한) 때의 긴장수준

(2) 긴장수준(tension level)변화의 특징 : 긴장수준이 저하하면 인간의 기능은 저하하고 주관적으로 여러 가지의 불쾌증상을 나타내며 동시에 사고가 많이 일어난다. 고도 Human Error가 일어나기 쉽게 된다.
　예 오전보다는 심야에 사고가 많이 발생

【3】 에너지 소비량(RMR : Relative Metabolic Rate)

(1) 육체 작업
① Gilbreth의 손, 손과 팔의 협동, 팔, 전신 등 4가지의 실험결과
　㉮ 손가락 끝으로 작업하는 경우(RMR)
　　㉠ 타자수 : 0.7　　㉣ 전자계산기 : 0.4
　　㉡ 주판 : 0.7　　㉤ 바느질 : 0.4
　　㉢ 재봉틀 : 0.5　　㉥ 천공수 : 0.4
　㉯ 손과 팔 동작의 에너지 소모(RMR)
　　㉠ 재단 작업 : 1.1　　㉣ 연삭 작업 : 1.6
　　㉡ 소인 작업 : 1.3　　㉤ 기관차 운전 : 2.0
　　㉢ 선반 작업 : 1.6　　㉥ 크레인 운전 : 1.7

㉤ 팔과 동작으로 이루는 작업의 에너지 소모(RMR)
  ㉠ 모심기 : 3.6   ㉣ 아연판의 압연 : 5.5
  ㉡ 못박기 : 3.6   ㉤ 벼베기 : 5.9
  ㉢ 주조작업 : 3.9

(2) 에너지 소모량 산출방법

$$\therefore R = \frac{노동대사량}{기초대사량} = \frac{작업시의 \ 소비에너지 \ - \ 안정시의 \ 소비에너지}{기초대사량}$$

(3) 기초대사량 산출방법

$$\therefore H^{0.725} \times W^{0.425} \times 72.46$$

$$\therefore A : 몸의 \ 표면적[cm^2], \ H : 신장[cm], \ W : 체중[kg]$$

【4】 작업 강도에 영향을 주는 요인

(1) 에너지 소비
(2) 작업 대상의 종류
(3) 작업 대상의 변화 및 복합성
(4) 제약의 성격
(5) 위험성의 정도
(6) 대인관계(접촉)
(7) 작업밀도
(8) 작업속도
(9) 작업의 정밀도
(10) 판단을 필요로 하는 정도
(11) 작업자세
(12) 주의 집중의 정도
(13) 작업범위
(14) 작업시간의 길이

[기초대사량표]

연령(만)	1시간당 단위 면적당 대사량(cal/m²)		연령(만)	1시간당 단위 면적당 대사량(cal/m²)	
	남	여		남	여
4	56.95	54.20	15	39.45	36.20
5	54.50	52.10	16	38.50	35.20
6	50.45	50.20	17	37.75	34.50
7	50.80	48.45	18	37.25	34.00
8	49.15	46.60	19	36.00	33.75
9	47.50	44.70	20	36.80	33.70
10	45.80	43.00	30	36.63	32.42
11	44.30	42.10	40	36.00	31.17
12	43.70	40.75	50	35.00	31.33
13	42.50	39.05	60	33.88	31.13
14	40.70	37.60	70	33.25	30.92

【5】 작업 강도에 따른 에너지 소비량

(1) 노동 등급에 따른 에너지 소비량

구분	산소분비량 (l/분)	에너지 소비량		RMR
		kcal/8시간	kcal/분	
극초중(極初重 : unduely heavy)	2.5 이상	6000 이상	12.5 이상	
초중(初重 : very heavy)	2.0~2.5	4800~6000	10.0~12.5	7 이상
중(中 : heavy)	1.5~2.0	3600~4800	7.5~10.0	4~7
중간(中間 : moderate)	1.0~1.5	2400~3600	5.0~7.5	2~4
경(經 : light)	0.5~1.0	1200-2400	2.5~5.0	1~2
초경(初經 : very light)	0.5 이하	1300 이하	2.5 이하	1 이하

(2) 1일 보통사람의 소비에너지는 약 4300kcal/day 정도이며, 여기서 기초대사와 여가에 필요한 에너지 2300kcal을 내며 나머지 2000

kcal/day 정도가 작업시의 소비에너지가 된다. 이것을 480분(8시간)으로 나누며 약 4kcal/분이 된다(고도 기초대사를 포함한 상한은 약 5kcal/분이다).

(3) 휴식시간 산출방법

$$R = \frac{60(E-4)}{E-1.5}$$

∴ • R : 휴식 시간(분)
  • E : 작업시 평균 에너지의 소비량(kcal/분)
  • 총 작업시간 : 60(분)
  • 휴식시간 중의 에너지 소비량 : 1.5(kcal/분)

(4) 작업조건과 생산

작업조건이 생산에 미치는 영향은 절대적이며, 생산과 직접적으로 관계있는 조건은 다음과 같다.
① 작업환경과 작업방법의 개선
② 휴식시간의 부여와 피로 및 단조로움의 해소
③ 급료의 인상과 공로표창 및 승진기회의 부여
④ 집단 내의 개인간 화목과 작업분위기의 개선
⑤ 직장 내에서의 신분보장

10.6 실수 및 착오

【1】 착오의 메카니즘(Mechanism)

(1) 위치의 착오   (2) 순서의 착오
(3) 패턴의 착오   (4) 형의 착오
(5) 잘못기억

【2】 착오의 요인

(1) 인지과정의 착오
   ① 생리, 심리적 능력의 한계
   ② 정보량 저장의 한계
   ③ 감각 차단 현상
   ④ 정서 불안정(공포, 불안, 불만)

(2) 판단과정의 착오
   ① 능력부족(적성, 지식, 기술)
   ② 정보부족
   ③ 합리화
   ④ 환경조건의 불비(표준불량, 규칙불충분, 작업조건 불량)

(3) 조치과정의 착오(착시)

【3】 인간의 착각 현상 및 운동의 시지각

(1) 자동 운동이 생기기 쉬운 조건
   ① 광점이 작을 것
   ② 시야의 다른 부분이 어두울 것
   ③ 광의 강도가 작을 것
   ④ 대상이 단조로울 것

(2) 유도 운동

(3) 가현 운동(β운동, 영화 영상법)

【4】 착시(optical illusion)현상

(1) Müller Lyer의 착시

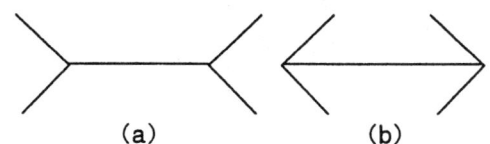

∴ (a)가 (b)보다 길게 보인다(실제 a=b).
(동화착오)

(2) Helmhöltz의 착시

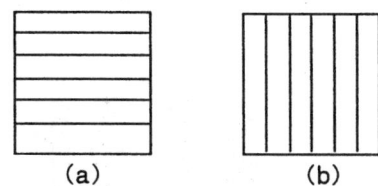

∴ (a)는 가로로 길어 보인다.
(b)는 세로로 길어 보인다.

(3) Hering의 착시

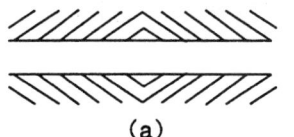 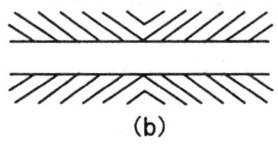

∴두 개의 평행선이 a는 양단이 벌어져 보이고, b는 중앙이 벌어져 보인다.(분할착오 원인)

(4) Köhler의 착시

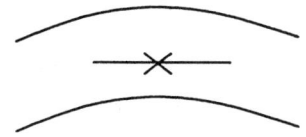

∴우선 평행의 호(弧)를 보고 이어 직선을 본 경우에 직선은 호와의 반대 방향에 보인다. (윤곽착오)

(5) Poggendorf의 착시

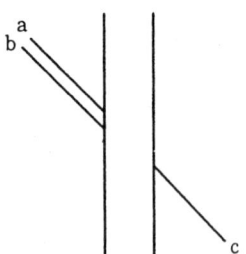

∴ a와 c가 실제 일직선상에 있으나
b와 c가 일직선으로 보인다. (위치착오)

(6) Zöller의 착시

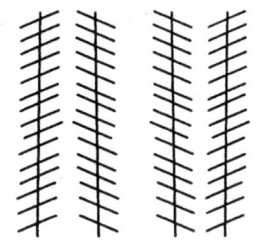

세로의 선이 수직선인데 굽어보인다. (방향착오 원인)

(7) 기타 착시 현상

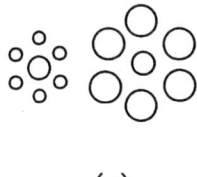　　　　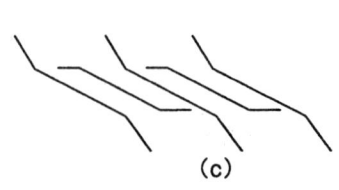

　　(a)　　　　　　(b)　　　　　　(c)

동심원 착시 : a 중심　　좌변의 절선(切線)　　평행선을 잘못 본다.
의 원이 b 중심의 원　　이 꺾여 굽어 보인다
보다 크게 보인다.
<대비착오 원인>

제 11 장

산업안전교육

11.1 교육원리 및 기본구조

1 교육의 개념

　피교육자를 자연적 상태(잠재 가능성)로부터 어떤 이상적인 상태(바람직한 상태)로 이끌어 가는 것이다.

2 안전교육의 필요성

(1) 생산기술의 급격한 발전과 변화에 따라 생산 공정이나 작업 방법이 새로워지므로 이에 해당되는 새로운 안전 기술 지시도 등을 작업자에게 일깨워 줄 필요가 있다.
(2) 생산현장의 위험성이나 유해성, 원자재의 취급지식과 방법을 안전교육을 통하여 안전하게 행동으로 옮길 수 있도록 태도를 형성시킬 필요가 있다.
(3) 과거에 발생했던 중대재해 사례를 분석하고, 그 적절한 대책을 세워 실시하는 기법을 사례를 통해 분석하도록 하여 산교육을 경험하도록 하고 그 능력을 실제 훈련을 통하여 교육시킬 필요가 있다.
(4) 안전지식과 태도교육을 통하여 창의성 있는 특성을 개발시켜 자주적인 안전에 대한 가치관을 심어 줄 필요가 있다.

3 안전교육 계획

【1】 교육 목표
(1) 교육 및 훈련의 범위
(2) 교육 보조 자료의 준비 및 사용지침
(3) 교육 훈련치 의무와 책임 한계의 명시

【2】 과정 요약
　　교육목표가 결정되면 다음 관계로 교육과정에 대한 개략적인 요약이 수립되어야 한다. 과정에 대한 개요는 교육과목에 대한 제목과 중간제목까지를 교육순서에 따라 기입해야 한다.
(1) 제1단계 : 도입(준비) - 왜(목적)
(2) 제2단계 : 제시(설명) - 무엇을, 어떻게(원리원칙, 상관관계)
(3) 제3단계 : 적용(응용) - 할 수 있도록 하기 위해서(정보교류, 사례연구)
(4) 제4단계 : 확인(총괄) - 하여야 할 것(이해, 납득)

【3】 강의 개요
　　강의 개요는 교육과목 전반의 강의 내용을 요약한 것이다. 이것은 강사의 안내지침으로 다음 사항을 포함시켜야 한다.
(1) 강의 내용은 제목순서에 맞추어 나열한다.
(2) 강의 내용 중 강조 사항을 명기한다.
(3) 교육 보조 자료를 명시한다.
(4) 강의 내용의 제목에 따라 시간을 배당한다.
(5) 기타교육에 필요한 사항을 포함시킨다.

4 안전교육의 이념

(1) 기업내의 인재 양성과 확보
(2) 재해로 인한 경제성 손실예방과 생산성 향상
(3) 사회적 공신력을 높이고 인도적 관점에서
(4) 안전의식에 관한 업무능률의 향상이 추진되어야 한다.

5 교육의 3요소

교육활동은 다음의 3요소가 상호 실천적으로 교섭할 때 성립되며, 그 가치가 피교육자의 성장과 발달로 나타난다.

(1) 교육의 주체(subject of education)
 ① 형식적 교육에 있어서 교육의 주체 : 교도자(강사)
 ② 비형식적 교육에 있어서 교육의 주체 : 부모, 형, 선배, 사회인사 등

(2) 교육의 객체(object of education)
 ① 형식적 교육에 있어서 교육의 객체 : 학생(수강자)
 ② 비형식적 교육에 있어서 교육의 객체 : 자녀와 미성숙자 등

(3) 교육의 매개체(educational materials)
 ① 교재 교육내용은 교육목적을 달성할 수 있는 것으로 학생과 사회 등에 타당한 것으로 선정, 조직, 표현되어야 한다.
 ② 비형식적 교육의 입장에서는 교육적인 환경, 인간관계 등이 교육내용이 될 수 있다.

11.2 교육의 방법

1 교육 방법

【1】 피교육자 위주의 교육(상대방 입장에서)

【2】 동기부여(motivation)

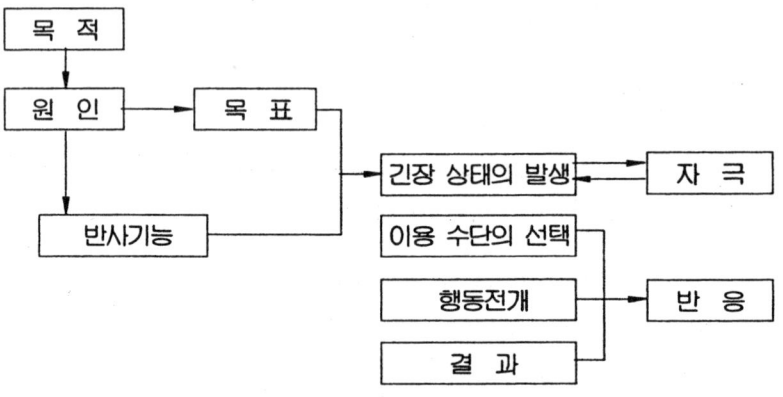

〔동기부여 과정〕

【3】 반복(Repeat)

【4】 쉬운 것부터 시작

【5】 한가지 씩 시작

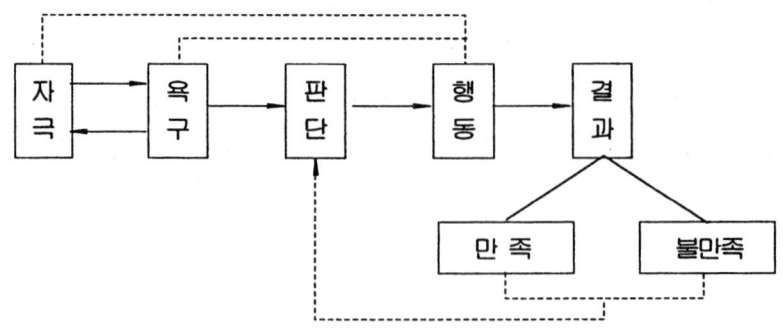

〔행동 전개 과정〕

【6】 강한 인상을 줄 것

(1) 현장 사진 제시 또는 교육전 견학
(2) 보조자료의 활용
(3) 사고사례의 실시
(4) 중요점의 재강조
(5) 그룹 토의 과제로 실시
(6) 이에 대한 의견 청취
(7) 속담격언과의 연결 암시

【7】 5관의 활용(5관의 효과치)

(1) 시각 : 83%
(2) 청각 : 11%
(3) 촉각 : 3.5%
(4) 미각 : 1.5%
(5) 후각 : 1%

【8】 기능적인 이해

(1) 기억을 강하게 심어주고
(2) 경솔하게 멋대로 하지 않으며
(3) 생략행위를 하지 않으며
(4) 독자적이고 자기만족을 억제
(5) 이상 발견시 응급조치가 용이하도록

【9】 안전의 습관화 훈련

【10】 교육과정의 구성

(1) 교육과정의 구성절차
 ① 교육목적 설정　　　　　③ 단원구성 전개

② 학습경험 선정, 조직(대응)   ④ 평가
(2) 교육목적의 설정 원리
  ① 교육목적의 구체성
  ② 교육목적의 포괄성
  ③ 교육목적의 일관성
  ④ 교육목적의 실현가능성
  ⑤ 교육목적의 주체에 대한 내면화
  ⑥ 교육목적의 가변화
(3) 학습경험 선정의 원리
  ① 동기유발의 원리   ④ 다목적 달성의 원리
  ② 기회의 원리   ⑤ 전이 가능성의 원리
  ③ 가능성의 원리
(4) 학습경험 선정의 방법
  ① 교과서 및 교재법   ⑤ 흥미중심법(청소년 욕구법)
  ② 목표법   ⑥ 사회기능법
  ③ 주제법   ⑦ 문제영역법
  ④ 활동분석법
(5) 학습경험 조직의 원리
  ① 계속성의 원리   ④ 균형성의 원리
  ② 계열성의 원리   ⑤ 다양성의 원리
  ③ 통합성의 원리   ⑥ 건전성의 원리(보편성의 원리)
(6) 단원의 전개
  ① 도입단계   ③ 전개단계   ⑤ 평가단계
  ② 계획단계   ④ 정리(완결)단계

11.3 산업안전교육의 내용

【1】 안전교육 대상자

　　① 신규채용자　　　　④ 일반 근로자
　　② 작업내용 변경자　　⑤ 관리 감독자
　　③ 위험작업 종사자

(1) 근로자 정기안전보건교육의 내용
　① 산업안전보건법령에 관한 사항
　② 작업공정내의 유해·위험에 관한 사항
　③ 작업환경개선에 관한 사항
　④ 표준안전작업방법에 관한 사항
　⑤ 사업장 안전보건관리규정에 관한 사항
　⑥ 안전보건점검 및 보호구 취급과 사용에 관한 사항
　⑦ 안전사고 사례 및 산업재해 예방대책에 관한 사항
　⑧ 무재해추진실무 및 기법에 관한 사항
　⑨ 제품 및 원재료의 취급방법에 관한 사항
　⑩ 안전장치 및 방호설비의 사용에 관한 사항
　⑪ 안전표지 및 주의에 관한 사항
　⑫ 기타 현장안전·보건관리에 필요한 사항

(2) 관리감독자 정기안전보건교육의 내용
　① 산업안전보건법령에 관한 사항
　② 작업안전지도요령에 관한 사항
　③ 근로자 안전교육방법 및 실시요령에 관한 사항
　④ 기계·기구 또는 설비의 안전보건점검에 관한 사항
　⑤ 산업재해발생 및 이상 발견시 조치에 관한 사항

⑥ 보호구 착용 및 관리요령에 관한 사항
⑦ 제품·원재료의 취급방법에 관한 사항
⑧ 유해·위험의 설비관리 및 응급처치에 관한 사항
⑨ 관리감독자의 역할과 임무에 관한 사항
⑩ 무재해추진기법의 도입·시행에 관한 사항
⑪ 현장근로자 안전보건의식 고취에 관한 사항
⑫ 기타 현장 안전·보건관리에 필요한 사항

(3) 특별안전보건교육 대상작업 및 교육내용(안전담당자 지정작업)
(4) 채용시 및 작업내용 변경시 안전보건교육의 내용
 ① 산업안전보건법령에 관한 사항
 ② 산업재해발생경위, 사고유형 및 원인에 관한 사항
 ③ 당해 설비, 기계 및 기구의 작업안전점검에 관한 사항
 ④ 기계기구의 위험성과 안전작업방법에 관한 사항
 ⑤ 무재해추진기법의 도입·시행에 관한 사항
 ⑥ 기타 현장 안전보건관리에 필요한 사항

(5) 교육실시 방법
   적합한 교육교재 및 교육장비를 갖추고 실기 또는 시청각교육을 병행하여 실시한다.

(6) 교육강사
 ① 안전관리자, 보건관리자, 산업보건의
 ② 한국산업안전공단 또는 지정교육기관에서 실시하는 당해 분야의 강사요원 교육 과정을 이수한 자
 ③ 지정교육기관

(7) 일반 근로자에게 알려주어야 할 교육의 내용
 ① 산업 재해의 현장(직장을 중심으로)

② 안전 책임(안전 책임의 인식과 자기 책임, 가정과 나의 안전, 조직의 일원으로서의 책임)
③ 재해 발생 과정(불안전 행동과 상태, 하인리히의 5단계 원칙)
④ 작업 안전 규정(안전 관리 규정, 수칙, 작업자의 마음가짐)
⑤ 안전 지식 기능(안전 기준, 체크리스트 활용법, 위험물 취급, 재해 시의 조치, 재해율)

(8) 관리 감독자의 안전 교육에 필요한 내용
① 산업 재해 현상(재해 발생 과정의 개요, 재해의 연쇄 과정, 재해 비용)
② 안전 책임(안전과 생산의 연계성, 관리 감독자의 법적 안전 책임)
③ 안전 관리의 원칙(안전 관리에 필요한 4대 원칙, 조직, 기준, 교육 훈련, 확인, 안전 규정)
④ 안전에 필요한 지식 기능(안전위원회 운영, 안전진단 순찰, 회의 개최법)
⑤ 안전 추진 방법(안전 관리 계획, 재해 조사 방법, 안전 활동의 4요소 등)
⑥ 산업 안전 보건법 및 시행 규칙

(9) 안전교육 평가방법
① 설문지법   ⑤ 시찰법(관찰법)
② 감상문   ⑥ 면접법
③ 시험(test)   ⑦ 실험 또는 평가
④ 과제(report) 부여 ⑧ 상호평가

【2】 안전교육의 3단계
(1) 안전교육의 단계별 과정

① 제1단계 : 지식교육-강의, 시청각 교육을 통한 지식의 전달과 이해
② 제2단계 : 기능교육-시범, 실습, 현장 실습교육, 견학을 통한 이해와 경험체득
③ 제3단계 : 태도교육-생활지도, 작업동작지도 등을 통한 안전의 습관화

〔안전교육의 단계별 과정〕

단계	과정	교육목표	내 용
1단계	지식교육	① 안전의식제고 ② 기능지식의 주입 ③ 안전의 감수성 향상	① 안전의식을 높이고 ② 안전의 책임감을 주입하고 ③ 기능, 태도교육에 필요한 기초지식을 주입 ④ 안전규정 숙지
2단계	기능교육	① 안전작업의 기능 ② 표준작업 기능 ③ 위험예측 및 응급처치 기능	① 전문적 기술 기능 ② 안전기술 기능 ③ 방호장치 관리 기능 ④ 점검검사 정비 기능
3단계	태도교육	① 작업동작의 정확화 ② 공구, 보호구 취급태도의 안전화 ③ 점검태도의 안전화 ④ 언어태도의 안전화	① 표준작업방법의 습관화 ② 공구·보호구 취급과 관리자세의 확립 ③ 작업전후의 점검검사 요령의 정확한 습관화 ④ 안전작업 지시전달 확인 등 언어태도의 습관화 및 정확화

(2) 지식교육의 특성
 ① 이해도 측정 곤란
 ② 단편적인 교육 치중 우려
 ③ 교사 학습 방법에 따른 차이
 ④ 4단계 : 도입, 제시(설명), 적용(응용), 확인(종합)

(3) 기능 교육시 검토사항
 ① 현재하고 있는 작업에 어떤 불편한 점이 없는가?
 ② 어떤 점에 무리가 있는가?
 ③ 어떤 방법이 더 유리한가?
 ④ 기능상 어떤 문제점이 있었는가?
 ⑤ 안전장치는 확보되어 있는가?
 ⑥ 인원의 능력과 배치는 안전유지에 이상이 없는가?
 ⑦ 4단계 : 학습준비, 작업설명, 실습, 결과시찰

(4) 태도교육 정상화에 필요조건
 ① 육체적인 조건을 안전하게 확보하기 위한 생활환경을 정상화 한다.
 ② 정신적인 조건을 안전화 시키도록 생활환경을 정상화시킨다.
 ③ 안전하게 일할 수 있도록 표준화시키고 순서대로 교육시킨다.
 ④ 작업조건에 대하여 무조건 반사적인 행동을 하도록 안전에 대한 습관화의 형성이 필요하다.
 ⑤ 태도교육의 기본 과정
  ㉮ 청취(hearing)
  ㉯ 이해·납득(understand)
  ㉰ 모범(example)
  ㉱ 평가(evaluation)

(5) 안전태도를 평가하는 통계방법
 ① 앙케이트에 의한 방법(작업자들 자신에 관한 내용을 중심으로)
 ② 안전 순찰(patrol)에 의한 방법(상사가 작업 중에 작업자들의 행동을 점검, 조사)
 ③ 체크리스트에 의한 방법(동료들이 서로를 체크하는 방법)

【3】 안전교육 추진시 유의할 사항

(1) 교육 대상자의 지식이나 기능정도에 따라 교재를 준비한다.
(2) 계속적이고 반복적으로 끈기 있게 교육한다.
(3) 상상력 있는 구체적인 내용으로 실시한다.
(4) 실제 사례 중심으로 자신의 행동과 비교할 수 있는 계기를 만들어 준다.
(5) 교육을 실시한 후에 그 효과를 파악할 수 있는 평가를 한다.

【4】 교육의 3요소

(1) 교육의 주체(subject of education) : 강사
(2) 교육의 객체(object of education) : 학생(수강자)
(3) 교육의 매개체(educational materials) : 교재

11.4 안전 교육지도 요령

1 안전교육의 3가지 기본 방향

(1) 환경적 측면
(2) 기술적 측면
(3) 인간적 측면

2 안전 교육지도상의 기본 법칙

(1) 먼저 자신이 경험한 일에 대하여 반성과 자각을 갖도록 해야 한다.
(2) 타인의 지식과 경험에 대해 배움을 받았을 때는 그 일에 대하여 스스로 평가하고

(3) 자신이 먼저 학습의욕을 갖도록 하는 동기를 부여하는 일이다.
(4) 광범위한 지식의 전달 가능
(5) 많은 인원에 대한 교육 가능
(6) 안전의식 제고가 용이

3 기능 교육의 특징

(1) 직업능력의 부여
(2) 기술기능의 부여
(3) 작업동작의 표준화
(4) 다수인원의 교육곤란
(5) 교육의 장기화

4 교육 준비와 추진

(1) 현장을 보여준다(현장견학)
(2) 소양 테스트의 실시(안전의 감수성 측정)
(3) 시범, 제시
(4) 시청각 교육 후 현장을 보여주고 나서 종합적 결론을 내린다.
(5) 실습(불가능시는 시범을 확대시키거나 현장견학을 치중)
(6) 현장배치 후 개별적 지도원 선정
(7) 그룹토의
(8) 평가

【1】준비계획(포함사항)

(1) 교육 목표
  ① 교육 및 훈련의 범위

② 교육 보조 자료의 준비 및 사용 지침
③ 교육훈련의 의무와 책임 한계 명시
(2) 교육 대상자와 범위 결정
(3) 교육 과정 결정
(4) 교육 방법의 결정
(5) 교육보조자료 및 강사, 조교의 편성
(6) 교육 진행 사항
(7) 소요 예산 산정

【2】 실시 계획(세부사항)

(1) 소요 인원(학급 편성 및 강사, 지도원 등)
(2) 소요, 기자재(교안 등)
(3) 교육 장소
(4) 시범, 실습 계획
(5) 사내외 현장 견학
(6) 그룹 토의 진행 계획
(7) 평가 계획
(8) 일정표
(9) 소요 예산의 책정

【3】 교육시의 커뮤니케이션(communication)

(1) 강의식 : 일방적   (2) 토의식 : 쌍방적

【4】 의사 전달 매체

(1) 말(word)   (3) 몸짓(gesture)
(2) 문자(letters)   (4) 표정(facial, expression)

【5】 안전 교육 지도 전개 과정

(1) 도입 : 강의, 시범

(2) 전개, 정리 : 반복, 토의, 실연

(3) 도입, 전개 정리 : 프로그램 학습법, 모의 학습법, 학생상호 학습법

【6】 효과적인 교육 방법의 선택

〔학습 형태별 최적의 수업 방법〕

수업방법	도입	전개	정리
강의법	√		
시범	√		
반복법		√	√
토의법		√	√
실연법		√	√
자율학습법			√
프로그램학습법	√	√	√
학생상호학습법	√	√	√
모의학습법	√	√	√

【7】 토의식 교육 방법의 종류

(1) 문제 해결 방법(problem method) : 문제 해결 훈련

(2) 사례 연구(case study) : 사례 제시

(3) 심포지엄(symposium) : 주제 발표 후 토론

(4) 공개토론회(forum) : 강의식＋토의식

(5) TBM(tool box meeting) : 주로 위험 예지 훈련에 많이 적용

【8】 교재준비 및 학습 평가

〔학습평가방법〕

구 분	우 수	보 통	불 량
① 지식교육	평가시험, 테스트	관찰, 면접, 질문	
② 기능교육	노트, 테스트	관찰	
③ 태도교육	관찰, 면접	질문, 평가 시험	테스트

【9】 학습지도의 원리

(1) **자기활동의 원리(자발성의 원리)** : 학습자 자신이 스스로 자발적으로 학습에 참여하는 데 중점을 둔 원리이다.
(2) **개별화의 원리** : 학습자가 지니고 있는 각자의 요구와 능력 등에 알맞은 학습 활동의 기회를 마련해 주어야 한다는 원리이다.
(3) **사회화의 원리** : 학습내용을 현실사회의 사상과 문제를 기반으로 하여 학교에서 경험한 것과 사회에서 경험한 것을 교류시키고 공동학습을 통해서 협력적이고 우호적인 학습을 진행하는 원리이다.
(4) **통합의 원리** : 학습을 총합적인 전체로서 지도하자는 원리로 동시학습(concomitant learning) 원리와 같다.
(5) **직관의 원리** : 구체적인 사물을 직접 제시하거나 경험시킴으로써 큰 효과를 볼 수 있다는 원리이다.

【10】 학습지도 방법의 형태

(1) **강의식** : 교사의 언어를 통한 설명과 해설 등을 포함하며 일반적으로 이용되고 있는 기본적인 교육방법이다. 상대방에 따라서 효과가 높고 능률적인 방법이나 일방적인 교육이 되는 단점이 있다. 체계적

이고 시간적인 노력이 적다는 장점을 가지고 있으나, 수동적이고 암기위주의 학습이라는 단점을 가지고 있다.

(2) **독서식** : 교재에 의한 학생의 학습방법이다.

(3) **필기식** : 필기에 의한 것으로 강의와 독서를 겸한 방식

(4) **시범식** : 어떤 기능이나 작업과정을 학습시키기 위해 분명한 동작을 제시하는 방법이다. 단 시범을 본 후에는 즉시 연습을 하여야 한다.

(5) **신체식 표현(실연법)** : 학습자가 이미 설명을 듣거나 시범을 보고 알게 된 지식이나 기능을 교육자의 지휘나 감독아래 직접 연습하거나 적용을 하는 교육방법

(6) **시청각 교재의 이용** : 프로그램 학습방법이라고도 하며, 수업프로그램이 학습원리에 의해 만들어지고, 피교육자의 자기학습속도에 따른 학습이 허용되어 있는 상태에서 학습자가 프로그램 자료를 가지고 단독으로 학습하도록 하는 교육방법이다.

(7) **계도(유도)** : 학습의 어려운 문제를 해결 지도

(8) **토의식** : 10~20인 정도가 적당하며 안전지식과 안전원리에 대한 경험을 가지고 있는 경우에 가능한 방법이다. 토의자들의 생각이나 의견을 제시할 수 있다.

(9) **모의식** : 실제의 장면이나 상태와 극히 유사한 상황을 인위적으로 만들어 그 속에서 학습하는 교육방법이다. 역할연기법이라고도 하며, 피교육자들의 적극적인 흥미와 반성을 유발할 수 있으며, 창조적인 학습방법이다. 단, 교육의 목적이 명확하지 않거나 계획적이지 못한 경우 실패할 가능성이 높다.

(10) **사례연구법** : 5W1H, 실무연구의 방법이나 매번 적절한 사례를 들기 힘들고, 학습상황을 측정하기 어려운 단점이 있다.

5 OJT와 OFF JT의 비교(장소에 따른 교육훈련기법)

(1) **직장 중심의 교육훈련기법**(OJT ; on the job training) : 상사의 지도, 보조자(후임자, 대행자)로서의 투입, 특별 과업의 지도, 복수경영(multiple management). 계층별 또는 직능별이라고 하는 것과 같이 공통된 대상자를 직장외의 회의장 등에 모아 집합교육을 하는 경우에 적합하다. 체계적이긴 하나 구체성이 결여된 기법이다.

(2) **직장 외 교육훈련기법**(Off JT) : 강의, 회의, 사례연구, 프로그램된 지식 역할 연기, 비지니스 게임(계획, 연기), 감수성 훈련, 실습장의 실습, 직능별 교육에 있어서는 집합형태를 취하는 외에 개인교육을 실시할 필요가 있다. 이러한 직능이 고도로 전문적이거나 개별적인 경우가 많은 경우에 구체적인 교육방법이긴 하지만 교육자에 따라 현장의 입장에만 흐르는 단점이 있다.

(3) **교육원조활동** : 개인 또는 그룹의 자주성에 기반을 둔 것이며 자기계발 또는 상호계발의 방법으로 시간적인 편의의 공여외에 통신교육, 강습회의 비용의 부담, 외부강사의 초빙 등이 있다.

OJT	OFF JT
1. 개인 개인에게 적절한 지도 훈련이 가능하다.	1. 다수의 근로자들에게 조직적 훈련을 행하는 것이 가능하다.
2. 직장의 실정에 맞게 실제적 훈련이 가능하다.	2. 훈련에만 전념하게 된다.
3. 즉시 업무에 연결되는 관계로 몸과 관련이 있다.	3. 각자 전문가를 강사로 초청하는 것이 가능하다.
4. 훈련에 필요한 업무의 지속성이 끊어지지 않는다.	4. 특별 설비 기구를 이용하는 것이 가능하다.
5. 효과가 곧 업무에 나타나며 훈련의 좋고 나쁨에 따라 개선이 쉽다.	5. 각 직장의 근로자가 많은 지식이나 경험을 교류할 수 있다.
6. 훈련 효과를 보고 상호 신뢰 이해도가 높아지는 것이 가능하다.	6. 교육훈련 목표에 대하여 집단적 노력이 흐트러질 수도 있다.

6 학습지도방법의 분류

【1】 학습지도방법

(1) 강의법

(2) 질의 응답법

(3) 토론법 : 토론법의 유형은 다음과 같다.
   ① 자유토론(free talking)
   ② 배심토의(panel discussion)
   ③ 공개토의(forum discussion)
   ④ 심포지움(symposium)

(4) 문제해결법 : 문제법의 단계는 다음과 같다.
   ① 문제의 인식
   ② 해결방법의 연구계획
   ③ 자료의 수집
   ④ 해결방법의 실시
   ⑤ 정리와 결과의 검토

(5) 구안법(project method)

  교육생이 마음속에 생각하고 있는 것을 외부에 구체적으로 실현하고 형상화하기 위해서 자기 스스로가 계획을 세워 수행하는 학습활동으로 이루어지는 형태이다. Ceilings는 구안법을 탐험(exploration), 구성(construction), 의사소통(communication), 유희(play), 기술(skill)의 5가지로 지적하고 산업시찰, 견학, 현장실습 등도 이에 해당된다고 하였다. 구안법의 단계는 목적, 계획, 수행, 평가의 4단계를 거친다.

(6) 단원법(unit method)
① 준비 또는 탐구(preparation of exploration)
② 제시(presentation)
③ 동화(assimilation)
④ 조직(organization)
⑤ 발표(recitation)

【2】 성장과 발달에 관한 이론

(1) 생득설(nativism) : 성장발달의 원동력이 개체 내에 있다는 설로서 사람의 능력은 태어날 때부터 타고난다는 입장이다(유전론에 의해 설명).
(2) 경험설(empiricism) : 성장의 원동력이 개체밖에 있다는 설이다 (환경론 설명).
(3) 폭주설(convergence theory) : 성장발달은 내적성실과 외적사정의 폭주에 의하여 발생하는 것으로 생득설과 경험설의 결합인 절충설로서 유전과 환경을 중요시 했다(Sterm이 주장).
(4) 체제설(organization theory) : 발달이란 유전과 환경사이에 발달하려는 자아와의 역동적 관계에서 이루어진다는 설이다.

【3】 교육진행 4단계

단 계	교 육 방 법
제1단계 : 도입 (학습할 준비를 시킨다)	① 마음을 안정시킨다. ② 무슨 작업을 할 것인가를 말해준다. ③ 그 작업에 대해 알고 있는 정도를 확인한다. ④ 작업을 배우고 싶은 의욕을 갖게 한다. ⑤ 정확한 위치에 자리 잡게 한다.

제2단계 : 제시 (작업을 설명한다)	① 주요 단계를 하나씩 설명해 주고, 시범해 보이고 그려 보인다. ② 급소를 강조한다. ③ 확실하게, 빠짐없이, 끈기 있게 지도한다. ④ 이해할 수 있는 능력 이상으로 강요하지 않는다.
제3단계 : 적용 (작업을 시켜본다)	① 작업을 시켜보고 잘못을 고쳐 준다. ② 작업을 시키면서 설명하게 한다. ③ 다시 한번 시키면서 급소를 말하게 한다. ④ 확실히 알았다고 할 때까지 확인한다. ⑤ 이해할 수 있는 능력 이상으로 강요하지 않는다.
제4단계 : 확인 (가르친 뒤 살펴본다)	① 일에 임하도록 한다. ② 모르는 것이 있을 때는 물어 볼 사람을 정해 둔다. ③ 질문을 하도록 분위기를 조성한다. ④ 점차 지도 횟수를 줄여 간다.

【4】 교육훈련 평가 4단계

(1) 제1단계 : 반응단계(훈련을 어떻게 생각하고 있는가?)

(2) 제2단계 : 학습단계(어떠한 원칙과 사실 및 기술 등을 배웠는가?)

(3) 제3단계 : 행동단계(교육훈련을 통하여 직무 수행상 어떠한 행동의 변화를 가져왔는가?)

(4) 제4단계 : 결과단계(교육훈련을 통하여 코스트 절감, 품질개선, 안전관리, 생산증대 등에 어떠한 결과를 가져왔는가?)

7 파지와 망각

파지란 획득된 행동이나 내용이 지속되는 것이며, 망각은 지속되지 않고 소실되는 현상을 말한다.

(1) 기억

일반적으로 기억과정은 기명, 파지, 재생, 재인의 단계를 거쳐 기억이 되는 것이며, 도중에 재생이나 재인이 안 될 경우에는 곧 망각이 되었다는 것을 의미한다.
① 기억 : 과거의 경험이 어떠한 형태로 미래의 행동에 영향을 주는 작용이라 할 수 있다.
② 기명 : 사물의 인상을 마음속에 간직하는 것을 말한다.
③ 파지 : 간직, 인상이 보존되는 것을 말한다.
④ 재생 : 보존된 인상을 다시 의식으로 떠오르는 것을 말한다.
⑤ 재인 : 과거에 경험했던 것과 같은 비슷한 상태에 부딪쳤을 때 떠오르는 것을 말한다.

(2) 망각곡선

① 파지와 시간경과에 따르는 망각율을 나타내는 결과를 도표로 표시한 것을 망각곡선(curve of forgetting)이라고 한다.
② 에빙하우스(H. Ebbinghaus)에 의한 망각곡선에 의하면 학습직후의 망각율이 가장 높다는 것을 알 수 있고, 1시간 경과후의 파지율이 44.2%이고, 1일(24시간) 후에는 전체의 1/3에 해당되는 33%이고, 그 후부터는 망각이 완만하여 6일(144시간)이 경과한 뒤에는 파지량이 전체의 1/4정도인 25.4%가 된다는 것을 알 수 있게 된다.

〔파지율과 망각율〕

경과시간	파지율	망각율
0.33	58.2	41.8
	44.2	55.8
8.8	35.8	64.2
24(1일)	33.7	66.3
48(2일)	27.8	72.2
6×24	25.4	74.6
31×24	21.1	78.9

(3) 기억과 망각에 영향을 주는 조건
  ① 학습자의 지능, 태도, 준비성, 신체적 상태, 정신적 상태 등
  ② 학습교재, 학습환경, 학습방법, 학습의 정도 등

(4) 망각의 방지법(파지를 유지하기 위한 방법)
  ① 적절한 지도계획을 수립하여 연습을 할 것
  ② 연습은 학습한 직후에 시키는 것이 효과가 있으며, 간격을 두고 때때로 연습을 시킬 것
  ③ 학습자료는 학습자에게 의미를 알게 질서 있게 학습시킬 것.

인간공학 및 시스템 안전공학

제12장 인간공학 ▶ *229*

제13장 시스템 안전공학 ▶ *275*

인간 공학

12.1 인간공학의 개요

1 인간공학(Human Engineering)의 뜻

현재·과거·미래의 우리 생활 모든 분야에서 인간 공학적인 제품이 쏟아져 나오고 생산시설이나 주방기구, 침구 등의 일상 생활용품에 이르기까지 인간공학적 기능을 강조하고 있는 만큼 인간 공학이란 말은 그리 생소한 용어는 아니다. 비행기·자동차의 좌석, 안락의자, 각종 경기 종목별 운동화 등은 모두 인간 공학적 측면에서 연구, 설계 고안된 것이다.

우드슨(Woodson)은 "인간 공학이란 인간을 사용하기 위한 공학으로서 인간의 작업, 인간 기계 계통의 작업을 가장 능률적으로 행할 수 있도록 조직하는 장치의 각 요소의 설계를 말하는 것이고, 인간의 감각에 호소하기 위한 정보의 표시 방식, 인간에 의한 조작이나 복잡한 인간 기계 계통의 제어법 등도 포함되어 있다."라고 하였다.

인간 공학이란 휴먼 엔지니어링(human engineering)이라는 영어를 그대로 직역한 것으로 지역, 분야에 따라 인간 공학의 명칭이 달리 사용되기도 한다. 예를 들어 영국, 네덜란드, 프랑스 등 유럽 여러 나라에서는 인간 공학의 명칭으로 에르고노믹스(ergonomics)란 단어가 정착되어 있는데 반해, 미국에서는 인간 요소 공학(human factors engineering)이란 명칭이 사용되고 있다. 에르고노믹스와 휴먼팩터 모두 인간과 기계를 대상으로 연구하는 학문으로서 작업, 기계, 기계와 환경의 디자인에 사람들이 안전하고 쾌적하며 효율적으로 일할 수 있도록 하는 점에서 같은 목적을 가지고 있으나, 다만 발전되어 온 배경 때문에 명칭에 차이가 있을 뿐이다.

에르고노믹스의 어원을 살펴보면 작업(work)의 뜻을 가진 희랍어 에르그(erg)와 방법·법칙(laws·habits)의 뜻을 가진 희랍어 노모스(nomos)에 학문이라는 뜻을 가진 접미어(ics)를 조합한 단어로서 erg(작업)+law(법칙)+ics(학문), 즉 인간의 작업 방법을 연구하는 학문으로 해석할 수 있다.

2 인간공학의 발달과정

석기시대부터 인간은 기계(또는 도구)를 만들고 이를 사용함으로써 계속 진화되어 왔다. 문명이 발달할수록 인간과 기계 사이의 고리가 커지고 기계의 발전이 편리와 이익뿐만 아니라 수많은 사고와 재난까지 안겨다 주게 됨에 따라 사람을 위주로 하는 기계를 만들고자 하는 욕구가 싹트게 되었다. 즉, 기계를 사용하는 주체인 인간을 정확히 파악하고 거기에 적합한 기계나 도구를 설계할 필요를 느끼게 된 것이 인간 공학의 발단인 것이다.

물론 원시시대, 중세의 여러 생활도구나 병기 등을 보아도 사용 및 운반, 보관이 편리하도록 설계된 것을 알 수 있다. 그러나 이러한 배려들은 계속된 경험과 직감에서 얻어진 것이지 과학적인 기초에 입각한 것은 아니었다. 인간 공학이 학문으로서 연구되기 시작한 것은 수

십년에 불과하다.

　인간 공학이란 명칭은 제1차 세계대전 중에서부터 사용되기 시작하였으며 이 명칭을 최초로 사용한 사람은 오코너(J.Q. O'conner)라는 학설이 있다. 그는 1922년 보스턴에 인간공학연구소(human engineering laboratory Int.)를 설립하여 주로 작업 능률과 적성에 관한 연구를 계속하여 왔다.

　제1차 세계대전 이후 세계적으로 작업 문제가 심각하게 대두되었고 경영자들은 될 수 있는 한 인력을 절약하고 생산시설을 기계화하여 시간, 공간, 에너지에 따른 생산성을 극대화하고자 노력하였다. 작업 능률의 연구와 노동 관리의 연구는 제2차 세계대전까지는 각 방면에서 따로 행하여 오다가 2차대전 중 군사상의 필요에 의해 공업심리학, 사회학, 경영학, 설계학, 의학 등의 과학자들이 하나의 문제를 해결하려는 경향이 일어나면서 인간 공학이 학문으로서의 가치를 인정받게 되었다. 1960년에는 제1회 국제인간공학회의가 열려 인간 공학이 학문으로서의 체계를 확립하기에 이르렀다.

　오늘날의 인간 공학은 그 이용 범위가 단순히 군사 분야에만 한정되어 있지 않고 일반 산업에까지 널리 보급되고 있으며, 일반 생활용품에까지 계속 이 학문을 응용하려는 움직임이 일고 있다.

　일본의 인간공학회 회원의 전문 영역별 분포를 보면 아래 표와 같이 공학(21.0%), 의학(14.6%), 피복(11.3%), 심리학(10.2%), 디자인(7.0%) 순으로 되어 있다.

　우리나라에서의 인간 공학의 역사는 매우 짧아 1982년 3월에 인간공학회가 창립되었으며, 1983년 3월 25일 "산업 기술과 인간 공학"이라는 주제하에 세미나가 개최되었다.

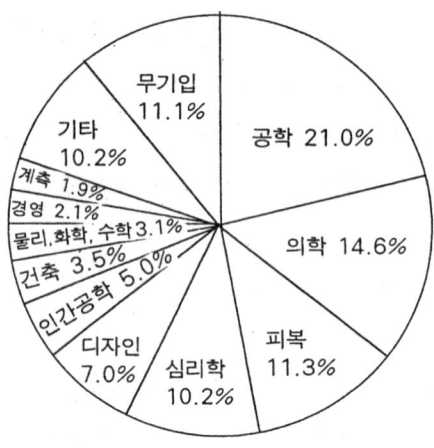

〔일본의 인간공학회원의 전문분야〕

3 ■ 인간공학의 연구 영역 분야

(1) 산업안전에 대한 연구

　기계가 점차 복잡해지고 직업 또한 고도로 세분화됨에 따라 이에 따르는 사고 역시 치명적이다. 인간 공학에서 가장 역점을 두고 있는 영역은 능률과 함께 인간의 안전을 도모하는 것이다. 안전에 대한 대책은 인간, 기계 양측의 배려를 통해서만 가능하다.

① 기계측의 배려 : 어린이용 공작 가위는 어린이의 서툰 동작에도 불구하고 상처를 입지 않도록 설계되어야 한다. 오늘날 인간의 편의를 위해 만들어진 많은 기계들이 또한 많은 인명 피해를 낳기도 한다. 이러한 인간의 피해를 줄이기 위해서는 인간 공학의 입장에서 인간과 기계의 부조화를 찾아내어 기계를 개선해 나아가야 한다. 최고 속도를 자랑하는 자동차는 그만큼 제동 능력이 뛰어나야만 인간 공학적 측면에서 안전을 고려한 설계라고 할 수 있다.

② **인간측의 배려** : 인간공학 측면에서는 인간과 기계의 부조화속에서 주로 기계를 개선하려는 태도를 취한다. 그러나 기계는 기계대로 그 기능을 유지하여야 하므로 제한된 범위내에서 인간에게 적응하도록 하는 배려가 필요하다. 재해나 사고가 발생하는 원인 중에는 인간과 기계가 부적합해서 빚어지는 경우가 적지 않다. 사고를 미연에 방지하는 수단으로서 기계와 조화되지 않는 사람은 제거하고 잘 조화하는 사람만을 골라 그 기계에 배치하는 방법이 있을 수 있다. 각종 직업에서 신입사원의 신규 채용시, 또 여러 가지 자격을 취득할 때 행해지는 적성검사가 이러한 배려의 한 예이다. 즉, 그 사람의 개성, 동기, 감정 및 능력을 평가하여 기계와 적절히 조화될 수 있는가를 판단하는 것이다. 작업장내에서의 기술 교육과 안전 교육 역시 인간측의 배려이다. 아래 표는 인간 공학적 입장에서 사고를 방지하기 위한 각 분야의 배려를 도식화한 것이다.

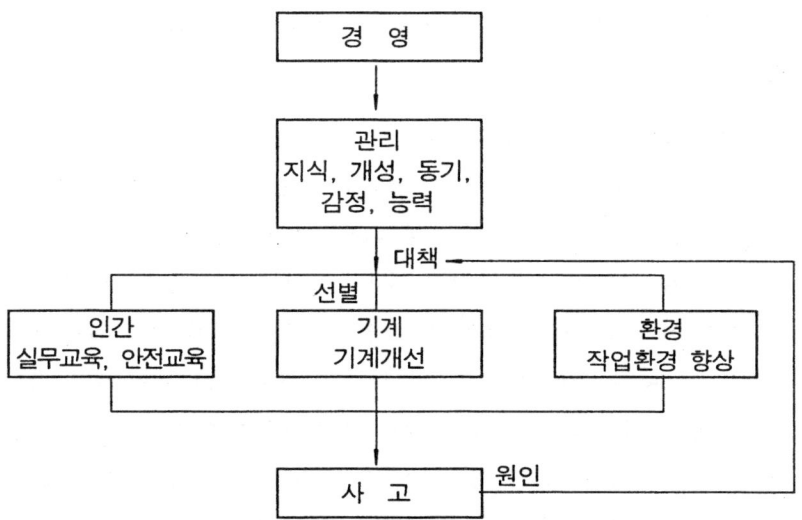

〔산업안전을 위한 인간 공학적 배려〕

(2) 환경에 대한 연구

인간은 항상 어떤 물리적, 사회적 환경에 처하여 작업(또는 활동)하게 되는데, 인간의 작업은 환경의 여하에 따라 그 성과가 좌우되기도 한다. 작업 환경이란 조명, 온도, 습도, 환기, 굉음과 진동, 신체의 평형, 가속도에 대한 인내력, 피로도 등을 들 수 있고, 이러한 환경은 작업자의 신체뿐 아니라 심리적인 상태에도 영향을 미치므로 작업 능률의 향상을 위해서는 쾌적한 환경을 조성해 주어야 하므로 작업장, 사무실 등에서의 조명 방식, 온도, 습도의 조건, 소음 대책, 색채 조절 등의 물리적 환경 조건이 능률이나 피로와 어떤 관계를 가지고 있는지 등의 연구가 이것에 속한다.

인간은 환경에 의해 수동적으로 영향을 받을 뿐 아니라, 정신과 육체가 환경에 적응할 수 있는 능력을 갖추고 있으며 환경에 적응하지 못하게 될 때 인간의 기능은 균형을 잃고 병적인 상태에 빠진다. 그러므로 인간의 기능이 쾌적하게 작용할 수 있는 범위를 찾아내어 그것을 인위적으로 제어하고 그 환경을 설계하는 것이 바로 인간 공학의 연구 영역이다.

(3) 일반적인 작업에 대한 연구

자주 접시를 깨고 불에 화상을 입는 한 주부를 가정하자. 그녀는 사고가 생길 때마다 자신의 부주의를 책망할 것이다. 그러나 사실은 잘못된 부엌 설계가 그 원인일 수도 있다. 작업 조건이 생산에 미치는 영향은 절대적이며 능률적인 작업 조건을 조성하기 위해서는 물리적 조건뿐 아니라 심리적 조건 역시 충족되어야 하고 물리적 작업 조건으로는 앞서 환경에서 살펴본 여러 가지 작업 환경과 기계 작업 공간의 효율적인 배치를 들 수 있으며 특히 작업 공간의 적절한 위치 배경을 위해서는 정확한 인체 계측 및 운동 영역의 연구가 선행되어야 하는데 편안하고 능률적인 작업복의 착용 역시 작업 능률을 최대화시켜 줄

수 있다. 적당한 작업과 휴식 시간의 배치, 알맞은 식사 등으로 인한 원기 회복 역시 작업 조건을 향상시키는 중요 요인이며 작업 환경내의 신분 보장, 화목한 분위기, 성취감 등 심리적인 여건들 역시 작업에 많은 영향을 미치나 인간 공학의 차원에서는 주로 물리적인 작업 여건을 연구한다.

12.2 인간 공학과 안전

【1】인간 공학의 정의

　미국의 차파니스(Chapanis A.)는 인간공학은 기계와 그 기계조작 및 환경조건을 인간의 특성, 능력과 한계에 잘 조화하도록 설계하기 위한 수단을 연구하는 것을 인간과 기계의 조화있는 체계(man-machine system)를 갖추기 위한 학문이다.

　다시 말하면 인간 공학(human factors engineering)이란 "인간이 사용할 수 있도록 설계하는 과정이다."

【2】인간 공학의 연구 목적

(1) 첫째 : 안전성의 향상과 사고방지
(2) 둘째 : 기계조작의 능률성과 생산성의 향상
(3) 셋째 : 쾌적성

위 3가지의 궁극적인 목적은 안전과 능률이다.

【3】인간 공학 연구 방법

(1) 순간조작 분석　　　　　(4) 전작업 부담 분석
(2) 지각운동 정보 분석　　　(5) 기계의 상호연관성 분석
(3) 연속 컨트롤 부담 분석　　(6) 사용빈도 부담 분석

【4】 인간공학의 초점 및 접근방법

(1) **인간공학의 초점** : 인간이 만들어 사용하는 물건, 기구 또는 환경을 설계하는 과정에서 인간을 고려하여 주는 데 있다.
(2) **인간공학의 접근방법** : 물건, 기구 또는 환경을 설계하는 데 인간의 특성이나 행동에 관한 적절한 정보를 체계적으로 적용하는 것이다.
(3) 인간이 만든 물건, 기구 또는 환경의 설계과정에서 인간공학의 목표
  ① 실용적 효능을 높이고, 특정한 인생의 가치기준을 유지하거나 높인다.
  ② 인간복지를 위해서이다.

【5】 인간공학 용어의 분류

(1) 인간공학이란 영어의 휴먼 엔지니어링(human engineering)에서 나온 말이다.
(2) 현재는 인간요소공학(human-factors engineering 또는 인간-기계체계공학(man-machine system engineering)이란 호칭으로 사용되기도 한다.
(3) 에르고노믹스(ergonomics) : 일하는 사람이 중심인 인간공학이란 의미로 사용되는 데, 이는 erg(힘 또는 작업)와 nomic(법칙)에서 성립된 것으로 작업경제학을 의미한다.

【6】 안전공학과 일반공학과의 관계

안전공학은 신뢰성 공학과 인간공학에 가장 근접한 관계에 있다. 그러나 종래의 공학이 효율지향인 반면 인간의 특성이나 능력을 조사하여 이것을 설계에 반영시켜 안전한 인간 및 기계 환경을 수립하기 위한다는 점에서 신뢰성공학과 인간공학은 안전공학과 밀접한 관계가 있다고 할 수 있다.

12.3 Man-Machine System

【1】 체계(system)의 특성

(1) 체계의 정의 : 한개 또는 두개 이상의 요소(elements)들이 모여서 특정한 목적을 가지고 이를 성취하기 위하여 여러 구성 요소들이 서로 유기적으로 의사소통(communication)을 하면서 목적(goals)을 성취해 나아가는 것을 말한다. 체계는 체계 내부에 내부체계가 있고, 내부체계는 또 내부체계가 있을 수 있다. 이러한 내부체계를 하부체계(subsystem)라 하는 데, 어떠한 수준의 체계라도 공통된 특성을 가지고 있다.

(2) 체계의 특성
 ① 집합성
 ② 관련성
 ③ 목적추구성
 ④ 환경적응성
 ⑤ 환경으로부터 얻은 투입물(input)을 변환시켜 그 산출물(output)을 환경으로 보낸다.
 ⑥ 계층적(hierarchy) 특징을 가진다.
 ⑦ 시너지(synergy) 효과를 발휘한다.
 ⑧ 통제되어야 한다.

【2】 인간기계 통합체계의 유형

(1) 정보의 궤환(feedback) 여부에 의한 분류
 ① 폐회로체계(closed-loop system) : 체계의 외부환경과 상호작용하지 않는 체계

② 개회로체계(open-loop system) : 정보, 에너지 등을 시스템의 외부환경과 상호 교환하는 시스템으로 시스템이 계속하여 존속할 수 있도록 외부환경의 변화에 스스로 적응할 수 있다.
③ 상대적 개폐시스템(relative close-loop system) : 완전 폐쇄시스템과는 달리 환경과 상대적으로 고립된 시스템으로 한정된 입력만을 외부로부터 받아들이고 그것을 처리하여 이미 정의된 출력만을 제공한다.

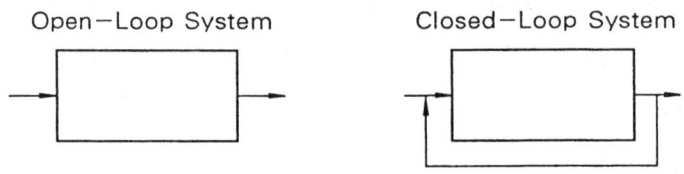

〔정보의 궤한 여부에 의한 체계의 분류〕

(2) 인간의 개입 여부에 의한 분류
① 수동체계(manual system) : 수공구나 기타 보조물로 구성되며, 인간이 동력과 제어를 모두 제공한다.
② 기계화체계(mechanical system) : 반자동체계(semiautocatic system)이라고도 하며, 고도로 통합된 부품들로 구성되어 있다. 동력은 기계가 제공하며, 인간은 제어를 담당한다.
③ 자동화체계(automatic system) : 인간은 유지, 보수 및 감시의 역할을 담당하며, 기계는 동력과 제어를 담당한다. 대부분의 자동화체계는 폐회로의 형태를 유지하고 있으며, 체계의 신뢰성이 완전하다면 인간의 개입이 불필요하다. 아직까지 신뢰성이 완전한 자동화체계는 없으며 인간의 개입이 필요하다.

【3】 인간과 기계의 기본 기능(임무 및 기본 기능 4가지)

(1) 감지(sensing) : 정보입수 과정 (시각, 청각, 취각, 촉각, 미각)

(2) 정보의 저장(information storage) : 기억

① 인간의 정보저장 : 기억

② 기계의 정보저장 : 펀치 카드, 녹음 테이프, 자기 테이프

(3) 행동기능(action function)

① 육체적 기계적 통제 및 작업과정

② 의사소통 과정(신호 녹음, 음향)

③ 인간의 정보처리 능력한계 : 0.5초

(4) 정보의 처리 및 의사결정(information processing and decision) : 정보처리 과정은 기억재생 과정과 밀접히 연결되며, 정보의 평가는 분석과 판단기능을 수행함으로써 이루어진다. 분석과 판단기능을 거친 정보는 행동직전의 결심을 내리는 자료가 된다.

(5) 인간의 심리적 정보처리 단계

① 회상(recall)

② 인식(recognition)

③ 정리(집적 : retention)

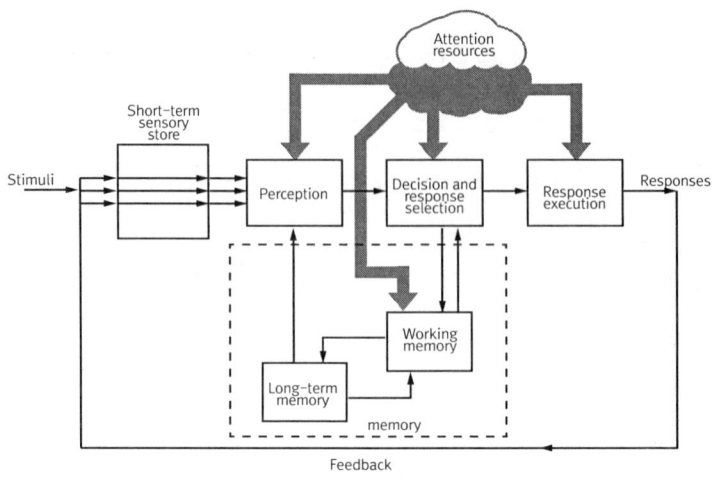

〔인간의 정보처리 과정〕

【4】 입력 및 출력

출력이란 제품의 변화, 전달된 통신, 제공된 서비스와 같은 체계의 성과나 결과이다. 문제되는 체계가 많은 부품을 포함한다면 한 부품의 출력은 흔히 다른 부품의 입력으로서의 역할을 담당한다.

【5】 인간과 기계의 상관관계

(1) 인간의 장점

① 감각기는 단독 또는 복잡하여 지각대상의 질적 특징을 민첩하고 상세하게 분석한다.

② 패턴(pattern) 인식에 의하여 복잡한 소음 중에서 특정 대상을 직관적으로 인지한다.

③ 예측과 주의에 의하여 거대한 소음 중에서 특정의 필요 신호를 선택한다.

④ 양발로 서 있을 수 있으므로 동작, 보행, 운반의 자유도가 매우 크다.
⑤ 양손에 의하여 다차원 동작과, 적응처리의 숙련성, 창조적 기능을 발휘한다.
⑥ 지식과 체험의 풍부한 기억, 학습능력이 우수하다.
⑦ 직선적 사고에 의한 유연한 판단, 논리적 사고, 합리적인 판단을 한다.
⑧ 상황에 따라 신속히 판단을 바꾸고, 의지적 억제에 의하여 행동을 합리적으로 바꾼다.
⑨ 창의적 연구, 현상을 의심하며 다시 관찰하고, 발상과 창조, 호기심이 풍부하다.
⑩ 주체적 활동을 좋아하며, 의욕과 실천력으로 능력이 배가된다.

(2) 인간의 단점
① 인간의 감각기는 물리 현상 중의 극히 제한된 대상밖에 지각할 수 없다.
② 패턴인식에 따라 착시, 감각기의 특성에 의한 착각이 일어나기 쉽다.
③ 예측하기 못한 사태에 빠지면 그냥 모르고 그냥 넘어가거나, 예측 과잉으로 주의가 생략되기 쉽다.
④ 서 있는 자세에 의한 불안정 때문에 넘어지고, 떨어지고, 현기증을 일으킨다.
⑤ 출력에는 기계적인 한계가 있으며, 힘이나 동력을 가하면 동작이 흐트러지기 쉽다.
⑥ 유사한 기억 때문에 혼란과 망각을 일으킨다.
⑦ 판단 시간이 늦고 양도 적다. 급박한 장면에서는 판단이 흐려지기 쉽다.

⑧ 판단을 요하지 않는 단순 동작의 반복에 약하고, 쉽게 의식이 둔해지며, 피로하기 쉽다.
⑨ 종래의 습관이나 규율을 경기하거나 무시한다.
⑩ 자기 욕구의 만족을 위해서는 수단 방법을 가리지 않고, 감정적으로 자기주장을 내세운다.

【6】 인간-기계 통합 체계의 3유형

(1) 수동체계(manual system)
(2) 기계화체계(반자동체계 : semiautomatic)
(3) 자동체계(automatic system) : 감지, 정보처리 및 의사결정, 행동을 포함한 모든 임무 수행

【7】 인간과 기계의 기능 비교

(1) 인간이 현존하는 기계를 능가하는 기능
 ① 저에너지의 자극을 감지하는 기능
 ② 복잡 다양한 자극의 형태를 식별하는 기능
 ③ 예기치 못한 사건들을 감지하는 기능(예감, 느낌)
 ④ 다량의 정보를 장시간 기억하고 필요시 내용을 회상하는 기능
 ⑤ 관찰을 통해서 일반화하여 귀납적으로 추리하는 기능
 ⑥ 원칙을 적용하여 다양한 문제를 해결하는 기능
 ⑦ 어떤 운용방법이 실패할 경우 다른 방법을 선택(융통성)
 ⑧ 다양한 경험을 토대로 의사결정, 상황적인 요구에 따라 적응적인 결정, 비상 사태시 임기응변
 ⑨ 주관적으로 추산하고 평가하는 기능
 ⑩ 문제 해결에 있어서 독창력을 발휘하는 기능
 ⑪ 과부하(overload) 상태에서는 중요한 일에만 전념하는 기능

(2) 현존하는 기계가 인간을 능가하는 기능
　① 인간의 정상적인 감지범위 밖에 있는 자극(X선, 레이다파, 초음파)을 감지
　② 인간 및 기계에 대한 monitor 기능
　③ 사전에 명시된 사상(event), 특히 드물게 발생하는 사상(事象)을 감지
　④ 암호화된 정보를 신속하게 대량 보관
　⑤ 연역적으로 추정하는 기능
　⑥ 명시된 프로그램에 따라 정량적인 정보 처리
　⑦ 과부하시에도 효율적으로 작동하는 기능
　⑧ 장기간 중량 작업을 할 수 있는 기능
　⑨ 반복 작업 및 동시에 여러 가지 작업을 수행할 수 있는 기능
　⑩ 주위가 소란하여도 효율적으로 작동하는 기능

【8】 체계분석 및 설계에 있어서의 인간공학의 가치
(1) 성능(performance)의 향상
　① 적절한 배경　　③ 적절한 장비
　② 적절한 환경　　④ 적절한 직무
(2) 훈련비용의 절감
(3) 인력 이용율의 향상
(4) 사고 및 오용으로부터의 손실 감소
(5) 생산 및 정비유지의 경제성 증대
(6) 사용자의 수용도(acceptance)의 향상

【9】 인간 요소의 평가 과정
(1) 실험 절차　　　　　　　(3) 피실험자
(2) 시험편　　　　　　　　(4) 충분한 반복 회수

【10】 인간의 동작과 기계의 적용(motion and operation)

(1) 경고신호와 인간의 능력 및 구비 조건
   ① 기계 동작자는 주위 사람들의 주의를 끌 수 있어야 한다.
   ② 경고의 뜻과 행동절차를 제시할 것
   ③ 기계의 자체 및 관계되는 인간과 타물체에 미치는 영향을 최소한으로 감소시킬 수 있어야 한다.
   ④ 경고를 받고 나서 행동까지의 시간여유가 있어야 한다.

(2) 작업시의 신경근육 작용(psychomotor activities at work)
   ① 위치의 변동에 따른 행동   ④ 연관 행동
   ② 계속 행동   ⑤ 조정 행동
   ③ 반복 행동

【11】 작업설계(Job design)

(1) 작업설계에 있어서의 인생의 가치기준
   ① 작업설계시 철학적으로 고려할 사항
      ㉮ 작업확대(job enlargement)
      ㉯ 작업윤택화(job enrichment)
      ㉰ 작업만족도(job satisfaction)
      ㉱ 작업순환(job rotation)
   ② 인간요소적 접근방법 : 작업능률이나 생산성을 강조한다.
   ③ 작업설계시 딜레마(dilemma) : 작업능률과 작업만족도와의 관계

(2) 직무분석(Task analysis) : 설계단계에서 직무분석을 하는 목적
   ① 첫째는 설계를 좀더 개선시키기 위해서이다.
   ② 둘째는 최종설계에 필요한 작업의 명세를 마련하기 위해서이다.

12.4 인간기계의 통제

【1】기계의 통제(machine control)

(1) 통제기능(Control Function) 모든 기계는 능률과 안전을 위하여 통제장치가 되어 있다. 기계의 통제는 기계전기 및 전자의 작용을 이용하여, 정보와 입수의 통제기능이 기계작용 중심을 이룬다.
① 개폐에 의한 통제 : ON-OFF 스위치
② 양의 조절에 의한 통제 : 원료, 연료량
③ 반응에 의한 통제 : 계기 신호 또는 감각

【2】통제 기기의 선택조건

(1) 통제 기기의 기능
① 기계에 의하여 통제기기가 갖는 기능
② 통제기기의 작동속도 및 정밀도, 조작의 난이성 판단
③ 통제기기에 관한 정보
④ 통제기기에 필요한 면적
⑤ 통제기기와 작업관계

(2) 통제기기의 특성
① 연속적인 조절이 필요한 형태
㉮ 손잡이(knob)
㉯ 크랭크(crank)
㉰ 핸들(handle)
㉱ 레버(lever)
㉲ 페달(pedal)

② 불연속 조절의 통제 : 한번 작동하면 작업이 중지 또는 끝날 때까지 계속하여 조작이 필요없는 통제 장치
  ㉮ 수동 푸시 버튼(hand push button)
  ㉯ 토글 스위치(toggle switch)
  ㉰ 발 푸시 버튼(foot push button)
  ㉱ 로터리 스위치(rotary switch)

(3) 안전장치와 통제장치
  ① 로킹(locking)의 설치
  ② 푸시 버튼의 오목면 이용 : 버튼 주위를 버튼의 높이만큼 파놓은 것
  ③ 토글 스위치(Toggle switch)의 카바설치

(4) 통제기기의 선택
  ① 계기 지침이 움직이는 방향과 계기 대상물이 움직이는 방향이 일치하는 통제기기를 사용
  ② 통제기기가 복잡하고 정밀한 조절이 필요할 때에는 멀티토데이션 콘트롤 기기를 사용
  ③ 통제기기의 선택조건 중에서 그 조작력과 세팅범위가 중요한 경우에는 다음 사항을 검토할 것
    ㉮ 조작력이 적게 소요되는 경우
    ㉯ 조작력이 크게 요하는 경우
    ㉰ 특정 목적에 사용되는 통제기구
  ④ 식별이 용이한 통제기기를 선택 : 사용빈도가 높거나 안전에 깊은 관련을 갖는 통제기기는 시각 또는 기타 감각기관에 의하여 쉽게 식별될 수 있는 것이라야 한다. 식별기에는 코딩(coding), 색채, 위치, 조명, 자체 발광, 자체 음향 등이 필히 조화되어야 한다.

【3】 통제표시비(Control display ratio)

일명 C/D비라고도 하며, 통제기기와 시각표시의 관계를 나타내는 비율로서 통제기기의 이동거리 X를 표시판의 지침이 움직인 거리를 Y로 나눈값을 말한다.

【4】 표시 장치(Display)

(1) 표시장치의 종류

① 정적 표시장치 간판, 도표 그래프, 인쇄물, 필기물 같이 시간의 변화에 변화되지 않은 것

② 동적 표시장치

㉮ 어떤 변수나 상황을 표시 : 온도계, 기압계, 속도계, 고도계 등

㉯ CRT 표시장치 : 레이더, sonar

㉰ 전파용 표시장치 : 전축, TV, 영화

㉱ 어떤 변수를 조정하거나 맞추는 것을 돕기 위한 것

(2) 표시장치 정보편성의 고려 사항

① 자극의 속도와 부하 : 속도압박과 부하압박

② 신호들 간의 신호차 : 신호간 간격이 0.5초 보다 짧으며 자극 혼동

③ 인간의 error를 줄이기 위하여 통제 표시장치의 시각신호의 정보편성 요인 : 자극의 속도, 부하, 시간차

(3) 표시 장치의 사용
  ① 시각적 표시장치
    ㉮ 정량적 표시장치

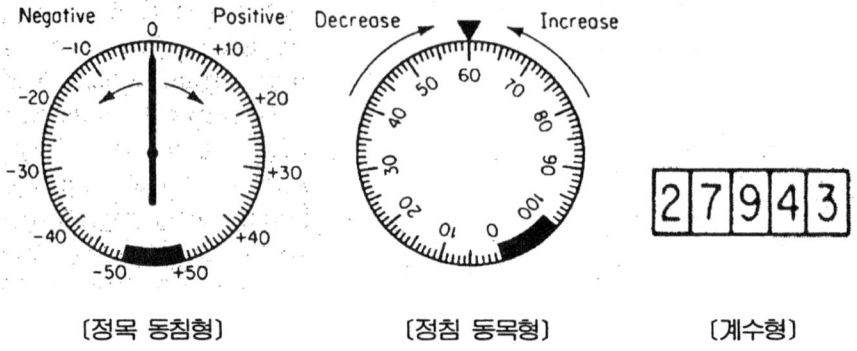

[정목 동침형]   [정침 동목형]   [계수형]

  ㉯ 정성적 표시장치

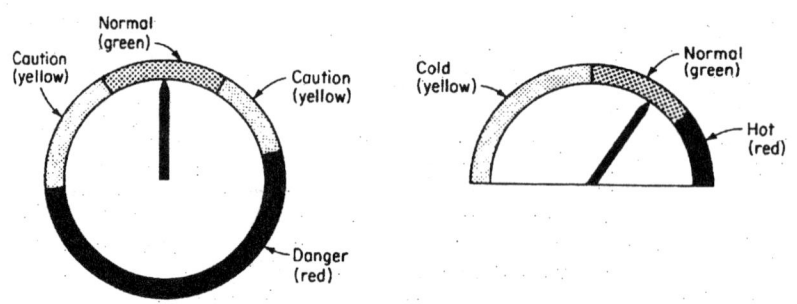

[정성적 표시 장치의 색채 및 형상 암호화]

  ㉰ 상태 표시기(status indicator)

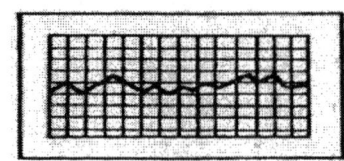

  ㉱ 신호 및 경보등 : 상대 표시기의 사용 예

【5】 청각적 표시장치(Auditory display)

(1) 표시장치의 선택
① 신호원 자체가 음일 때
② 무선거리 신호 항로정보 등과 같이 연속적으로 변하는 정보를 제공할 때
③ 음성 통신 경로가 전부 사용되고 있을 때

(2) 청각수신 기능
① 청각신호 검출 : 신호의 존재여부 결정
② 상대 식별 : 두가지 이상의 근접신호 구별
③ 절대 식별 : 어떤 분류에 속하는 특정한 신호가 단독으로 제시되었을 때 이를 식별

【6】 제어기 및 "디스플레이"의 설계와 배치

제어기 및 "디스플레이"의 설계 조정과 제어기 및 레버의 조작을 신속히 판단하여 움직일 수 있도록 설계하고 배치할 수 있다면 많은 오류가 방지된다.

(1) 제어기 조작에 영향을 미치는 주요인
① 한 점에서 타점에 이르는 운동율
② 최대의 효율을 발휘할 수 있는 운동방향
③ 손목의 운동과 팔을 돌리는 운동 및 그 적당한 속도
④ 자세를 변화하게 하는 반응물 및 반응의 정확도
⑤ 팔이 정확히 미칠 수 있고 용이하게 움직일 수 있는 위치

(2) 인간의 식별기능에 영향을 주는 요인
① 물체의 배경간의 조도

② 색채의 사용과 조도
③ 규격과 주요 세부사항에 대한 공간의 배분, 특히 기계의 표시 숫자 등
④ 물체간의 조도와 백색 환경 및 가청신호의 효과를 높이려면 음향의 유형과 배음에 대하여 인지할 수 있어야 한다.

12.5 설비의 신뢰성

1 인간의 신뢰성

(1) 주의력

(2) 긴장수준

(3) 의식수준 : 경험연수, 지식수준, 기술수준

【1】인간 에러(human error)의 배후 요인(4M)

1) **Man** : 본인 이외의 사람
2) **Machine** : 장치나 기기 등의 물적 요인
3) **Media** : 작업방법이나 순서
4) **Management** : 안전법규, 단속, 점검, 지휘감독, 교육훈련

(1) 심리적 분류(swain)

① omission error : 필요한 데스크 절차의 수행 누락
② time error : 시간 지연(수행 지연)
③ commission error : 불확실한 수행
④ sequential error : 순서의 잘못 이해
⑤ extraneous error : 불필요한 데스크 절차 수행

(2) 행동과정을 통한 분류

① input error : 감지 결함

② information processing error : 정보처리 절차 과오(착각)

③ output error : 출력 과오

④ feedback error : 제어 과오

⑤ decision making error : 의사결정 과오

(3) 대뇌의 정보처리 error

① 인지 착오   ② 판단 착오   ③ 조작 미스

(4) 원인의 level적 분류

① primary error : 1차 에러

② second error : 2차 에러

③ command error

【2】 휴먼 에러(human error)의 심리적 요인

(1) 그 일의 지식이 부족

(2) 일을 할 의욕이나 모랄(moral)이 결여

(3) 서두르거나 절박한 상황

(4) 무엇인가의 체험으로 습관적이 되어 있을 때

(5) 선입관으로 괜찮다고 느끼고 있을 때

(6) 주의를 끄는 것이 있어 그것에 치우쳐 주의를 빼앗기고 있을 때

(7) 많은 자극이 있어 어떤 것에 반응해야 좋을지 알 수 없을 때

(8) 매우 피로해 있을 때

【3】 휴먼 에러(human error)의 물리적 요인

(1) 일이 단조로울 때

(2) 일이 너무 복잡할 때

(3) 일의 생산성이 너무 강조될 때

(4) 자극이 너무 많을 때
(5) 재촉을 느끼게 하는 조직이 있을 때
(6) 동일 형상의 것이 나란히 있을 때
(7) 고정관념(stereo type)에 맞지 않은 기기
(8) 공간적 배치에 맞지 않은 기기

2 man-machine system(인간기계 체계의 신뢰성)

【1】 기계의 신뢰성 요인

(1) 재질   (2) 재능   (3) 작동 방법

3 설비의 신뢰도(reliability)

【1】 고장 구분

(1) 초기 고장 : 설비를 처음 도입하였을 때 발생하는 고장으로, 일반적으로 최초의 고장률이 높다. 원인으로는 부족한 품질 관리, 불충분한 burn-in, break-in, 불충분한 debugging, 부족한 기능, 표준 이하의 구성 요소 사용, 오염, 부적당한 break-in or start-up 등이 있다.

(2) 우발 고장 : 근본적으로 일정한 스트레스에 의한 고장률이다. 원인으로는 기대한 적재 하물 보다 많은 경우, 설명할 수 없는 결점, 오용과 부적절한 사용, 부족한 디자인(불충분한 안전 요인) 기회, 랜덤한 원인 등이 있다.

(3) 마모 고장 : 체계가 노후되었을 때, 마모 고장율이 증가 한다는 것이다. 원인으로는 수명 및 마모, 기계의 약화, 기계속도의 완화, 충돌, 전자-화학적인 상호작용 등이 있다.

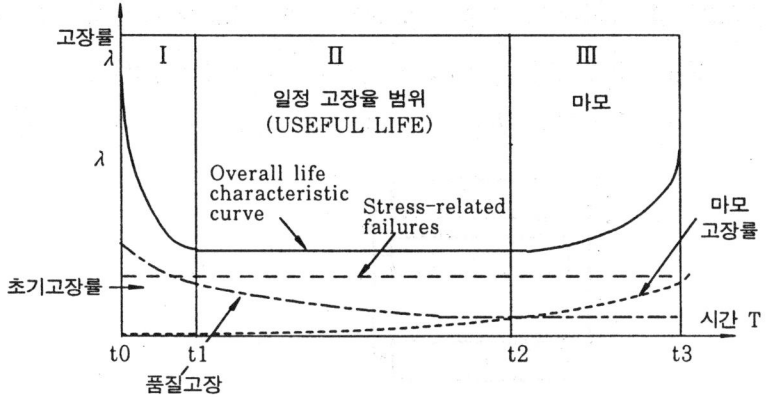

[고장의 발생 상황(고장율 곡선)]

【2】직렬(Series System) 연결(Rs) : 자동차 운전

구성부품들 중 어느 하나라도 고장이 나면 체계 전체가 작동불능이 되는 체계이다.

$$R_s = P\{부품1정상 \cap 부품2정상 \cap \cdots \cap 부품n정상\}$$

$$= R_1 \times R_2 \times \cdots \times R_n = \sum_{i=1}^{n} R_i$$

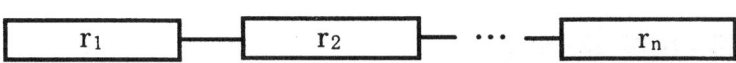

예제 $r_1=57\%$, $r_2=81\%$, $r_3=46\%$일 때, 직렬체계의 신뢰도는?
$R = 0.57 \times 0.81 \times 0.46 ≒ 0.21$

【3】병렬(parallel system) 연결(Rp : Fail safe)

열차나 항공기의 제어장치처럼 한부분의 결함이 중대한 사고를 일으킬 우려가 있는 경우에 페일세이프(failsafe) 체계를 사용한다. 이 체계는 결함이 생긴 부품의 기능을 대체시킬 수 있는 장치를 중복 부착시키는 체계이다.

구성부품들 중 어느 하나라도 작동하면 체계가 작동하는 체계

$$R_s = P\{부품1정상 \cup 부품2정상 \cup \cdots \cup 부품n정상\}$$
$$= 1 - \{(1-R_1) \times (1-R_2) \times \cdots \times (1-R_n)\} = 1 - \sum_{i=1}^{n}(1-R_i)$$

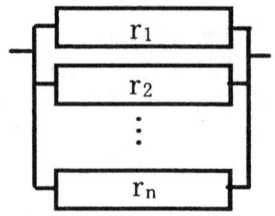

예제 $r_1=57\%$, $r_2=81\%$, $r_3=46\%$일 때, 병렬체계의 신뢰도는?
R = 1 - (1 - 0.57) × (1 - 0.81) × (1 - 0.46) ≒ 0.96

※ n 중 k 구조
   동일한 n개의 구성품 중 k개 이상만 작동하면 전체가 정상적으로 작동하는 체계

$$R_s = \sum_{m=0}^{n-k} \begin{bmatrix} n \\ m \end{bmatrix} r^{n-m}(1-r)^m$$

【4】 직·병렬 혼합연결

가락구조라고도 하며 직렬구조와 병렬구조가 혼합된 형태이다.

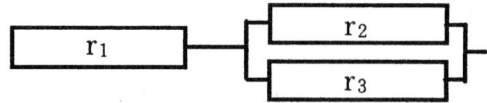

예제 $r_1=90\%$, $r_2=70\%$, $r_3=70\%$일 때, 직·병렬체계의 신뢰도는?
R = 0.9 × (1 - (1 - 0.7) × (1 - 0.7)) ≒ 0.819

【5】 페일 세이프(Fail safety)

(1) 병렬 페일 세이프(fail safe) 방식의 요소가 동작 중에 고장을 일으켰을 경우 대기 중인 페일 세이프 체계로 전환하는 방식이다.
(2) 이 체계에는 고장검출장치와 고장을 일으켰을 경우 페일 세이프 체계로 전환시켜주는 장치가 필요하다.

【6】 인간에 대한 모니터링(monitoring)의 방법

(1) 셀프 모니터링(self-monitoring : 자기감지) : 자극, 고통, 피로, 권태, 이상감각 등의 지각에 의해서 자신의 상태를 알고 행동하는 감시방법. 즉 결과를 파악하여 자신 또는 monitoring center에 전달하는 경우가 있다.
(2) 생리학적 모니터링(physiological monitoring) 방법 : 맥박수, 호흡속도, 체온, 뇌파 등으로 인간자체의 상태를 생리적으로 모니터링하는 방법이다.
(3) 비주얼 모니터링(visual monitoring) 방법 : 동작자의 태도를 보고 동작자의 상태를 파악하는 것으로서 졸리는 상태는 생리적으로 분석하는 것보다 태도를 보고 상태를 파악하는 것이 쉽고 정확하다.
(4) 반응에 대한 모니터링(response monitoring) 방법 : 자극(청각, 시각, 촉각)을 가하여 이에 대한 반응을 보고 정상 또는 비정상을 판단하는 방법
(5) 환경의 모니터링(environmental monitoring) 방법 : 간접적인 감시방법으로서 환경조건의 개선으로 인체의 안락과 기분을 좋게 하여 정상작업을 할 수 있도록 만드는 방법

【7】 인간 : 기계체계의 신뢰도(안전) 유지방안

(1) 평가기준의 설정 : 다음 두 가지의 평가기준을 설정한다.
  ① 모든 체계의 안전성을 척도화한다.
  ② 인간·기계 및 환경이 안전성에 미치는 질·양적 분석과 그 대책을 설정한다.

(2) 인간공학적 안전의 설정
  ① **Fail-safety** : 인간 또는 기계에 과오나 동작상의 실수가 있어도 안전사고를 발생시키지 않도록 2중 또는 3중으로 통제를 가하도록 한 체계를 말한다.
    예 Press Machine이나 절단기의 적외선 안전장치, 항공기의 제1차 Failsafe와 제2차 Failsafe, 자동차의 방어운전 또는 2중 점검제도 등이 있다.
  ② **Lock System** : Interlock system, Translock system, Intralock system의 세 가지로 분류된다. 기계와 인간의 각각 기계특수성과 생리적 관습에 의하여 사고를 일으킬 수 있는 불안정한 요소를 지니고 있기 때문에 기계에 interlock system, 인간의 심중에 intralock system, 그 중간에 translock system을 두어 불안전한 요소에 대해서 통제를 가한다.
  ③ 순차(sequence) 제어 : 지시대로 동작(수정불가)
  ④ 궤환(feedback) 제어 방식 : 제어결과를 측정하여 목표로 하는 동작이나 상태와 비교하여 잘못된 점을 수정하여 가는 제어 방식
    ㉮ Servo mechanism : 물체의 위치, 자세 등의 기계적 변위 제어
    ㉯ Process control : 상태, 양의 제어(압력, 유량, 온도 등)
    ㉰ Automatic regulation : 자동조작으로 항상 일정한 값을 유지하도록 해주는 방식(전압, 주파수 등)

12.6 인간과 환경관계

1 온도(temperature)

【1】 온도 변화에 대한 인체적응

(1) 적온에서 한냉 환경으로 변할 때의 신체의 조절작용
  ① 피부온도가 내려간다.
  ② 혈액은 피부를 경유하는 순환량이 감소하고, 많은 양이 몸의 중심부를 순환한다.
  ③ 직장(直腸) 온도가 약간 올라간다.
  ④ 소름이 돋고 몸이 떨린다.

(2) 적온에서 고온 환경으로 변할 때의 신체의 조절작용
  ① 많은 양의 혈액이 피부를 경유하게 되며 온도가 올라간다.
  ② 직장온도가 내려간다.
  ③ 발한이 시작된다.

(3) 열압박
  ① 체심온도는 가장 우수한 피로지수이다.
  ② 체심온도는 38.8°만 되면 기진하게 된다.
  ③ 실효온도가 증가할수록 육체작업의 기능은 저하된다.
  ④ 열압박은 정신활동에도 악영향을 끼친다.

【2】 환경 요소의 복합 지수

실효온도(effective temperature) : 온도, 습도 및 공기유동이 인체에 미치는 열효과를 하나의 수치로 통합한 경험적 감각지수로 상대습도 100%일 때의(건구) 온도에서 느끼는 것과 동일한 온감(溫感)이다 (예 습도 50%에서 21℃의 실효 온도는 19℃).

2 조명

【1】 시식별(視識別)의 기본 조건
 (1) 사람의 개인차
 (2) 외부적 조건

【2】 인간이 잘 볼 수 있는 요건
 (1) 조명도가 적당할 것
 (2) 조명색이 적당할 것
 (3) 광원의 방향이 적절하여 눈이 부시지 않을 것
 (4) 볼 수 있는 시간과 작업속도가 적당해야 한다.

【3】 조도(照度, illumination) : 빛의 측정시 여러 가지 단위 사용
 (1) 광도(Luminous intensity) : 광도를 비교하기 위한 목적으로 제정된 표준은 고래기름으로 만든 국제표준 촛불(candle)이 있으나 현재는 칸델라(candelaicd)를 채택하고 있다.
 (2) 조도(illumination) 물체의 표면에 도달하는 빛의 밀도를 조도라 하며 척도기준은 아래와 같다.
  ① Foot-candle(fc) : 1촉광의 점광원으로부터 1foot 떨어진 곡면에 비추는 광의 밀도($1\ lumen/ft^2$)
  ② Lux(=meter-candle) : 1촉광의 점광원으로부터 1m 떨어진 곡면에 비추는 광의 밀도($1\ lumen/m^2$)
  ③ 거리가 증가할 때에 조도는 역자승의 법칙에 따라 감소한다.
  $$\therefore 조도 = \frac{광도}{(거리)^2}$$
 (3) 광속발산도(Luminance) : 단위 면적당 표면에서 반사 또는 방출되는 빛의 양을 말하며, 휘도(brightness)라고도 한다.

(4) 반사율(Reflectance) : 표면에 도달하는 조명과 광산발산속도의 관계

(5) 대비(luminance contrast) : 보통 표적의 광속발산도(Lt)와 배경의 광속발산도(Lb)의 차를 나타내는 척도이다.

$$\therefore 대비 = \frac{Lb - Lt}{Lb} \times 100$$

【4】 휘광(glare)

눈부심이 눈에 적용한 휘도보다 훨씬 밝은 광원(직사휘광) 혹은 반사광(반사휘광)이 시계내에 있음으로써 생기며, 성가신 느낌과 불편감을 주고 시성능을 저하시킨다.

【5】 추천 조명 수준

작업조건	foot-candle	특정한 업무
높은 정확도를 요구하는 세밀한 작업	1,000	수술대, 아주 세밀한 조립 작업
	500	아주 힘든 검사 작업
	300	세밀한 조립 작업
오랜 시간 계속하는 세밀한 작업	200	힘든 끝손질 및 검사 작업, 세밀한 제도, 치과 작업, 세밀한 기계 조작
	150	초벌 제도, 사무 기기 조작
오랜 시간 계속하는 천천히 하는 작업	100	보통 기계 작업, 편지 고르기
	70	공부, 바느질, 독서, 타자, 칠판글씨 읽기
	50	스케치, 상품 포장
정상 작업	30	드릴, 리벳, 줄질 및 변소
	20	초벌 기계 작업, 계단, 복도
	10	출하, 입하 작업, 강당
자세히 보지 않아도 되는 작업	5	창고, 극장 복도

3 시각(visual sense)

【1】 시력(visual acuity)

(1) 시력은 광선의 촛점이 망막위에 맺어지도록 수정체를 조절하는 눈의 조절작용(accommodation)에 주로 달려 있다.

(2) 정상적인 조절작용 하에서는 상의 촛점을 망막에 정확히 맞추기 위하여, 멀리 있는 물체를 볼 때는 수정체가 얇아지고 가까이 있는 물체를 볼 때는 수정체가 두꺼워진다.

(3) 근시인 경우 : 수정체가 두꺼워진 상태로 남아있는 경향이 있어서 먼 물체의 촛점을 정확히 맞출 수 없다.

(4) 원시인 경우 : 수정체가 얇은 상태로 남아있는 경향이 있어서 가까운 물체를 보기 어렵다.

(5) 근시 및 원시 교정방법 : 적당한 렌즈를 사용하여 광선이 수정체를 통과하기 전에 굴절시켜 망막상에 촛점이 맺어지도록 교정한다.
 ① 근시 : 먼 물체의 상이 망막 앞에 맺힘
 ② 원시 : 가까운 물체의 상이 망막 뒤에 맺힘

(6) Diopter(D) : 광학에서 렌즈의 굴절들을 재는 단위로 초점 거리의 역수로 나타낸다.

$$\therefore D = \frac{1}{\text{촛점거리(m)}}$$

【2】 시각

시각이란 보는 물체에 의한 눈에서의 대각이며, 일반적으로 분(′) 단위로 나타내며 L=시선과 직각으로 측정한 물체의 크기, D=물체와 눈 사이의 거리라 할 때 다음 공식에 의해 계산된다.

$$\therefore 시각(분) = \frac{(57.3)(60)L}{D}$$

【3】암조응(暗潮應, Dark adaptation)

(1) 완전 암조응에서는 보통 30~40분이 걸리며, 어두운 곳에서 밝은 곳으로 역조응, 즉 명조응 수초밖에 걸리지 않으며 넉넉잡아 1~2초이다.
(2) 같은 밝기의 불빛이라도 진홍이나 보라색 보다는 백색광 또는 황색광이 암조응은 더 빨리 파괴한다.

4 소음(음향조절 : sound conditioning)

【1】소음의 정의

소음이란 원하지 않는 소리를 청하는 것으로 정보이론의 관점에서 본소음의 정의는 "주어진 작업의 존재나 환수와 정보적인 관련이 없는 청각적 자극"이다.

【2】음의 척도

(1) 음의 기본요소 : 음의 강도(intensity) 또는 크기(10 loudness)와 진동수(frequency) 또는 음조(tone)의 2가지로 구분하거나 음의 고조, 음의 강약, 음조의 3요소로 구분할 때도 있다.
(2) 음압 수준(sound pressure level ; SPL) : 음의 강도의 척도는 bel의 1/10인 decibel(dB)로 표시한다.
(3) 거리에 따른 음의 강도변화 : 점음원으로부터의 단위면적당 출력은 거리가 증가함에 따라 역자승의 법칙에 의해서 감소한다.

$$\therefore 면적출력 = \frac{출력}{4\pi(거리)^2}$$

【3】 dB(A)(sound level, 소음수준)

　　NRN(noise rating number) : ISO에서 도입하여 장려한 소음평가 방법으로 소음평가 지수를 의미한다.

【4】 소음의 일반적 영향
　(1) 인간은 일정 강도 및 진동수 이상의 소음에 계속적으로 노출되면 점차적으로 청각 기능을 상실하게 된다.
　(2) 소음은 불쾌감을 주거나 대화, 마음의 집중, 수면, 휴식을 방해하며 피로를 증가시킨다.

【5】 가청주파수 : 20~20,000Hz(CPS)
　(1) 저진동 범위 : 20~500Hz
　(2) 회화 범위 : 500~2,000Hz
　(3) 가청 범위(audible range) : 2,000~20,000Ha
　(4) 불가청 범위 : 20,000Hz

【6】 가청한계 : 2×10^{-4}dyne/cm^2(0dB)~103dyne/cm^2(34dB)
　(1) 심리적 불쾌감 : 40dB 이상
　(2) 생리적 영향 : 60dB 이상
　　① 안락한계 : 45~65dB
　　② 불쾌한계 : 65~120dB
　(3) 난청(C5dip) : 90dB(8시간)

【7】 유해 주파수(공장소음) : 4,000Hz(난청 현상이 오는 주파수)

【8】 음압과 허용 노출 관계(120dB 이상 격벽 설치)

dB	90	95	100	105	110	115	120
허용노출시간	8시간	4시간	2시간	1시간	30분	15분	5~8분

【9】 소음의 관리 방법(대책)

(1) 소음 통제의 일반적인 방법
 ① 기계의 적절한 설계
 ② 적절한 장비 및 주유
 ③ 기계에 고무 받침대(mounting) 부착
 ④ 차량에는 소음기(muffler) 사용
(2) 소음의 격리 : 씌우게(enclosure), 방·장벽을 사용(집의 창문을 닫으면 10dB의 감음이 된다.)
(3) 차폐 장치(baffle) 및 흡음재료 사용
(4) 음향처리제(acoustical treatment) 사용
(5) 적절한 배치(layout)
(6) 방음 보호구 사용 : 귀마개(이전)(2,000Hz에서 20dB, 4,000Hz에서 25dB 차음 효과)
(7) BGM(back ground music) : 배경음악(60±3dB)

〔작업에 따른 조명도〕

작업의 종류	이상적인 조명도
초정밀 작업	750(룩스) 이상
정밀 작업	300(룩스) 이상
보통 작업	150(룩스) 이상
기타 작업	75(룩스) 이상

〔작업장의 조명 기준〕

조명광도(단위 foot-candle)		조명광도(단위 : foot-candles)	
책자 제본 작업	70~200	철강 제품 검사	100
책교정 및 검사	200	피혁 제품 작업	100~300
제약공장	50~100	기계 수리 공장	40~500
통조림 공장 절단 작업	100~200	정밀 기계 수리	500~1000
손포장(통조림 공장)	50	사무실	70~200
화학 공장 작업	30~100	도장 작업	50~100
요업 작업	30~300	정밀 기계 도장	300
봉제 작업	300~500	인쇄업	50~150
전기 장비 제작	50~100	인쇄 색도 검사	200
유리 제품 작업	30~50	저장 창고	50~50
염색 작업	100	섬유 제조 공장	50~200
철강 제품	20~30	섬유 제품 검사	200~2000
		연초 제조	30~200

〔소음의 측정장치〕

소음원	음압 (dB)	sone
경보 싸이렌	140	1,024
제트(jet) 엔진 - 15m	130	512
리벳(Rivet)機 - 1.2m	120	256
회전 톱	110	128
Pneumatic drill	100	64
보통 공장(사람 통행 많음)	80	16
보통 사무실(사람 통행 적음)	60	4
조용한 사무실	40	1
속삭임	20	0.25
가청 최소 수준	0	

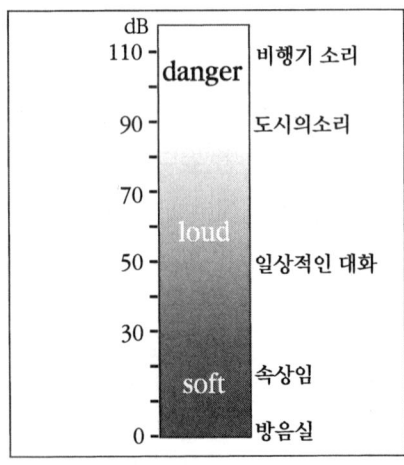

12.7 작업과 인간공학

1 인체계측(Anthropometry)

【1】 인체계측의 의의 및 인체계측방법

(1) 인간-기계 체계(man-machine system)를 인간공학적 입장에서 새로이 설계하거나 개선하는 경우 가장 기초가 되는 인간인자는 인체계측 데이터(data)이다.
(2) 인간공학에서의 인체계측은 인간과 기계기구 사이에 게재하는 여러 관계를 추구하고 사용상태의 향상을 도모하려는 것이다.

【2】 인체계측의 방법

(1) 정적 인체계측(구조적 인체치수)
  ① 체위를 일정하게 규제한 정지상태에서의 기본자세(선자세, 앉은자세 등)에 관한 신체각부를 계측하는 것이다.
  ② 형태학적 계측과 같이 마틴(martin)식 인체계측기가 사용된다.
  ③ 정적 인체계측치는 여러 가지 설계의 표준이 되는 기초적 치수를 결정하는 데 의미가 있다.

(2) 동적 인체계측(기능적 인체치수)
  ① 동적 인체계측은 일반적으로 상지나 하지의 운동이나 체위의 움직임에 따른 상태에서 계측하는 것이다.
  ② 동적 인체계측은 실제의 작업, 혹은 생활조건에 밀접한 관계를 갖는 현실성 있는 인체치수를 구하는 것이다.

(3) 인체계측 자료의 응용원칙
  ① 최대치수와 최소치수 : 최대치수 또는 최소치수를 기준으로 하여 설계한다.

② 조절범위(조절식) : 체격이 다른 여러 사람에 맞도록 만드는 것이다.
③ 평균치를 기준으로 한 설계 : 최대치수나 최소치수, 조절식으로 하기가 곤란할 때, 평균치를 기준으로 하여 설계한다.

【3】 인체계측상의 주의사항

(1) 목적의 확인 : 계측목적을 확인한다.
(2) 피측자의 선정 : 통계적으로 수백명 이상의 집단을 계측하는 것이 좋으며, 같은 연령의 사람에게도 여러 가지 변동요인(성차, 학력차, 지역차, 운동차, 일 등)에 의해서 계측치에 편차가 생기는 것을 고려하여 피측정자를 선정하여야 한다(최소 표본수 : 50~100명).
(3) 정밀도와 측정방법 : mm의 정밀도를 측정하기 위해서는 인류학적인 측정방법에 준함이 바람직하나 치 측정에는 상당한 숙련을 필요로 하기 때문에 연부(軟部)를 포함한 측정이나 동작역(動作域) 등의 해석에는 사진계측 등의 방법을 고려하는 것이 좋다.
(4) 기록용지의 작성 : 측정월일, 장소, 피험자명, 측정부위를 명기한 그림, 측정부위 피험자명 등을 기입한 카드를 준비한다.
(5) 자세의 규제
① 선자세 : 등줄기를 긴장하지 않고 펴서, 어깨 힘을 뺀다. 손바닥을 몸쪽으로 돌리고, 손가락을 대퇴부쪽으로 가볍게 붙인다. 무릎은 자연스럽게 펴고, 자에 발꿈치를 붙이고, 양발의 첫째발가락을 약 450도 벌리고, 머리는 귀와 눈이 수평이 되게 한다.
② 앉은자세 : 연골머리 높이로 조절한 수평면에 앉아, 등줄기를 펴고 걸터 앉는다. 손을 가볍게 쥐고 대퇴부 위에 놓고, 좌우 대퇴부는 대략 평행하게 하고 무릎은 직각으로 하고, 발바닥을 바닥에 평행하게 붙인다. 머리는 귀와 눈을 수평하게 한다.

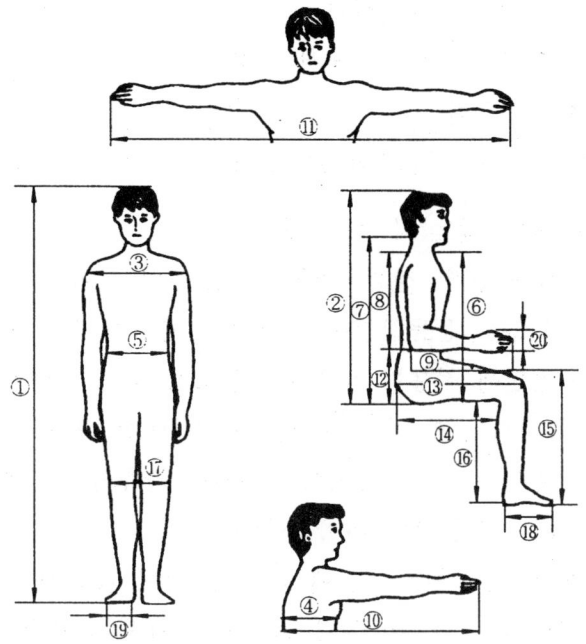

① 신장(身長)　② 좌고(坐高)　③ 견폭(肩幅)　④ 흉시상경(胸矢狀徑)

⑤ 요폭：입위(腰幅：立位), 요폭：기좌위(腰幅．徛座位)

⑥ 견고：기좌위 (견고：徛座位)　⑦ 배장(背長)　⑧ 상완장(上腕長)

⑨ 전완장(前腕長)　⑩ 상지장(上肢長)　⑪ 지극(至極)

⑫ 부고：기좌위(附高：徛座位)　⑬ 대퇴장(大腿長)

⑭ 좌장(座長)　⑮ 하퇴장：기좌위(下腿長：徛座位)

⑯ 좌면고(座面高)　⑰ 칠폭(칠幅)　⑱ 족장(足長)

⑲ 족폭(足幅)　⑳ 수폭(手幅)

(6) 측정 요령

① 측정점을 확인하고 랜드 마크(land mark)를 붙인다.

② 피험자의 자세를 점검한다.

③ 피험자에게는 가능한 한 접촉하지 않는다

④ 정확하게 기구를 유지한다.
⑤ 측정은 원칙적으로 우측에서 한다.
⑥ 복창하고 기록한다.
⑦ 측정에 누락이 없는가를 확인한다.

(7) 인체계측치 활용상의 유의사항
① 계측치에는 연령, 성별, 민족, 작업 등의 차이와 지역차 또는 장기간의 근로조건, 운동경첩에 따라서도 차이가 있기 때문에 설계대상이 있는 집단에 적용할 경우에는 참고로 하는 계측치 데이터의 출전이나 계측시기 등의 여러 요인을 고려하여야 한다.
② 최소표본수는 50~100명이 좋으며, 계측치의 표본수는 신뢰성과 재현성 높은 것이 보다 바람직하다.
③ 인체계측치는 어떤 기준에 의해 측정된 것인가를 확인할 필요가 있다(신장이나 앉은 키 등은 계측시 자세의 규제에 따라 차이가 생긴다).
④ 인체계측치는 일반적으로 나체 치수로서 나타내며, 설계대상에 그대로 적용되지 않는 경우가 많다. 장치를 조작할 때는 작업 안전복이나 개인장비로서 안전모, 안전화, 각종의 보호구 등을 착용하므로 실제의 상태에 맞는 보정이 필요하다. 또한 동작공간의 설계에서는 인체계측치에 사람의 움직임을 고려한 틈(clearance)을 치수에 가감할 필요가 있다.
⑤ 설계대상의 집단은 항상 일정하게 한정된 것이 아니므로 적용범위로서의 여유(allowance)를 고려할 필요가 있다. 일반적으로 평균치를 사용하는 것이 좋을 것이라고 생각할 수도 있으나, 평균치로서는 반수의 사람에게는 적합하지 않으므로 주의하여야 한다.

2 신체활동의 생리학적 측정법

【1】생리학적 측정법(신체의 생리적인 변화에 대한 측정법)

　　작업을 수행하는 데 있어서의 생리적 부하는 작업의 성질에 따라 다르므로 작업의 종류에 의한 측정방법은 다음과 같다.

(1) **정적 근력작업** : 에너지대사량과 맥박수(심박수)와의 상관관계 및 시간적 경과, 근전도(筋電圖 : EMG) 등을 측정
(2) **동적 근력작업** : 에너지 대사량, 산소소비량 및 CO_2 배출량 등과 호흡량, 맥박수, 근전도 등을 측정
(3) **신경적 작업** : 매회 평균호흡진폭, 맥박수, 피부전기반사(GSR ; galvanic skin resistance) 등을 측정
(4) **심적 작업** : 플릭커(flicker)값 등을 측정
(5) **작업부하** : 피로 등의 측정에는 호흡량, 근전도, 플릭커 값 등이 많이 쓰이고, 긴장감을 측정하는 데는 맥박수, 피부전기반사 등이 주로 쓰인다.

【2】에너지 소모량의 산출

(1) 에너지대사율(R.M.R : relative metabolic rate) : 작업 강도 단위로서 산소호흡량을 측정하여 에너지의 소모량을 결정하는 방식이다.

$$\therefore R.M.R. = \frac{작업대사량}{기초대사량}$$

$$= \frac{작업시의\ 소비에너지 - 안정시\ 소비에너지}{기초\ 대사량}$$

작업시 소비에너지와 안정시 소비에너지 : 더그라스·백 법
기초대사량 = $A \times x$

여기에서, A : 체표면적(cm^2)

$A = H^{0.725} \times W^{0.425} \times 72.46$

- H : 신장(cm)
- W : 체중(kg)
- x : 체표면적당 시간당 소비에너지

> **❖ 기초대사율 ❖**
> 기초대사율은 활동하지 않는 상태에서 신체기능을 유지하는데 필요한 대사량으로 성인의 경우 보통 1500~1800kcal/day정도이며, 기초대사와 여가(leisure)에 필요한 대사량은 약 2,300kcal/day이다.

(2) 작업강도 구분 : 0~2 RMR(輕작업), 2~4 RMR(中작업), 4~7 RMR(重작업), 7 RMR 이상(超重작업)

  예 • 6kg해머 사용 못박기 : 3.6 RMR
  • 100m/분 보행 : 4.7 RMR
  • 벼베기 작업(낫 사용) : 5.0 RMR

(3) 보통 사람의 산소소모량 : 50(ml/분)

3 작업공간과 작업대

【1】 작업공간(work space)

(1) 작업공간 포락면(包絡面 : envelope) : 한 장소에 앉아서 수행하는 작업활동에서, 사람이 작업하는 데 사용하는 공간을 말한다.

(2) 파악한계(grasping reach) : 앉은 작업자가 특정한 수작업 기능을 편히 수행할 수 있는 공간의 외곽 한계를 말한다.

(3) 특수 작업 역(域) : 자세에 따른 작업범위는 다음 그림과 같다.

【2】 작업대(work surface)

(1) **수평 작업대**: 책상, 탁자, 조리대, 세공대(細工臺) 등과 같은 수평면상에서 수행하는 작업대

(2) **정상 작업역**: 상완(上腕)을 자연스럽게 수직으로 늘어뜨린 채, 전완(또)만으로 편하게 뻗어 파악할 수 있는 구역(34~45cm)

(3) **최대 작업역**: 전완(前腕)과 상완(上腕)을 곧게 펴서 파악할 수 있는 구역 (55~65cm)

(4) **어깨 중심선과 작업대 간격**: 19cm

(5) **착석식 작업대 높이**: 앉은 사람의 작업대 높이는 의자 높이, 작업대 두께, 대퇴 여유(thigh clearance) 등과 밀접한 관계가 있다.
  ① 작업의 성격에 따라서 작업대의 최적 높이가 달라지며, 일반적으로 섬세한 작업일수록 높아야 하고 거친(coarse) 작업에서는 약간 낮은 편이 낫다.

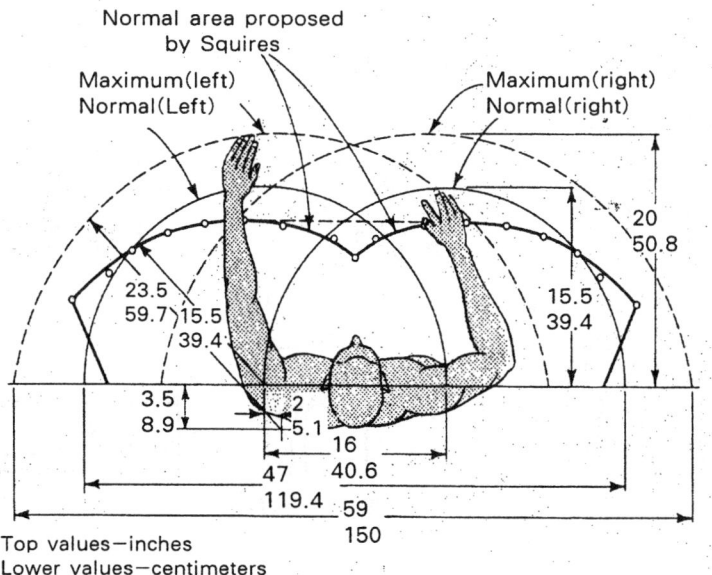

② 의자높이, 작업대 높이, 발걸이 등은 조절할 수 있도록 하는 것이 좋다.

(6) 입식 작업대 높이 : 작업대의 높이는 팔꿈치 높이보다 5~10cm 정도 낮은 것이 경조립 작업이나 이와 비슷한 조작 작업에 적당하다.

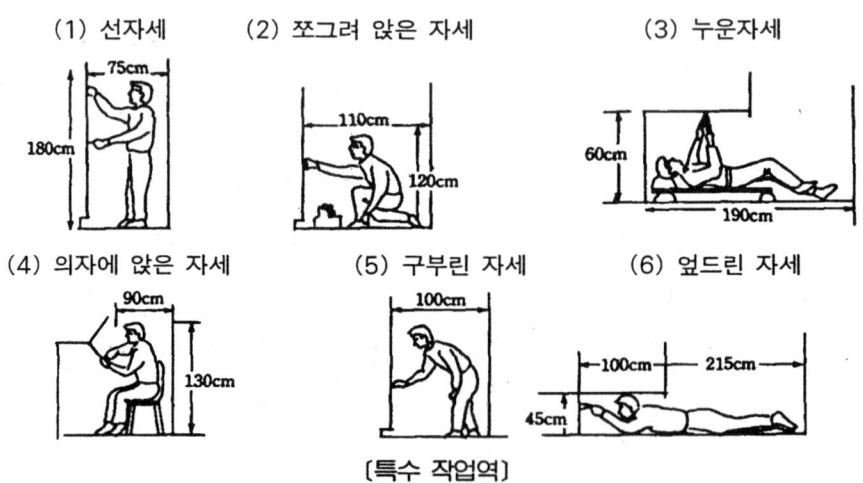

(1) 선자세 (2) 쪼그려 앉은 자세 (3) 누운자세
(4) 의자에 앉은 자세 (5) 구부린 자세 (6) 엎드린 자세

[특수 작업역]

4 의자의 설계와 공간의 이용 및 배치

【1】 의자의 설계 원칙

(1) **체중분포** : 사람이 의자에 앉았을 때 체중이 주로 좌골결절(ischial tuberosity)에 실려야 편안하다.

(2) **의자 좌판의 높이** : 좌판 앞부분은 대퇴를 압박하지 않도록 오금 높이보다 높지 않아야 한다. 이 때 치수는 5%치 이상 되는 모든 사람을 수용할 수 있게 선택하고, 신발의 뒤꿈치가 수 cm를 더한다는 점을 고려해야 한다.

(3) **의자 좌판의 깊이와 폭** : 일반적으로 폭이 큰 사람에게 맞도록 하고, 깊이는 장단지 여유를 주고 대퇴를 압박하지 않도록 작은 사람에게 맞도록 해야 한다.

(4) **몸통의 안정** : 사람이 의자에 앉을 때 체중이 주로 좌골결절에 실려야 몸통 안정이 쉬워진다. 이 점에서 좌판과 등판의 각도, 등판의 만곡, 등판의 지지는 중요한 역할을 한다. (사무실 의자의 좌판 각도는 3°, 좌판 등판간의 등판 각도는 100°가 몸통 안정에 효과적이다)

【2】 부품 배치의 원칙

(1) **중요성의 원칙** : 부품을 작동하는 성능이 체계의 목표달성에 긴요한 정도에 따라 우선순위를 설정한다.

(2) **사용빈도의 원칙** : 부품을 사용하는 빈도에 따라 우선순위를 설정한다.

(3) **기능별 배치의 원칙** : 기능적으로 관련된 부품들(표시장치, 조정장치 등)을 모아서 배치한다.

(4) **사용 순서의 원칙** : 사용되는 순서에 따라 장치들을 가까이에 배치한다. 일반적으로 부품의 중요성과 사용 빈도에 따라서 부품의 일반

적인 위치를 정하고 기능 및 사용 순서에 따라서 부품의 배치(일반적인 위치 내에서의)를 결정한다.

【3】 작업공간의 설계 지침

표시장치와 조정장치를 포함하는 작업장(work place)을 설계할 때의 배치우선 순위는 다음과 같다.

(1) 1순위 : 주된 시각적 임무
(2) 2순위 : 주 시각 임무와 상호 교환하는 주 조정장치
(3) 3순위 : 조정장치와 표시 장치간의 관계
(4) 4순위 : 사용순서에 다른 부품의 배치
(5) 5순위 : 자주 사용되는 부품은 편리한 위치에 배치
(6) 6순위 : 체계내 또는 다른 체계의 배치와 일관성 있게 배치

시스템 안전공학

13.1 시스템 안전관리기법

1 시스템 안전공학의 개요

【1】 System이란
(1) 요소의 집합에 의해 구성되고
(2) System 상호간에 관계를 유지하면서
(3) 정해진 조건 아래서
(4) 어떤 목적을 위하여 작용하는 집합체라 할 수 있다.

【2】 산업시스템이란
(1) 시스템 구성요소와 재료
(2) 부품
(3) 기계
(4) 설비
(5) 일하는 사람

【3】 시스템에 따른 사고

인적원인, 환경조건, 물적원인이 복합적으로 연관되어 재해가 발생된다는 사고이다. 인적원인에는 규칙을 무시하고, 오동작, 부주의, 피로, 육체적 결함등이 있을 수 있고, 환경조건은 정리정돈, 작업공간, 색채, 조명, 온도, 습도, 진동, 소음, 환기등의 요소이다. 물적원인으로는 구조불량, 강도부족, 마모, 열화, 위험물, 안전장치 불량, 보호구 결함등이 있을 수 있다. 이러한 요인들이 복합적으로 합쳐져서 재해를 유발하는 것을 시스템에 따른 사고라고 한다.

【4】 시스템 안전(system safety)이란

어떤 시스템에 있어서 기능시간 코스트(coat) 등의 제약조건하에서 인원 및 설비가 당하는 상해 및 손상을 최소한으로 줄이는 것이다.

특히 시스템 안전을 달성하기 위해서는 시스템의 계획→ 설계→ 제조→ 운용 등의 단계를 통하여 시스템의 안전관리 및 시스템 안전공학을 정확히 적용시키는 것이 필요하다.

【5】 시스템의 기능

(1) 정보의 전달
(2) 물질 혹은 에너지의 생산
(3) 사람, 물질, 에너지의 수송

【6】 시스템 안전관리

(1) 시스템 안전에 필요한 사람의 동일성의 식별(identification)
(2) 안전활동의 계획, 조직 및 관리

(3) 다른 시스템 프로그램영역과의 조정
(4) 시스템 안전에 대한 목표를 유효하게 적시에 실현하기 위한 프로그램의 해석 검토 및 평가

【7】 시스템의 안전성 확보책
(1) 위험상태의 존재 최소화
(2) 안전장치의 채택
(3) 경보장치의 채택
(4) 특수 수단 개발과 표식 등의 규격화

【8】 시스템의 안전 달성방법
(1) 재해예방
  ① 위험의 소멸
  ② 위험수준의 제한
  ③ 유해위험물의 대체 사용 및 완전 차폐
  ④ 페일 세이프(fail safe)의 설계
  ⑤ 고장의 최소화
  ⑥ 중지 및 회복 등
(2) 피해의 최소화 및 억제
  ① 격리   ③ 탈출 및 생존
  ② 보호구 사용   ④ 구조

【9】 시스템 안전의 우선도
(1) 위험의 최소화를 위해 설계할 것
(2) 안전장치의 채택

(3) 경보장치의 채택
(4) 특수한 수단의 개발

【10】시스템 안전과 산업 안전과의 관계

(1) 시스템 안전을 위한 산업 안전의 협력
(2) 시스템 안전기법의 산업 안전으로의 도입 전환
(3) 시스템 안전 프로그램을 산업 안전 프로그램으로 적응
(4) 시스템 안전을 위한 시스템 안전 프로그램의 개발

【11】안전성 평가(Safety Assessment)의 목적

(1) 사업장의 근본적 안전을 확보하기 위해서 기계·설비의 설계단계에서 안전성을 충분히 검토하여 위험의 발견시 필요한 조치를 강구함으로서 재해를 사전에 예방코자 하는 데 그 목적이 있다.
(2) **법적 목적** : 산업안전보건법에서는 노동부령이 정하는 업종 및 규모에 해당하는 사업의 사업주는 당해 사업에 관계있는 건설물, 기계·기구 및 설비 등을 설치, 이전하거나 그 주요 구조부분을 변경할 때는 유해위험방지계획서를 공사착수 60일전(건설업은 30일전)에 지방노동관서의 장에게 제출토록 하고 있다.

2 안전평가(System assessment)

【1】Assessment의 정의

Assessment란 설비나 제품의 설비, 제조, 사용에 있어서 기술적, 관리적 측면에 대하여 종합적인 안전성을 사전에 평가하여 개선책을 제시하는 것을 말한다.

【2】 안전평가의 종류

(1) 기술 평가(technology assessment) : 기술개발 과정에서 효율성과 위험성을 종합적으로 분석 판단함과 아울러 대체수단의 이해득실을 평가하여 의사결정에 필요한 포괄적인 자료를 체계화한 조직적인 계측과 예측의 process라고 말한다. 일명 "기술개발의 종합평가"라고도 말할 수 있다.

(2) 안전 평가(safety assessment)=재해 측정(risk assessment) : 설비의 전공정에 걸친 안전성 사전평가 행위

(3) Risk assessment(risk management) : 위험성 평가
$$Risk = Frequency\ Rate(횟수, 빈도수) \times Consequency\ Rate(사고결과의 크기)$$

(4) 인간 평가(human assessment) : 인간, 사고상의 평가

【3】 평가의 기본원리 6단계

(1) 제1단계 - 관계 자료의 정비 검토
(2) 제2단계 - 정성적 평가
(3) 제3단계 - 정량적 평가
(4) 제4단계 - 안전 대책
(5) 제5단계 - 재해정보에 의한 재평가
(6) 제6단계 - F.T.A.(fault tree analysis)에 의한 재평가

【4】 안전평가의 방법의 4가지 기법

(1) 체크리스트에 의한 평가(check list)
(2) 위험의 예측평가(layout의 검토)

(3) 고장형 영향분석(FMEA법)
　　(4) F.T.A.

【5】 안전성평가의 기본방침
　　(1) 상해예방은 가능하다.
　　(2) 상해에 의한 손실은 본인, 가족, 기업의 공통적 손실이다.
　　(3) 관리자는 작업자의 상해방지에 대한 책임을 진다.
　　(4) 위험부분에는 방호장치를 설치한다.
　　(5) 안전에 대한 책임을 질 수 있도록 교육훈련을 의무화한다.

【6】 Risk management의 순서
　　(1) 리스크의 검출과 확인
　　(2) 리스크의 측정과 분석
　　(3) 리스크의 처리
　　(4) 리스크 처리 방법의 선택
　　(5) 계속적인 리스크의 감시

【7】 위험성의 수준을 정량적으로 정하는 2가지 방법
　　(1) 코스트 유효도적 방법
　　(2) 다른 재해 위험성과의 비교
　　(3) 시스템 안전관리상의 위험성 탁류
　　　① Category-Ⅰ 무시(negligible) : 상해 또는 시스템의 손상에는 이르지 않는다.
　　　② Category-Ⅱ 한계적(marginal) : 상해 또는 주요 시스템의 손상을 일으키지 않고 배제나 억제할 수 있다(제어 가능단계).

③ Category-Ⅲ 위험(Critical) : 상해 또는 주요 시스템의 손상을 일으키고, 인원 및 시스템의 생존을 위해 직업 시정조치를 필요로 한다.

④ Category-Ⅳ 파국적(Catastrophic) : 사망 및 중상 또는 시스템의 상실을 일으킨다.

【8】 안전성 평가 5단계

(1) 제1단계 : 관계자료의 작성 준비
(2) 제2단계 : 정성적 평가
(3) 제3단계 : 정량적 평가
(4) 제4단계 : 안전 대책
(5) 제5단계 : 재평가(재해정보 및 FTA에 의한 재평가)

【9】 유해위험방지계획서의 제출대상사업(제조업 분야 : 전기사용설비의 정격용량 300kW이상인 사업)

(1) 화합물과 화학·석유·석탄·고무 및 플라스틱제품 제조업
(2) 제1차 금속산업
(3) 조립금속제품, 기계 및 장비제조업
(4) 가스업

【10】 유해위험방지계획서의 제출대상 기계·설비

(1) 금속 기타 광물의 용해로(용량이 1톤 이상인 것에 한함)
(2) 화학설비(노동부장관이 정하는 것)
(3) 건조설비(노동부장관이 정하는 것)
(4) 가스집합 용접장치(이동식은 제외)

【11】 유해위험방지계획서 제출대상 건설공사

(1) 지상높이가 31m 이상인 건축물이나 공작물의 건설, 개조 또는 해체
(2) 최대지간거리가 50m 이상인 교량건설 등 공사
(3) 터널건설 등의 공사
(4) 제방 높이 20m 이상인 댐건설 등의 공사
(5) 게이지 압력이 $1.3 kg/cm^2$ 이상인 잠함공사
(6) 깊이 10.5m 이상인 굴착공사
(7) 기타 건설설비 : 크레인 등을 사용하는 공사 또는 유해·위험작업 등으로 노동부장관이 정하는 공사

【12】 위험성 평가(risk assessment) 단계

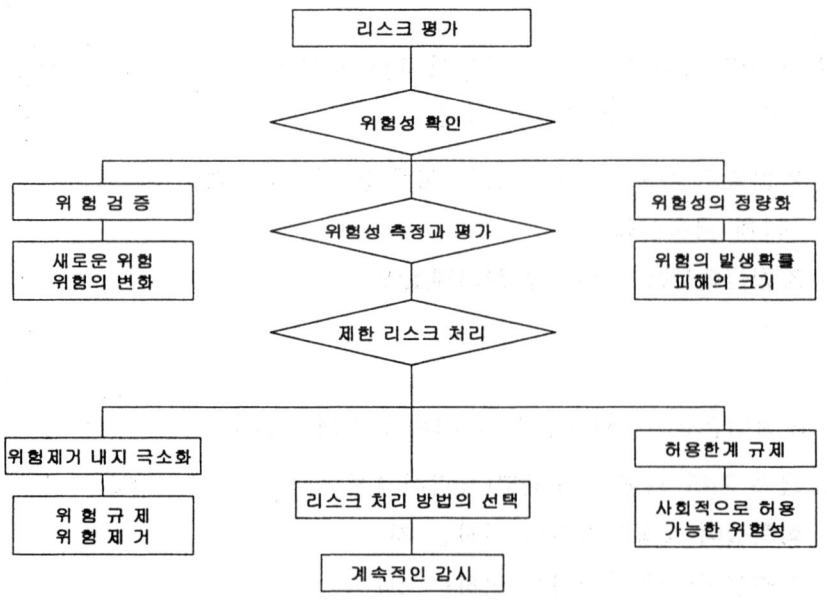

〔리스크 평가의 순서〕

13.2 결함수 분석

1 시스템 안전 분석 기법 및 분류방법

【1】 시스템 안전 분석의 분류

(1) 예비사고(위험)분석(PHA ; preliminary hazards analysis)
  ① PHA는 모든 시스템 안전 프로그램의 최초단계의 분석으로서 시스템내의 위험요소가 얼마나 위험한 상태에 있는가를 정성적으로 평가하는 것이다.
  ② PHA의 목적 : 시스템의 개발단계에서 시스템 고유의 위험영역을 식별하고 예상되는 재해의 위험수준을 평가하는데 있다.
  ③ PHA의 기법 : 위험의 요소가 어느 서브 시스템에 존재하는가를 관찰하는 것으로 다음과 같은 방법이 있다.
    ㉮ 체크리스트에 의한 방법
    ㉯ 경험에 탁른 방법
    ㉰ 기술적 판단에 의한 방법

(2) 결함사고 분석(FHA ; fault hazard analysis)
  ① FHA는 Sub System의 분석에 사용되는 분석방법이다.
  ② 서브 시스템 : 전체 시스템을 구성하고 있는 시스템의 한 구성요소를 말한다.
  ③ FHA의 기재사항
    ㉮ 서브시스템의 요소
    ㉯ 그 요소의 고장형
    ㉰ 고장형에 대한 고장률
    ㉱ 요소 고장시 시스템의 운용형식
    ㉲ 서브시스템에 대한 고장의 영향

㉕ 2차 고장
㉖ 고장형을 지배하는 뜻밖의 일
㉗ 위험성의 분류
㉘ 전 시스템에 대한 고장의 영향
㉙ 기타

(3) 고장형태와 영향분석(FMEA ; failure modes and effects analysis)
 ① 장점
  ㉮ CA(criticality analysis)와 병행하는 일이 많다.
  ㉯ FTA보다 서식이 간단하고 비교적 적은 노력으로 특별한 훈련 없이 분석이 가능하다.
 ② 단점
  ㉮ 논리성이 부족하고 각 요소간의 영양분석이 어려워 두 가지 이상의 요소가 고장날 경우 분석이 곤란하다.
  ㉯ 요소가 통상 물체로 한정되어 있어 인적원인 규명이 어렵다.
 ③ **FMEA의 기재 사항**
  ㉮ 요소의 명칭
  ㉯ 고장의 형태
  ㉰ 서브시스템 및 전 시스템에 대한 고장의 영향
  ㉱ 위험성의 분류
  ㉲ 고장의 발견방식
  ㉳ 시정 방법
 ④ 시스템에 영향을 미치는 요소의 고장형의 분류
  ㉮ 노출 또는 개방된 고장
  ㉯ 폐쇄 또는 차단된 고장
  ㉰ 기동의 고장
  ㉱ 적지의 고장

⑪ 운전계속의 고장

⑪ 오작동 등

⑤ 고장의 영향 및 위험성 분류표시(NASA에 따른 FMEA의 서식)

㉮ 고장의 영향에 의한 분류

㉯ 위험성 분류의 표시

⑥ 위험등급의 분류(4가지 추정)

㉮ 안전(negligible) 분류 : 무시(I)

㉯ 한계적(marginal) 분류 : (II)

㉰ 위험(critical) 분류 : (III)

㉱ 파탄(catastrophic) 분류 : 파국적(IV)

⑦ 결함발생의 빈도 구분

㉮ 개연성 (probability) : 10,000 운전시간 내에 결함발생이 1건일 때 개연성이 있다고 추정

㉯ 추정적 개연성(reasonable probability) : 10,000~100,000 운전시간 내에 결함발생이 1건일 때 추정적 개성이 있다고 추정

㉰ 희박 : 100,000~10,000,000 운전시간 내 결함발생이 1건일 때 개연성 희박

㉱ 무관 : 10,000,000 운전시간 이상에서 결함발생 1건일 때 무관

【2】 Criticality analysis(CA)

(1) CA : 높은 위험도(criticality)를 가진 요소 또는 그 고장의 형태에 따른 분석을 CA라 한다.

(2) 고장형 위험도(criticality)의 분류(SAE : 미국자동차협회)

① Category I : 생명의 상실로 이어질 염려가 있는 고장

② Category II : 작업 실패로 이어질 염려가 있는 고장.

③ Category III : 운용의 지연 또는 손실로 이어진 고장

④ Category IV : 극단적인 계획외의 관리로 이어진 고장

(3) **FMECA**(Failure Modes Effects and Criticality Analysis) : FMEA와 CA가 병용한 것이다.

【3】 Decision trees

(1) Decision tree는 요소의 신뢰도를 이용하여 시스템의 신뢰도를 나타내는 시스템 모델의 하나로 귀납적이고 정량적인 분석방법이다.
(2) Decision trees가 재해사고의 분석에 이용될 때에는 이벤트 트리(event tree)라고 하며, 이 경우 trees는 재해사고의 발단이 된 요인에서 출발하여, 2차적 원인과 안전 수단의 성부 등에 의해 분기되고, 최후에 재해사상에 도달한다.
(3) **Decision tree의 작성**
① 시스템 다이어그램에 따라서 좌로부터 우로 진행되고, 각 요소를 나타내는 시점에서 통상 성공사상은 윗쪽에 실패사상은 아래쪽으로 분기된다.
② 분기에 따라 그 발생확률(신뢰도 및 불신뢰도)이 표시되고 최후의 각각의 곱의 합으로 해서 시스템의 신뢰도가 계산된다(decision tree에서 분기된 각 사상의 확률의 합은 항상 1이다).
  예 펌프와 밸브시스템의 decision tree

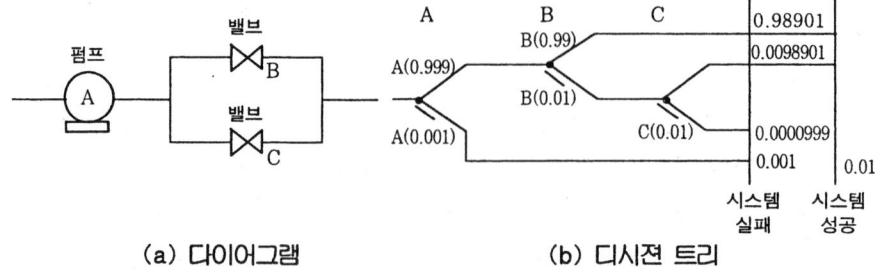

(a) 다이어그램   (b) 디시전 트리

【4】 MORT(management oversight and risk tree)

(1) 미국에너지 연구개발청(ERDA)의 Johnson에 의해 개발된 시스템 안전 프로그램이다.

(2) MORT프로그램은 tree를 중심으로 FTA와 같은 논리기법을 이용하여 관리, 설계, 생산, 보존 등의 광범위하게 안전을 도모하는 것으로서 고고의 안전을 달성하는 것을 목적으로 한 것이다(원자력 산업에 이용).

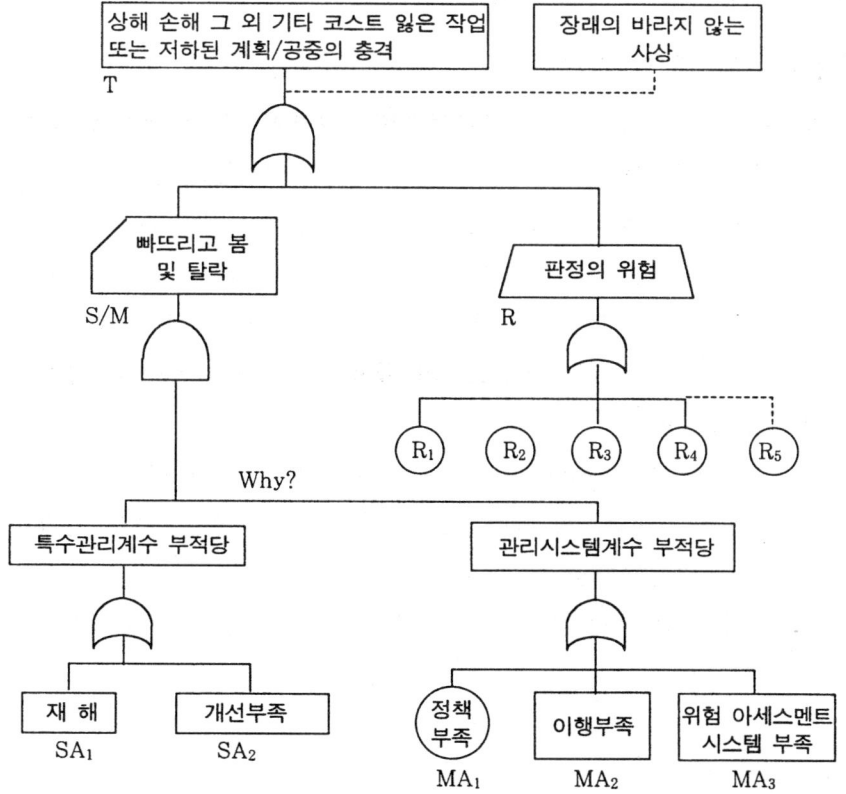

〔MORT의 정상(EROA-76-45-4)무엇이, 어느 정도 크기의 손실인가?〕

【5】 THERP(technique for human error rate prediction)

(1) 시스템에 있어서 인간의 과오를 정량적으로 평가하기 위하여 개발된 기법이다.

(2) ETA의 변형의 고리(loop), 바이 패스(by pass)를 가질 수가 있고 인간기계 시스템(man-machine system)의 국부적인 상세한 분석에 적합하다.

2 FTA(Fault Tree Analysis)

【1】 FTA의 개요 및 특징

(1) FTA는 결함수법, 결함관련수법, 고장의 목(目)분석법 등의 뜻을 나타내며, 기계, 설비 또는 인간-기계 시스템(man-machine system)의 고장이나 재해의 발생요인을 FT 도표에 의하여 분석하는 방법.

(2) FTA는 고장이라 재해요인의 정상적인 분석뿐만 아니라 개개의 요인이 발생하는 확률을 얻을 수 있으며 재해발생 후의 규명보다 재해발생이 전에 예측 기법으로서의 활용가치가 높은 유효한 방법이다.

(3) FTA의 특징

① 정상사상인 재해현상으로부터 기본사상인 재해원인을 향해 연역적인 분석을 행하므로 재해현상과 재해원인의 상호관련을 정확하게 해석하여 안전대책을 검토할 수 있다.

② 정량적 해석이 가능하므로 정략적 예측을 행할 수 있다.

【2】 FTA에 사용되는 기본 논리 기호

No.	기 호	명 칭	해 설
1	▭	결함 사상	개별적인 결함 사상
2	○	기본 사상	더 이상 전개되지 않는 기본적인 사상 또는 발생확률이 단독으로 얻어지는 낮은 레벨의 기본적인 사상
3	◇	최후 사상 (이하생략)	정보 부족, 분석 기술의 불충분 등으로 더 이상 전개할 수 없는 사상. 작업진행에 따라 해석이 가능할 때는 다시 속행한다.
4	⬠	통상 사상	통상 발생이 예상되는 사상(예상되는 원인)
5	△(IN) △(OUT)	이행 기호 (전이기호)	F.T. 동상에서 다른 부분에의 이행 또는 연결을 나타냄. 삼각형에서 정상의 선은 정보의 전입 루트, 옆선은 정보의 전출
6	출력-입력	「AND」 게이트	모든 입력 사상이 공존할 때만이 출력 사상이 발생한다.
7	출력-입력	「OR」 게이트	입력 사상 중 어느 것이나 하나가 존재할 때 출력 사상이 발생한다.
8	출력-조건-입력	수정기호 제약게이트 (제지게이트)	입력 사상에 대해서 이 게이트로 나타내는 조건이 만족하는 경우에만 출력 사상이 발생한다(조건부 확률).

【3】 FTA의 작성 시기

(1) 기계설비를 설치가동 할 경우
(2) 위험내지는 고장의 우려가 있거나 그러한 사유가 발생하였을 경우
(3) 재해가 발생하였을 경우

【4】 FTA에 의한 재해 사례 연구의 순서

(1) TOP 사상의 선정(step 1)
(2) 사상마다의 재해원인의 규명(step 2)
(3) FT의 작성(step 3)
(4) 개선계획의 작성(step 4)

3 ETA(Event Tree Analysis)

(1) 이 분석기법은 FTA와 정반대의 위험해석방법으로 설비의 설계단계에서부터 사용단계에 이르기까지의 위험을 분석하는 것으로 귀납적이면서 정량적 해석기법이다.

(2) ETA의 작성방법은 디시젼 트리와 동일
 ① 통상 좌로부터 우로 진행되며, 요소 또는 사상을 나타내는 시점에서, 성공사상은 상측에 실패사상은 하측에 분기된다.
 ② 분기마다 안전도와 불안전도의 발생확률이 표시되고, (분기된 자사상의 확률의 합은 항상) 최후에 각각의 제곱의 합으로서 시스템의 안전도가 계산된다.

4 FMEA(Failure Modes and Effects Analysis)

: 고장의 형태와 영향분석

(1) 고장 형태와 영향분석이라고 하며 이 분석기법은 각 요소의 고장유형과 그 고장이 미치는 영향을 분석하는 방법으로 귀납적이면서 정성적으로 분석하는 기법이다.

(2) 통상 사용되는 고장형의 분류
① 개로 및 개방의 고장　　② 폐로 및 패쇄의 고장
③ 기동의 고장　　　　　　④ 정지의 고장
⑤ 운전계속의 고장　　　　⑥ 오동작

(3) FMEA의 서식(NASA)

① 항목	② 기능	③ 고장의 형태	④ 고장반응시간	⑤ 사명 또는 운용단계	⑥ 아래에 표시한 고장의 영향				⑦ 고장의 발견방법	⑧ 시정활동	⑨ 위험성 분류	⑩ 소견
					서브시스템	시스템	사명	인원				

① 해석되는 요소 또는 성분의 명칭. 약도 중의 요소를 동정하기 위하여 사용되는 계약자의 도면번호, 블록다이어그램 중에서, 그 항목을 동정하기 위해 사용하는 코드명
② 수행되는 기능의 간소화 표현
③ 특유의 고장형식의 기술
④ 고장의 발생에서 최종 고장의 영향까지의 예상시간.
⑤ 그 중 위험한 고장이 생길 염려가 있는 운용 또는 사명의 단계

영향	발생확률(β)
실제의 손실	$\beta = 1.00$
예상하는 손실	$0.10 <= \beta < 1.00$
가능한 손실	$0 < \beta <= 0.10$
영향 없음	$\beta = 0$

⑥ 고장이 상위의 조립품, 사명, 인원에 미치는 영향에 관한 기술
⑦ 그 고장형식을 발견할 수 있는 방법의 기술, 또는 고장이 용이하게 발견되지 않을 때에는 어떤 시험방법, 또는 시험항목의 추가로서 고장의 발견이 가능한가의 지적
⑧ 그의 고장형식을 소멸시키는가 그 영향을 최소화하기 위해 추정되는 시정활동의 기술, 가능한 미리 계획된 운용의 교체방식의 기술
⑨ 위험성의 분류의 표시

Category 1	생명 또는 가옥의 손실
Category 2	작업수행의 실패
Category 3	활동의 지연
Category 4	영향 없음

⑩ 타 란에 포함안된 관련 정보등 다음 기준에 준한 중요도의 정성적 척도.

Class 1	파국
Class 2	위험
Class 3	한계
Class 4	안전

(4) **FMEA의 장점 및 단점**
 ① 장점
  ㉮ FTA에 비해 서식이 간단하다.
  ㉯ 적은 노력으로 특별한 훈련없이 해석할 수 있다.
 ② 단점
  ㉮ 논리적으로 빈약하다.
  ㉯ 둘 이상의 요소가 고장나면 해석이 곤란하다.
  ㉰ 물건에 한정되고 있어 인적해석이 곤란하다.
 ③ 보완방법 : FTA와 병용할 것

5 PHA(Preliminary Hazard Analysis) : 예비사고해석

(1) 예비위험분석이라고 하며 system의 최초단계의 분석으로서 주로 계획된 설계 및 기능에 관련된 위험상태를 분석하는 기법
(2) PHA의 목적은 ① 위험영역의 동정 ② 위험의 평가 ③ 안전설계 기준의 동정 등
(3) PHA의 방법은 ① 체크리스트의 사용 ② 경험에 의한 것 ③ 기술적 판단

① Subsy-stem 또는 기능요소	② 양식	③ 위험한 요소	④ 위험한 요소의 갈고리가 되는 사상	⑤ 위험한 상태	⑥ 위험한 상태의 갈고리가 되는 사상	⑦ 잠재적 재해	⑧ 영향	⑨ 위험 등급	⑩ 재해예방수단			⑪ 확인
									10A1 설비	10A2 순서	10A3 인원	

〔PHA의 서식의 예(미국 보잉사 참조)〕

① 분석되는 기계설비 또는 기능적 요소.
② 적용되는 시스템의 단계, 또는 운용 형식.
③ 분석되는 기계설비, 또는 기능 중에서의 질적 위험한 요소.
④ 위험한 요소를 동정된 위험상태로 만들 염려가 있는 부적절한 사상 또는 결함.
⑤ System과 System내의 각 위험요소와의 상호작용으로 생길 염려가 있는 위험 상태
⑥ 위험한 상태를 잠재적 재해로 이행시킬 염려가 있는 부적절한 사상의 결함.
⑦ 동정된 위험상태에서 생기는 가능성이 있는 어떤 잠재적 재해,

⑧ 잠재적 재해가 만약 일어났을 때의 가능한 영향.
⑨ 각간의 동정된 위험상태가 가지는 잠재적 영향에 대한 다음 기준에 준한, 중요도의 정성적 척도(C1 : 안전, C2 : 한계, C3 : 위험, C4 : 파국).
⑩ 동정된 위험상태 또는 잠재적 재해를 소멸 또는 제어하는 추정된 예방수단. 추정된 예방수단이란 기계설비의 설계상의 필요사항, 안전장치의 조합, 기계설비의 설계변경, 특별순서의 인원상의 필요사항 등.
⑪ 확인된 예방수단을 기록하고, 예방수단의 남겨져 있는 상태를 명확하게 한다. 추정된 해결방법이 조합되었는가 그것이 효과적 단계를 검토한다.

6 THERP(Technique for Human Error Rate Prediction)

인간과 오율 추정법이라고 하며 System에 있어서 인간의 과오를 정량적으로 분석하는 기법으로 인간의 동작이 시스템에 미치는 영향을 그래프적으로 분석한다.

7 MORT(Management Oversight and Risk Tree)

(1) MORT라 불리워지는 analysis tree를 중심으로 FTA와 동일한 연역적 기법으로 system의 안전성을 평가하는 기법이다.
(2) MORT의 개요 및 목적 : MORT는 FTA와 동일한 논리기법을 사용하며 특히 안전관리 설계, 생산, 안전보건 등 모든 안전을 도모하려는 것이 목적이며 특히 원자력산업 같은 고도의 안전기술이 필요로 하는 곳에 사용함이 가장 큰 목적이다.

8 시스템 안전 설계 원칙(순서 및 단계)

(1) 위험상태의 존재를 최소화한다. (페일세이프 및 용장성 도입)
(2) 안전장치의 사용(기계속에 내장 단, (1)이 불가능할 경우)
(3) 경보장치를 채택한다. (단, (1), (2)가 불가능한 경우)
(4) 특수한 방법을 채택한다.

13.3 위험설비의 안전성 평가방법

1 기계설비의 안전성 평가

【1】 신제품의 안전성 평가 방법

(1) 연구개발 단계에서부터 안전성에 대한 정보수집이 이루어져야 하며 이에 따른 재해예방 기술의 개발도 병행해 나가야 한다. 필요한 때에는 기계장치의 안전설계에 필요한 자료를 얻기 위한 여러 가지 실험과 연구를 통하여 사고방지를 위한 공학적 자료를 수집해야 한다.
(2) 원재료의 성질을 어떤 것으로 할 것인지, 그 재료에 대한 물리적, 화학적, 기계적 성질을 충분히 조사·검토해야 한다.
(3) 모든 설계는 구조, 강도, 기능과 조작성, 보수성, 신뢰성 등을 충분히 감안하여 설정된 안전설계기준에 의하여 본질적 안전화를 기초로 해야 하며 여기에 풀 프루프(fool-proof), 페일 세이프(fail-safe) 등의 안전장치를 채용하여 잘못 사용, 오조작, 고장시의 대책을 세우고 과부하 등에 대한 충분한 검토가 있어야 한다.
(4) 생산에 사용되는 재료는 설계서에 지정된 재료인지, 구입된 재료나 부품은 규격표시 제품인지, 설계대로 가공되고 있는지, 생산관리가 제대로 되고 있는지 등을 충분히 검토해야 한다.

【2】 사용 중인 기계의 안전성 평가 방법

기존 기계에 대한 안전성 평가는 실제로 기계를 사용하는 입장에서 검토되는 것으로 경험을 통하여 평가를 하므로 어렵지는 않다. 그러나 여기서 주의해야 할 것은 장기간 사용으로 인한 기계의 노후, 부품의 노후, 재질의 노후 등 보이지 않는 기계 자체의 물성적 변화에 의한 잠재적 위험을 어떻게 평가할 것이냐 하는 것이다.

【3】 사용 중인 기계의 개조에 대한 안전성 평가 방법

사용 중인 기계에 새로 부착되는 부분은 신제품의 안전성 평가 중 고려되어야 할 사항이 적용되어야 하며, 기존부분의 안전성 평가는 사용 중인 기계의 안전성 평가에 따라서 한다. 다만, 새로운 부분과 기존부분의 연결점에 있어서는 노후된 기존부분에 대한 설계상의 충분한 검토가 있어야 한다.

【4】 시설배치에 따른 안전성 평가 방법

(1) 작업의 흐름에 따라 기계를 배치한다. 불필요한 운반 작업을 제거할 수 있으며 공간을 경제적으로 이용할 수 있게 된다. 크레인, 포크리프트 등을 이용하는 운반기계 설비의 자동화에 크게 도움이 된다.
(2) 기계설비 주위에 충분한 운전공간, 보수점검 공간을 확보한다. 재료, 반제품, 공구상자 등을 놓을 수 있는 공간도 고려해야 한다.
(3) 공장내외는 안전한 통로를 두어야 하며 통로는 선을 그어 작업장과 명확히 구별하도록 한다.
(4) 기계설비를 통로측에 설치할 수 없을 경우에는 작업자가 통로쪽으로 등을 향하여 일하지 않도록 배치한다.

(5) 원재료나 제품을 놓을 장소는 충분히 확보한다.
(6) 기계·설비의 설치에 있어서 기계·설비의 사용 중 필요한 보수·점검이 용이하도록 배치한다.
(7) 비상시에 쉽게 대피할 수 있는 통로를 마련하고 사고 진압을 위한 활동통로가 반드시 마련되어야 한다.
(8) 장래의 확장을 고려하여 배치한다.

2 공장시설 배치에 따른 안정성 평가의 일반적 유의 사항

시설물	추 천 기 준	비고
철로인입선	• 1.2m 이내의 주위에 시설물을 두지 않는다. • 철로 위 7m 이내에는 시설물을 두지 않는다. • 철로와 고압선간에는 최소 10m 간격을 유지한다.	
통 로	• 차량이 통행하는 통로는 가장 큰 차량의 폭보다 70cm 이상 넓어야 한다. 일방통행이 아니고 쌍방통행일 경우에는 가장 넓은 차량의 2배보다 넓게 한다. 또한 차량속도제한은 10km/hr 이내로 한다.	
출 구	• 비상용으로 적합해야 한다. 따라서 작업장에는 적어도 서로 반대방향에 2개의 출구가 있는 것이 좋다.	
층 계	• 경사각이 30~50도 이하로 해야 하며, 각 단 높이는 20cm 이하로 하고 미끄러지지 않는 재료를 사용해야 한다.	
층계손잡이	• 0.8cm 이상 높이의 층계에는 손잡이를 설치하는 것이 좋다. 폭이 1.1m 이하인 경우에는 한쪽에 손잡이를 두는 것이 좋으며 1.1m 이상인 경우에는 양쪽에, 그리고 2.2m 이상인 경우에는 중간에도 손잡이를 두는 것이 좋다.	
바 닥	• 평편하여야 하며 미끄러지지 않아야 한다.	
바닥개구부	• 1m 높이로 사방 손잡이를 둘러세우고 중간 0.5m 높이에도 둘러주는 것이 좋다. 바닥에는 턱을 두르는 것이 좋다.	

보수유지용통로	• 모든 기계설비에는 보수유지를 위한 통로 사다리난간이 마련되어야 한다. 사다리와 난간은 미끄러지지 않는 재질로 되어야 하며 보호 손잡이나 울을 설치해야 한다.
머리위의 시설물	• 적어도 2m 위에 설치되어야 한다.
전기시설물	• 고전압기계는 허가된 작업자만 취급하도록 하여야 한다. 스위치판, 변압기, 접지 등의 모든 전기시설물은 전기사업법에 준하여야 하며, 위험·경고표지가 있어야 한다.
고압증기보일러	• 고압가스 안전관리법에 준해서 한다.
압력용기	• ASME Code에 준함이 바람직하며 안전판·파열판·용융플러그 등은 정기점사·보수유지가 필수적으로 시행되어야 한다.
조 명	• 충분한 조명이 유지되어야 한다.
환 기	• 먼지·가스 등의 환기가 잘 되어야 하며 필요한 곳에는 국소배기장치가 설치되어야 한다.
배 관	• 각종 배관은 내용물에 따라 색칠하여 구분함이 바람직하다. 소방용배관-적색, 위험물배관-황색, 안전한 물질배관-녹색
경고표지	• 위험지역, 금연지역, 고압전기시설, 기계가동, 벨브개폐 등의 지역에는 경고표지 등의 알맞은 표지를 부착해야 한다.
응급조치시설	• 최소한의 응급조치 시설이 있어야 하며 상임 의사가 없는 소규모 사업장에서는 응급조치를 할 수 있는 사람이 있어야 한다.

3 테크놀리지 어세스멘트의 체크 포인트

【1】 효율성의 체크

(1) 재해사고의 감소   (2) 생활의 고도화
(3) 생산성 향상   (4) 자원의 확대
(5) 상품의 국제화   (6) 기술수준의 향상

【2】 비합리성(안전성)의 체크

(1) 인체에 대한 영향 (2) 자연환경에 대한 영향
(3) 사회기능에 대한 영향 (4) 자원낭비의 중대 여부
(5) 산업, 직업, 문화적 측면에 대한 영향

13. 4 공장설비의 안전성 평가

1 안전성 평가의 목적

화학설비의 안전성의 평가의 목적은 다음과 같다. 화학물질을 제조, 저장, 취급하는 화학설비(건조설비포함)를 신설, 변경, 이전하는 경우, 설계 단계에서 화학설비의 안전성을 확보하기 위하여 안전성 평가를 실시함으로서 화학설비의 사용시 발생한 위험을 근원적으로 예방하고자하는 데 안전성 평가의 목적이 있다.

2 안전성 평가 5단계

【1】 제1단계 : 관계자료의 작성 준비

(1) 입지조건(지질도, 풍배도 등 입지에 관계있는 도표를 포함)
(2) 화학설비 배치도
(3) 건조물의 평면도와 단면도 및 입면도
(4) 기계실 및 전기실의 평면도와 단면도 및 입면도
(5) 원재료, 중간체, 제품 등의 물리적, 화학적 성질 및 인체에 미치는 영향
(6) 제조공정상 일어나는 화학반응
(7) 제조공정 개요

(8) 공정계통도

(9) 공정기기 목록

(10) 배관·계장 계통도

(11) 안전설비의 종류와 설치장소

(12) 운전요령

(13) 요원배치계획, 안전보건 훈련계획

(14) 기타 관련자료

【2】 제2단계 : 정성적 평가

(1) 입지조건

① 지형은 적절한가, 지반은 연약하지 않은가, 배수는 적당한가?

② 지진, 태풍 등에 대한 준비는 충분한가?

③ 물, 전기, 가스 등의 사용설비는 충분히 확보되어 있는가?

④ 철도, 공항, 시가지, 공공시설에 관한 안전을 고려하고 있는가?

⑤ 긴급시에 소방서, 병원 등의 방재구급기관의 지원체제는 확보되어 있는가?

(2) 공장내의 배치

① 공장내에는 적정한 피난구가 마련되어 있는가, 또 발화원에서 충분히 떨어져 있는가?

② 경계로부터 가장 가까운 화학설비에 있어서도 안전한 거리가 확보되어 있는가?

③ 제조시설 지구는 거주지, 창고, 사무소, 연구소 등에서 충분히 떨어져 있는가?

④ 계기실의 안전은 확보되어 있는가?

⑤ 장치간의 거리는 물질의 성질, 양, 조작조건, 긴급조치, 소화활동

등을 고려하여 충분히 확보되어 있는가?

⑥ 짐을 쌓고 내리는 지역은 화학설비에서 충분히 떨어져 있는가, 또 발화원에서 충분히 떨어져 있는가?

⑦ 저장탱크는 경계에서 충분히 떨어져 있는 장소에 배치되어 있는가, 또 상호의 간격은 지나치게 가깝지 않은가?

⑧ 폐기물 처리 설비는 거주지에서 충분히 떨어져 있는가, 또 풍향을 배려하고 있는가?

⑨ 긴급시에 있어 차의 출입에 충분한 통로는 있는가?

(3) 건조물

① 기초 및 지반은 전 하중에 대해 충분한가?

② 구조물의 자재 및 지주의 강도는 충분한가?

③ 바닥, 벽 등의 재료는 불연성의 것으로 되어 있는가?

④ 엘리베이터, 공기소화설비 및 환경장치의 개구부와 같은 화재 확대 요인은 최소한으로 없애고 있는가?

⑤ 위험한 공정은 방화벽 또는 방폭벽에 의해 격리되어 있는가?

⑥ 옥내에 위험유해물질이 누출될 염려가 있는 경우 그의 환기는 충분히 고려되어 있는가?

⑦ 분명하게 표시된 비상통로가 있는가?

⑧ 건조물내의 배수 설비는 충분한가?

(4) 소방설비 등

① 소화용수는 확보되어 있는가?

② 살수설비 등의 기능 및 비치는 적절한가?

③ 살수설비 등의 점검, 정비는 배려되어 있는가?

④ 소화활동을 위한 체제는 정비되어 있는가?

⑤ 자위 소방대의 편성은 적절한가?

(5) 원재료, 중간체, 제품 등
① 원재료는 화학설비의 가장 위험성이 낮은 곳에 안전한 방법으로 들어오고 있는가?
② 원재료의 투입시 작업규정은 있는가?
③ 원재료, 중간체, 제품 등의 물리적·화학적 성질을 올바르게 파악하고 있는가?
④ 원재료, 중간체, 제품 등에 대해 폭발성, 발화성, 위험성 및 인체에 미치는 영향은 알고 있는가?
⑤ 원재료, 중간체, 제품 등에 부식성의 유무를 확인하고 있는가?
⑥ 불순물의 존재가 원재료, 중간체, 제품 등에 미치는 영향에 대해 검토가 되어 있는가?
⑦ 위험성이 높은 물질의 소재 및 양은 확인되어 있는가?

(6) 공정
① 연구단계에서 완공단계까지의 문제점을 기록하여 활용하고 있는가?
② 공정내에 보유하고 위험성이 높은 물질이 최소로 고려되어 있는가?
③ 공정은 반응식 과정에 따라 적정하게 표시되어 있는가?
④ 공정작업을 위한 작업규정은 있는가?
⑤ 다음 사항의 이상 발견시 대책은 강구되어 있는가?
　㉮ 온도
　㉯ 압력
　㉰ 반응
　㉱ 진동, 충격
　㉲ 원재료의 공급

㉕ 원재료의 유동

　　㉖ 물 또는 오염물질의 혼입

　　㉗ 장치에서의 누출, 넘침

　　㉘ 정전기

　⑥ 일어나고 있는 불안전한 반응은 확인되고 있는가?

　⑦ 누출된 경우의 피해범위는 확인되고 있는가?

(7) 수송·저장 등

　① 수송에 있어 안전지침을 포함한 작업규정은 있는가?

　② 취급되고 있는 물질의 잠재적 위험성은 충분히 알고 있는가?

　③ 위험물질의 불시방출에 대한 예방대책이 세워져 있는가?

　④ 불안전 물질을 취급할 때 열·압력·마찰 등의 자극요인을 최소한으로 억제할 대책이 세워져 있는가?

　⑤ 탱크·배관 등의 재질은 충분한 내부식성을 가지고 있는가?

　⑥ 모든 수송 작업에 대해 운전자의 안전이 확보되어 있는가?

　⑦ 배관 내의 유속에 대해서는 충분히 고려되어 있는가?

　⑧ 배출 잔액 등의 폐기는 적절한 폐기물처리 설비로 행하여지고 있는가?

　⑨ 하역설비의 가까운 곳에 샤워, 세안설비 등이 마련되어 있는가?

(8) 공정기기

　① 공정기의 선정에 있어 안전성 검토를 하였는가?

　② 공정기는 운전자가 감시 또는 조치하기 쉽게 설치되어 있는가?

　③ 공정기 등에 대해서는 오조작 방지를 위한 인간공학적 배려가 되어 있는가?

　④ 공정기는 각각 상세한 진단항목을 갖추어 놓고 있는가?

　⑤ 공정기는 충분한 안전제어가 될 수 있도록 설계되어 있는가?

⑥ 공정기는 설계 및 배치에 있어서 검사 및 보전이 쉽도록 배려되어 있는가?
⑦ 공정기기는 이상시에 있어 예비안전기기에 의해 작동되도록 되어 있는가?
⑧ 검사 및 보전계획은 충분 또는 적정한가?
⑨ 예비품 및 수리를 위한 준비대책은 충분한가?
⑩ 안전장치는 위험에서 충분히 보호되고 있는가?
⑪ 중요설비의 조명은 충분한가, 또 정전시의 예비조명도 충분히 확보되어 있는가

【3】 제3단계 : 정량적 평가

당해 화학설비의 취급물질, 용량, 온도, 압력 및 조작의 5항목에 A, B, C 및 D 등급으로 분류하여 A급은 10점, B급은 5점, C급은 2점, D급은 0점으로 점수를 부여한 후 5항목에 관한 점수들의 합을 구하고 점수 합산결과 16＆ 이상은 위험등급 I로, 15점 이하는 위험등급 II로, 10점 이하는 위험등급 III으로 표시하여 각 위험등급에 따라 안건대책을 달리 강구하는 것으로서 5항목별 A, B, C 및 D급 외의 정량적 평가가 이루어진다.

비고 온도 상승속도(1분당 섭씨 몇도) : $A \div (B \times C \times D)$
- A : 반응에 따른 발열속도(1분당 킬로칼로리, kcal/min)
- B : 화학설비내의 물질의 비열(섭씨 1도 및 1킬로그램 당 킬로칼로리, kcal/kg℃)
- C : 화학설비내의 물질의 밀도(1세제곱미터당 킬로그램, kg/m^3)
- D : 화학설비내의 용량(세제곱미터, m^3)

【4】제4단계 : 안전대책

안전대책은 정량적 평가의 결과 나타난 위험등급에 따라 설비 등에 관한 대책과 관리적 대책으로 나누어 정한다.

(1) 설비 등에 관한 대책
(2) 관리적 대책
① **적정한 인원배치** : 화학설비의 인원배치에 있어서는 운전자의 기능, 경험, 지식 등을 기초로 한 팀 편성을 할 필요가 있으며, 그 인원배치 등에 대해서는 위험등급에 따라 다음 표와 같다.

	위험등급 I	위험등급 II	위험등급 III
인원	• 긴급할 때 동시에 다른 장소에서 작업을 행하는데 충분한 인원배치	• 긴급할 때 동시에 다른 장소에서 작업을 행하는데 가능한 인원배치	• 긴급할 때 주작업을 행하고 즉시 충원이 확보될 수 있는 체제의 인원배치
자격	• 법정 자격자가 복수로 배치되어 관리밀도가 높은 인원배치	• 법정 자격자가 복수로 배치되어 있는 인원배치	• 법정자격자가 충분한 인원배치

② **교육훈련** : 화학설비의 안전을 확보하기 위해서는 개인적 지식 및 판단력의 향상과 함께 적합한 팀 행동이 요구되며, 이를 위해 지휘연락 체제를 확립함과 동시에 각각의 책임 분담을 명확하게 하는 것이 필요하다. 그 책임분담을 실현하기 위해 적정한 과목에 대한 교육훈련을 일정한 기간마다 되풀이 하여 운전자에게 실시함과 동시에 작업상 훈련의 활용에 의해 실기훈련을 철저히 하고 기능의 향상을 도모해야 한다.

③ **보전** : 정기수리시 등에서 보전작업을 행할 경우에는 정하여진 작업규정에 따라 정확한 기록을 보존하고 종전의 보존 기록 혹은 운전시 사고 기록들이 유효하게 이용되도록 하며, 보존작업을 할 때 유

의하여야 할 항목은 다음과 같다.
⑦ 보전체제는 충분한가?
⑭ 시운전의 작업규정은 있는가?
㉰ 운전정지시의 검사 예정표는 있는가?
㉲ 작업중지 공정표는 있는가?
㉱ 정기수리 계획표는 있는가?

【5】 **제5단계** : 재평가

(1) 재해정보에 의한 재평가 : 안전대책을 강구한 후 그 설계서 등을 동종화학설비 또는 동종화학설비 장치의 재해정보와 비교하여 재평가한다.

(2) **FTA**에 의한 재평가

제Ⅲ편

기계, 전기, 화학, 건설 위험에 대한 방지기술

제14장 기계안전 및 사례연구 ▶ *309*

제15장 전기안전 및 사례연구 ▶ *330*

제16장 화공안전 및 사례연구 ▶ *356*

제17장 건설안전 및 사례연구 ▶ *376*

제 14 장

기계안전 및 사례연구

14.1 기계안전

 기계안전은 가동중인 혹은 정지중인 기계로부터 발생하는 모든 재해를 예방하는 것이다. 작업자가 접촉함으로써 재해가 일어날 곳에 재해방지를 위하여 안전장치를 설치하는 것이 필요하다. 기계안전은 기계로부터 위험이나 잠재적 위험성이 존재할 염려가 없는 상태 또는 안전조건을 확립하고, 부상을 입는 것과 같은 급박한 위험이 존재할 수 없도록 하고, 편안하고도 경쾌한 마음으로 일을 할 수 있는 환경을 구비하는 것을 목적으로 한다.
 생산활동을 합리적으로 실시하여 목적하는 바를 달성하고자 하는 과정에서, 그 진행을 저해하는 산업 재해 및 안전사고의 발생가능성이 있는 결함을 없애기 위해서는, 생산설비에 안전공학을 적용하고, 설비설계 상에서의 결함을 시정하고, 기계의 내구성을 고려하고 보다 안전한 작업방법을 설정해야 한다.
 기계 안전사고에는 인적원인과 물적원인이 있는 데 작업자의 불안전한 행동과 기계의 불안전한 상태로 기인하여 사고가 발생한다.

14.2 기계안전사고의 원인

기계안전사고의 원인을 분석해보면 인적원인, 물적원인, 복합원인에 의하여 나타낼 수가 있다. 물적 원인은 설비적, 재료적 결함에 의한 것을 말한다. 기계 및 설비의 배치가 잘못되었거나, 동력전달 장치의 방호장치 미비, 적절한 안전장치나 차단장치의 미비, 잘못된 공구관리, 불량한 공구관리, 보호구의 불량등이 설비적 결함의 예이다. 인적원인은 일반적으로 교육적 결함을 의미한다. 작업자의 능력부족, 규율미흡, 부주의, 불안전한 동작, 정신적, 육체적 부적당, 안전교육의 미비, 열악한 근로조건, 불량한 작업방법등이 인적원인으로 안전사고를 유발하게 된다. 복합원인은 물적원인과 인적원인이 복합적으로 작용하고 안전사고가 발생하는 경우이다.

※ 안전관리자의 안전관리 의무 불이행 —— 작업자의 육체적 상태, 작업자의 심신건강상태 불량 —— 불안전한 행위 및 불안전한 상태 —— 사고(Accident)

14.3 기계의 종류 및 사고발생유형

1 기계종류/기능

(1) 기계 : Energy —— Work
(2) 기계설비 : 기계, 국소배기장치, 조명장치, 절삭유 공급장치 등
(3) 동력기계 : 원동기(자동차)
  ① 작업기계
    ㉮ 생산기계(선반, 프레스, 밀링 등)
    ㉯ 운반·하역기계(conveyor, crain, hoist)
    ㉰ 건설용기계 (불도져, 믹서, 지게차)
    ㉱ 농업기계

(4) 용도별
  ① 공작기계 : 선반, 드릴링 머신, 밀링 머신, 연삭기 등
  ② 금속가공기계 : 프레스기, 절단기, 용접기 등
  ③ 제철제강기계 : 압연기, 인발기, 제강로, 열처리로 등
  ④ 전기기계 : 차단기, 발전기, 전동기 등
  ⑤ 열유체기계 : 보일러, 내연기관, 펌프, 공기압축기, 터빈 등
  ⑥ 섬유기계 : 제면기, 제사기, 방적기 등
  ⑦ 목공기계 : 목공선반, 목공용 둥근톱기계, 기계대패, 띠톱기계 등
  ⑧ 건설기계 : 불도저, 해머, 포장기계, 준설기 등
  ⑨ 화학기계 : 저장 탱크 및 각종 화학 플랜트, 증류탑, 열교환기 등
  ⑩ 운반하역 기계 : 양중기, 컨베이어, 엘리베이터 등
(5) 중대재해의 주요 기인물별 구성분포
  프레스>기타>로울러기>둥근톱>연삭기>크레인

14. 4 기계의 안전화

1 기계의 위험성

(1) 기계설비의 위험점(재해 발생 가능성이 내재된 기계설비의 운동부)
  ① 협착점(squeeze point) : 왕복 운동하는 운동부와 고정부 사이에 형성되는 위험점──프레스, 절단기, 성형기, 조형기 등
  ② 끼임점(shear point) : 고정부와 회전운동부가 함께 형성하는 위험점──연삭숫돌과 작업대, 교반기 날개와 하우스, 링크기구 등
  ③ 절단점(cutting point) : 회전하는 운동부분 자체의 위험, 운동하는 기계부분 자체의 위험으로 인해 형성되는 위험점──둥근톱날, 밀링 커터, 띠톱날 등

④ 물림점(nip point) : 회전하는 2개의 회전축에 의해 형성되는 위험점 ── gear, roller 등
⑤ 접선 물림점(tangential nip point) : 회전하는 부분의 접선방향으로 물려 들어갈 위험이 형성되는 위험점 ── v-belt, chain belt, 평밸트, 기어와 랙(rack), chain과 spracket 등
⑥ 회전 말림점(trapping point) : 회전하는 물체에 말려들어갈 위험이 존재하는 위험점 ── shaft, coupling, 드릴 척 등

2 기계설비 안전의 기본원칙

(1) 외형의 안전화 : 왕복운동부위, 기계외부에 나타나는 회전체 돌출부의 위험부분을 제거하는 것이다.
  ① guard(방호장치) 설치 : 기계의 외형부분 ── 클러치 레버, 페달, 조작레버, 핸들
  ② case로 내장 : 원동기 및 동력전달장치 ── 벨트, 기어 shaft
  ③ 안전색채조절
    ㉮ 시동스위치 ── 녹색
    ㉯ 급정지 스위치 ── 적색
    ㉰ 대형기계 ── 연녹색
    ㉱ 고열기계 ── 청녹색
    ㉲ 기타 위험부분 ── 안전색채기준

(2) 기능의 안전화 : 밸브의 고장, 사용압력 변동, 단락, 스위치 릴레이 고장, 전압강하, 정전시 등의 오동작에 대한 기능적인 안전화 대책
  ① 1차적 대책 : Fail safe장치
  ② 2차적 대책 : 회로의 개선

(3) 기계안전의 기본원칙 : 본질적인 안전화를 추구하는 것으로 근로자의 동작상 과오나 실수 또는 기계설비의 이상이 발생할 때에도 사고

나 재해가 발생하지 않도록 설계하는 것
① 조작상 가능한 위험이 없도록 설계
② 안전기능이 기계설비에 내장
③ fail safe 기능
④ pool proof 기능

(4) **Fool Proof** : 인간이 기계 등의 취급을 잘못하여도 그것이 사고나 재해와 연결되는 일이 없도록 하는 기능으로, 인간의 착오, 실수 등 Human error를 방지하기 위한 것이다.

　예 덮개, 울, interlock

(5) **Fail Safe** : 기계나 부품에 고장이나 기능불량이 발생해도 항상 안전하게 작동하는 구조와 기능을 말한다.

　예 항공기 구조, 안전밸브, 파열판, 철도신호 등

① **구조적 fail safe** : 강도와 안전성 유지 → 항공기
② **기능적 fail safe** : 기능의 유지 → 철도신호

(6) **연동장치**(interlock system) : 기계의 관련장치를 전기적, 기계적, 유공압장치 등으로 연결하여 기계의 작동부분이 정상으로 작동하기 위한 조건이 만족되지 않을 경우 자동적으로 기계를 작동할 수 없도록 하는 기구

(7) **인간공학적 안전 작업환경** : 기계에 부착된 조명이나 기계에 의한 소음 등을 검토하고, 기계류의 표시와 배치를 적절히 한다. 적절한 작업대나 의자의 높이를 설정하고, 충분한 작업공간의 확보하며 작업시 안전한 통로나 계단의 확보하는 것이 중요하다.

(8) **방호장치** : 기계, 기구 및 설비를 사용할 경우 작업자에게 상해를 입힐 우려가 있는 부분으로부터 작업자를 보호하기 위하여 일시적, 영구적으로 설치하는 기계적 안전장치를 말한다.

3 기계시설의 배치(layout)

기계시설의 적절한 배치는 작업능률과 안전을 위하여 매우 중요하다.

(1) 공장의 계획(plan) 단계
  ① 제1단계 : 지역배치
  ② 제2단계 : 건물배치
  ③ 제3단계 : 기계배치

(2) 기계시설의 배치시 유의점
  ① 회전부분(기어, 벨트, 체인, 로프) 등은 위험하므로 통로에 노출되지 않도록 배치하고 반드시 커버를 씌운다.
  ② 발전기, 아크 용접기, 가솔린 엔진 등 소음이 나는 기계는 각 기계마다 격벽으로 분리시킨다.
  ③ 주물공장, 열간압연공장 등 고열물을 취급하는 작업장에는 화재나 화상에 대비하여 안전장치 및 관리를 철저히 한다.
  ④ 작업장의 통로는 근로자나 통행자가 안전하게 다닐 수 있도록 정리정돈을 철저히 한다.
  ⑤ 작업장의 바닥이 미끄러워 보행에 지장을 주지 않도록 한다.

(3) 공장설비 배치 계획할 때 유의사항
  ① 불필요한 운반작업을 하거나 작업의 흐름에 따라서 기계배치를 한다.
  ② 기계설비의 주위에는 충분한 공간을 둔다.
  ③ 공장내외는 안전통로를 설정하고 유효성을 유지한다.
  ④ 원재료나 제품의 보관장소는 충분히 설정한다.
  ⑤ 기계, 설비의 설치에 있어서는 사용 중에 보수 점검을 용이하게 행할 수 있도록 배치한다.

⑥ 압력용기, 고전압설비, 폭발재료품의 취급장치를 설계할 경우 만약 이것으로부터 설비에 이상이 있을 경우 그 피해가 최소한도로 되도록 위치를 정한다.
⑦ 장래의 확장을 고려하여 설계한다.

14.5 위험대상기계 기구의 안전

위험기계	상해종류 및 부위
프레스	• 「손가락 절단」이 전체의 54.2%, 「손가락 골절」은 31.6%로써 대부분의 상해 형태를 차지하고 있음 • 「손가락의 타박상이나 찰과상」도 4.5%가 되고 있으며, 「손의 골절 또는 절단」도 3.6%를 나타내고 있음
로울러기	• 손가락에 「골절」을 당한 경우가 전체의 41.2%로써 가장 많고, 「절단」된 상해가 25.9%, 「찰과상」이 5.6%가 되고 있음
연삭기	• 손가락에 「골절」이 24.1%, 「절단」은 10.3%를 차지하고 있으며 「찰과상」은 8.6%를 나타내고 있음
둥근톱	• 손가락의 「절단」이 39.8%로 가장 많고, 「골절」은 29.3%가 되고 있으며, 「찰과상」은 9.8%가 되고 있음
크레인	• 골절상해가 대부분으로써 「발」이 25.6%, 「발가락」이 7.8%를 차지하고 있으며, 「척추」부위도 6.7%를 나타내고 있으며 손가락이 「절단」된 경우는 11.1%가 되고 있음

(1) 선반(lathe) : 일감을 회전시켜 공구(바이트)로써 원통 내외부의 절삭, 보링, 드릴링, 나사절삭 등의 가공에 가장 많이 사용되는 공작기계이다. 회전하는 일감에 접촉하여 말려 들어가는 사고가 많이 발생하고, 칩(chip)에 의한 팔이나 신체에 부상이 많이 발생한다.

(2) 밀링 기계(milling machine) : 밀링커터(milling cutter, end mill)를 사용하여 테이블에 고정된 이송 공작물에 대해서 회전절삭

작업을 하는 공작기계이다. 작업자의 소매, 작업모가 커터에 감겨들 거나 칩이 눈에 들어가는 재해가 발생한다.

(3) 셰이퍼 기계(shaping machine) : 바이트가 직선절삭 운동을 하고 공작물이 직선이송 운동을 하여 평면을 절삭하는 공작기계이다. 비교적 소형의 일감에 많이 사용되어진다. 칩의 비산을 막기 위한 칩받이 및 칸막이를 사용한다. 방책 및 가드를 설치한다.

(4) 플레이너 기계(planner machine) : 바이트가 직선이송 운동을 하고 공작물이 직선절삭 운동을 하여 평면을 절삭하는 공작기계이다. 비교적 대형의 일감에 사용된다. 칩 비산방지 가드의 설치, 테이블의 운동범위를 명백히 할 수 있는 방책을 설치하고, 테이블과 고정벽 사이의 최소거리는 40cm 이상으로 유지한다.

(5) 드릴 기계(Drilling machine) : 자동 및 수동으로 직선이송운동을 할 수 있는 주축에 드릴을 끼워 회전절삭작업을 행하는 공작기계이다. 작업 중 드릴 끝이나 스핀들에 말려들어갈 위험이 있다.

(6) 프레스(Press) : 동력에 의하여 금형을 사이에 두고 금속 또는 비금속 물질을 압축, 절단 또는 조형하는 기계이다. 동력기계중 재해가 가장 많이 발생하며 손의 재해가 가장 크다. slide의 하강시 금형 사이에 손이나 손가락이 끼어 절단되거나 손상되는 경우가 많이 발생한다.

(7) 연삭기(grinder) : 고속회전을 하는 연삭숫돌(grinding wheel)로 표면을 절삭함으로써 금속의 표면정밀도를 높이는 기계이다. 회전속도 고속이므로 회전 중 파손되어 파편에 의한 재해가 발생한다.

(8) 로울러기(Roller) : 원통상의 물체 2개 이상을 1조로 하여 작은 간격으로 각각 반대방향으로 회전하여 금속 또는 비금속재료를 압축, 분쇄, 성형, 평활, 광택, 압연작업을 하는 기계이다. 로울러의 맞물림점에 손이나 신체의 일부가 말려 들어가는 재해가 발생한다.

(9) 보일러(Boiler) : 연료의 연소열에 의해 고온, 고압의 수증기나 온

수를 발생한다. 증기, 온수보일러, 보일러 본체, 연소장치, 부속장치로 구성된다. 보일러의 재해(폭발) 원인으로는 강도부족, 조작착오, 관리불량이 있다.

(10) 둥근톱 기계(circular sawing machine) : 작업시작전에 공회전을 시켜 이상 유무를 확인하고, 작업대는 작업에 적당한 높이로 조정한다. 톱날이 재료보다 너무 높게 솟아나지 않도록 조정하고, 얇은 목재의 경우 압목이나 기타 도구를 사용한다. 보안경, 안전화, 안전모를 착용하지만 장갑은 끼지 않는다. 작업자는 작업 중 톱날회전방향의 정면에 서지 않는다.

(11) 띠톱 기계(band sawing machine) : 목재의 송급시 신체의 일부가 톱날에 접촉되거나, 자동송급장치인 이동용 로울러에 장갑, 옷, 소매 등의 감김으로 인한 신체 접촉에 의하여 재해가 발생한다.

(12) 동력식 수동대패 기계 : 회전축에 나비가 넓은 날(2~4장)을 고정시켜 고속으로 회전시켜 측면, 평면, 경사면, 홈 등을 가공한다.

(13) 원심기(centrifugal machine) : 원심력을 이용하여 분리, 탈수 등을 하는 기계이다. 내용물의 튀어나오거나, bucket 등의 파괴, 회전부분과의 접촉에 의하여 재해가 발생한다.

(14) 분쇄기 및 혼합기 : 연료의 비산을 방지하기 위하여 덮개를 설치하고 내용물을 꺼낼시 기계의 운전을 정지한다.

(15) 사출성형기(injection molding machine) : 열가소성의 플라스틱 원료를 가열 용융하여 고압으로 노즐에서 금형안으로 사출하여 성형하는 기계이다. 금형의 개폐시 손의 협착이 될 수 있다.

(16) 용접(Welding) : 금속재료를 가열, 가압 등의 방법에 의하여 접합시키는 접합법. 아크용접(arc welding), 가스용접(gas welding) 전기저항용접(electric resistance welding) 경납땜(brazing), 연납땜(soldering)

(17) 아크 용접 : 아크(arc)가 발생할 때 나오는 열을 이용하여 금속재료를 용융접합하는 용접법. 감전사고나 자외선, 적외선에 의한 눈의 손상, 피부의 손상, 흄(fume), 가스에 의한 재해, 화재, 폭발화재의 위험이 있다.

(18) 가스용접 : 가연성 가스(아세틸렌(C_2H_2), 프로판(C_3H_8), 부탄(C_4H_{10}), 석탄가스, 천연가스)와 산소와의 반응열을 용접열원으로 이용하는 용접법. 폭발, 화재, 화상, 중독의 위험이 있다.

(19) 산업용 로봇(Industrial robot) : 로봇의 기구 및 제어의 복잡성, 고도화로 인하여 보다 전문적인 지식이 필요하다. 지식의 부족으로 인하여 오조작, 불안전 행동의 원인이 된다. 매니플레이트의 움직임이 빠르고 복잡하여 자동방향 등이 용이하게 판단되지 않는다. 부품의 신뢰성, 설치조건이 노이즈(noise) 등에 의해 제어회로에 이상 발생할 수 있다.

(20) 양중기(화물 운반용 승강기계)에 있어서의 공통적 안전사항
① hook, rope, chain, cable, 제동장치, 리미트 스위치 등의 주의
② 보기 쉬운 곳에 허용하중 표시
③ 이탈할 염려가 있는 로프, 체인걸이, 훅에는 래치(latch, 걸쇠)를 장치
④ 궤도상에서 운반되는 기계장비에는 제동장치와 리미트 스위치를 장치
⑤ 화물 바로 위부분에 훅을 위치
⑥ 양중기로 사람을 이동하는 일이 없도록 한다

(21) 포크 리프트(fork lift, 지게차) : 경화물의 단거리운반 및 적재, 적하작업에 효과적이다. fork, ram(짐을 적재하는 장치)와 mast(승강시키는 장치)를 구비한 하역 자동차. 지게차에 의한 재해로는 지게차와의 접촉사고, 하물의 낙하, 지게차의 전도, 전락, 추락등이 있다.

(22) **컨베이어**(conveyor) : 화물을 연속적으로 운반하는 기계
   ① 인력으로 적하하는 컨베이어에는 하중제한 표시
   ② 기어, 체인, 이동부위에는 덮개를 설치
   ③ 운전중인 컨베이어의 위로 근로자가 넘어갈 때는 다리를 설치
   ④ 마지막 쪽의 컨베이어부터 시동, 처음 쪽의 컨베이어부터 정지

(23) **호이스트**(Hoist) : 작업장내에 있어서 중량물을 체인 또는 와이어 로프 등의 인양 보조구에 의하여 매달아 올려 모노레일 등에 의해 일정 장소로 운반하기 위한 기계
   ① 화물의 무게중심 바로 위에서 달아 올린다.
   ② 규정량 이상의 화물은 걸지 않는다.
   ③ 주행시 사람이 화물위에 올라타서 운전하지 않는다.

(24) **크레인**(Crane) : 물건을 매달거나 수직, 수평운동을 할 수 있어 한정된 작업장내에서의 중량물 운반에 적합하다. 재해유형으로는 매단 물건의 추락에 의한 재해, 협착에 의한 재해, 구조부분의 결손, 기계파괴에 의한 재해, 추락에 의한 재해가 있다.

(25) **곤도라**(gondola) : 와이어 로프 또는 달기 강선에 의해 운반구가 전용의 승강장치에 의해 화물을 승강시키는 설비

(26) **승강기 및 리프트**(elevator, lifter) : 승강기는 가이드레일을 따라 승강하는 운반구에 사람이나 화물을 상하좌우로 이동 운반하기 위하여 제작된 기계설비로 탑승장을 갖춘 것이다. 리프트는 동력을 사용하여 화물이나 사람을 운반하는 것으로 건설용 리프트, 간이 리프트가 있다.

(27) **와이어 로프**(wire rope) 및 **체인**(chain) : 로프 풀리에 로프를 걸어서 전동하는 것으로 주로 옥외작업의 동력전달에 쓰인다. 여러가닥의 로프를 감아 쓰면 큰 힘을 전달할 수 있는 것이 특징이다. 킹크(kink), 꼬임, 마모, 절선 정도에 따라 사용 여부를 점검한다.

14.6 기계사고 사례

1 후진중인 굴삭기에 → 배관공, 협착 사망

【1】재해개요

2002년 4월 강원도 강릉시 (주)○○전기, 전주 설치공사 현장에서 왕복 2차선 도로의 1차선을 교통통제하면서 전주를 설치하는 작업 중 교통신호수인 피재자가 후진하는 굴삭기 바퀴에 협착되어 사망한 재해임.

【2】재해발생상황

- 당 현장은 왕복 2차선 도로의 1차선을 점유하고 도로 측면에 전주를 설치하는 현장으로, 오거크레인으로 전주를 세우며 작업을 진행하였고, 피재자는 신호수로서 도로 건너편에서 교통 통제를 하고 있었음.
- 14:15경 교통신호를 하던 피재자가 도로를 건너와서 작업중인 굴삭기 후면에 위치하였고, 이때 구덩이를 굴착한 후 후진하는 굴삭기 바퀴에 피재자가 협착되어 병원후송 치료 중 47일 후에 사망한 재해임.

【3】원인

- **차량계 건설기계 접촉방지조치 미실시**: 차량계 건설기계를 이용하는 작업시 교통을 통제하는 교통통제자만 배치되어 있었고 차량계 건설기계를 유도하는 유도자가 미배치된 상태에서 굴삭기 운전자 임의대로 운행하였음.

- 작업계획 미작성 : 차량계 건설기계를 이용하는 작업은 당해 작업장소의 지형을 고려하여 차량계 건설기계의 종류·능력·운행경로 및 작업방법이 포함된 작업계획을 작성하고 작업을 실시하여야 하나 작업계획을 미작성함.

【4】 동종재해예방대책

- **차량계 건설기계 접촉방지조치 철저** : 차량계 건설기계를 이용하는 작업은 차량과 근로자가 접촉되어 사고가 발생되지 않도록 유도자를 배치하여 사전에 정한 신호방법에 따라 차량계 건설기계를 유도하며 운전자는 유도자가 행하는 신호에 따라 차량계 건설기계를 운행하는 등 접촉방지조치 철저.
- **작업계획 작성 철저** : 차량계 건설기계를 이용하는 작업은 당해 작업장소의 지형을 고려하여 차량계 건설기계의 종류·능력·운행경로·작업방법이 포함된 작업계획을 작성하고 작업계획에 따라 작업실시.

주 한국산업안전공단(http://www.kosha.net)에서 자료를 인용하였음

2 프레스에 협착

【1】 재해개요

2000년 7월 ○일 12 : 20분경 충남 소재 (주)○○의 프레스 작업장 내 피어싱 공정에서 2인 1조로 재해자는 프레스 후면에서 피어싱 된 제품을 취출하는 작업을 하고, 동료 작업자는 프레스 전면에서 가공할 제품을 프레스 금형내에 투입하여 프레스를 작동하는 작업도중 재해자가 금형안으로 넣은 제품이 잘 맞지 않은 것을 발견한 후 이를 수정하고자 금형안으로 접근한 상태에서, 프레스를 작동하여 하강하는 상부 슬라이드에 협착되어 사망한 재해임

【2】 재해발생 과정

(1) 재해발생공정

사출 —— 1차 피어싱 —— 2차 피어싱 —— 조립 —— 출하

(2) 기인물 사양
- 설비명 : Hydraulic Press
- 방호장치 : 양수조작식, 광전자식 방호장치 설치
- 프레스 동작속도
  - 1차 : 250mm/sec(거리 : 400mm)
  - 2차 : 40mm/sec(거리 : 150mm)

(3) 재해 발생 상황 : 작업은 2인 1조로 프레스 전면에 위치한 조작자는 가공할 도어트림을 프레스 금형에 넣고 이상이 없으면 프레스를 조작하여 작업을 실시하며, 이때 프레스 후면에 위치한 공동 작업자(재해자)는 피어싱 작업이 끝난 제품을 금형에서 취출하는 작업을 하는 형태임.

■ 제14장 기계안전 및 사례연구   *323*

　프레스 후면에 위치한 재해자는 프레스 전면의 작업자가 제품을 금형안에 넣을 때 잘못 넣어 이를 수정하려고 프레스 광전자식 방호장치 감지 사각 범위 위험지역으로 접근하였으나, 이를 인지하지 못한 작업자가 프레스를 작동시켜 피재자는 신속하게 위험구역에서 벗어나려고 하는 과정에서 고속으로 하강하는 프레스 상부 슬라이드에 재해자 머리가 충돌하며 협착되어 사망함

【3】재해발생 원인

　① 광전자식 방호장치 설치 상태 미흡
　② 비상정지 스위치 미사용
　③ 양수조작식 방호장치 미고정 사용

【4】동종재해 예방대책

① 광전자식 방호장치 설치 방법 개선
② 위험구역에 안전매트 설치
③ 정비·이물질 제거 등의 작업시 비상정지 스위치 작동
④ 양수조작식 방호장치 고정 사용

주) 한국산업안전공단(http://www.kosha.net)에서 자료를 인용하였음

③ 지게차 포크 탑승, 이동 → 추락 사망

【1】재해개요

- 발생월일 : 2002. 4. 14. 17 : 10경
- 소 재 지 : 충남 논산시
- 시 공 사 : ○○건설(주)
- 공 사 명 : 사당 건립공사
- 피재자가 지게차 포크에 탑승한 것을 모르고 포크를 상승하면서 후진하던 중 동료작업자가 멈추라고 하여 정지하는 순간, 포크 위의 피재자가 떨어져(높이 약 1.7m) 사망한 재해임.

【2】원인

- 무자격자의 지게차 운전 및 불안전한 행동
  • 하역운반중 운전자격이 없는 목공이 운전하였고, 지게차의 포크에 올라타는 불안전한 행동으로 사고 발생.

【3】대책

- 하역운반기계의 사용에 따른 작업계획 수립 및 근로자에 대한 교육 실시 철저 : 자재운반을 위한 지게차 사용시 당해 작업에 적합하도록 작업계획을 세부적으로 수립하고 근로자에게 주지시킨 후 작업 실시.

- 작업지휘자에 의한 작업 실시 : 지게차를 이용한 작업시에는 이동경로, 신호, 작업반경 근로자의 탑승금지 조치 등의 작업지휘를 철저히 실시.
- 자격자에 의한 하역운반기계의 운전 실시 : 자격을 갖춘 운전자로 하여금 운행토록 하여야 함.

주 한국산업안전공단(http://www.kosha.net)에서 자료를 인용하였음

4 크레인의 줄걸이 섬유벨트가 끊어져 → 콘크리트공, 깔려 사망

【1】재해개요
- 발생월일 : 2002. 4.
- 소 재 지 : 대전시 서구
- 시 공 사 : ○○건설산업(주)
- 공 사 명 : 용수로 개량공사
- 피 재 자 : 콘크리트공, 31세
- 사고유형 : 낙 하
- 피해정도 : 사 망
- 단관파이프 반출을 위해 카고크레인으로 단관파이프 다발을 상차하던 중 약 1m 높이에서 아웃리거에 걸려 줄걸이 섬유벨트가 끊어졌고, 유동방지를 위해 단관파이프를 잡고 있던 피재자가 다발에 깔려 사망한 재해임.
- 공사규모 : 용수로 개량 195m

【2】재해발생 상황
- 당 현장은 농업용수로 개량공사로 공정율 90%이며, 용수로 콘크리트 타설 완료 후 거푸집용 가설재를 해체, 반출하는 작업중이었음.
- 재해당일 6명이 출역하여 4명은 거푸집 해체, 피재자는 카고크레인 기사와 함께 단관파이프 상차작업을 실시하였음.

- 12 : 20경 단관파이프 3개 다발 중 2개는 카고크레인에 적재하고, 나머지 한 다발(길이 6m 130본, 중량 1.05톤)을 섬유벨트 2줄걸이로 약 1m 인양하였을 때 단관파이프 한쪽이 아웃리거에 걸려 무리한 힘이 가해져 섬유벨트가 끊어지면서 단관파이프가 쏟아졌고 유동방지를 위해 다발을 직접 잡고 있던 피재자가 깔려 머리손상으로 사망함.
- 인양걸이용 섬유벨트
  - 폭 : 5cm
  - 두께 : 약 4m/m
  - 길이 : 5.7m

【4】 원인과 대책

〔원인〕
- 작업계획 미수립 및 화물적재시의 조치불량
  - 약 1톤 무게의 단관파이프 다발 상차작업에 대한 구체적인 작업방법에 대한 계획이 수립되지 않았고,
  - 인양물을 직접 잡은 상태로 작업하다 섬유벨트가 끊어져 낙하되는 인양물에 깔려 사망함.
- 작업지휘자의 미배치
  - 하역운반기계 작업에 대한 지휘자가 미배치된 상태로 작업하다 사고 발생.

〔대책〕
- 작업계획의 수립 및 화물적재시의 조치 철저
  - 당해 작업조건에 적합한 구체적인 작업계획을 수립하고 근로자에게 충분히 주지시켜야 함.
  - 인양되는 화물의 하부 낙하위험구역 내에 근로자가 위치하지 않도록 인양물에 별도의 유도로프를 걸어 조정작업 실시.
- 작업지휘자에 의한 관리감독 철저
  - 하역운반기계를 사용하는 작업시는 작업지휘자를 지정하여 작업을 직접 지휘하도록 함.

주 한국산업안전공단(http://www.kosha.net)에서 자료를 인용하였음

■ 제14장 기계안전 및 사례연구 327

5 운행중인 지게차에서 유리파렛트가 떨어지면서 협착 사망

【1】 재해 개요

- 발생월일 : 2002. 6. 27. 15 : 20경
- 소 재 지 : 울산시 울주군
- 시 공 사 : ○○건설산업(주)
- 공 사 명 : ○○아파트 신축공사
- 피 재 자 : 타일공, 58세
- 사고유형 : 협 착
- 피해정도 : 사 망
- 아파트 신축공사 현장에서 유리파렛트를 싣고 후진으로 운행 중 지게차의 포크에서 유리파렛트가 이탈되면서 지게차의 전면부로 이동중인 피재자가 협착 사망한 재해임.
- 공사규모 : 아파트 7개동(공사금액 : 19,920백만원)

【2】 재해상황도

【3】재해발생상황

- 당 현장은 아파트 신축공사 현장으로 골조공사가 완료된 상태이며, 내·외부 마감공사가 진행중임.
- 재해당일 14:40경 지게차가 현장에 투입되어 유리파렛트를 운반함.
- 15:20경 지게차가 유리파렛트 2개를 싣고 후진으로 운행하는 과정에서 피재자가 신호중이던 신호수에게 다가와 내부작업을 위한 타일 등 자재를 적치하기 위해 유리파렛트를 다른 장소로 옮겨줄 것을 요청한 후,
- 피재자는 커브구간을 후진으로 운행중이던 지게차의 전면부로, 신호수는 지게차의 후면부로 이동중 지게차의 포크에서 유리파렛트 1개(약 0.9톤)가 이탈되면서 피재자를 덮쳐 사망한 재해임.

【4】재해상황 단면도

【5】 원인과 대책

〔원인〕

- 중량물 등 적재시의 안전조치 미실시
  - 지게차를 이용하여 중량물을 취급·운반하는 작업을 할 경우, 중량물의 붕괴 또는 낙하 등에 의한 위험방지를 위하여 중량물에 로프를 체결하는 등의 조치를 하지 않아 중량물이 지게차에서 이탈되면서 사고 발생.
- 위험반경내 출입금지조치 미실시
  - 지게차를 이용하여 중량물을 취급·운반하는 작업을 할 경우, 중량물의 붕괴 또는 낙하 등에 의한 위험이 있음에도 불구하고 위험반경내 근로자의 출입금지조치를 미실시하여 사고 발생.

〔대책〕

- 중량물 등 적재시의 안전조치 실시
  - 지게차를 이용하여 중량물을 취급·운반하는 작업을 할 경우, 중량물의 붕괴 또는 낙하 등에 의한 위험방지를 위하여 중량물에 로프를 체결하는 등 중량물이 이탈되지 않도록 필요한 조치를 하여야 함.
- 위험반경내 출입금지조치 철저
  - 지게차를 이용하여 중량물을 취급·운반하는 작업을 할 경우, 중량물의 붕괴 또는 낙하 등에 의한 위험방지를 위하여 위험반경내 근로자의 출입금지조치 철저.

주 한국산업안전공단(http://www.kosha.net)에서 자료를 인용하였음

제 15 장

전기안전 및 사례연구

15.1 전기안전

1 전기적 위험의 특성

전기안전은 전기로부터 일어나는 사고를 예방하는 것이다. 전지재해의 특징은 전기적 위험이 감지가 어렵다는 것이다. 즉 전기는 눈에 보이지도 않고 소리라든가 냄새도 맡을 수 없을 뿐만 아니라 손으로 확인할 수도 없기 때문에 더더욱 위험하다고 할 수 있다. 전기에 의한 재해는 높은 사망률을 가지고 있으며, 수분 이내에 죽음에까지 이를 수 있다. 독일에서 전기재해만을 전문으로 조사하는 기관인 IIEA (Institute of Investigation of Electrical Accidents)에서 1969년부터 전기재해를 체계적으로 분석한 결과에 의하면 전체 산업재해 중 전격(감전 및 화상포함)에 의한 재해 빈도는 0.1% 정도이나 사망자는 전체의 2.1%에 이르는 것으로 되어 있다. 이것은 사망률에 있어서 전격재해가 독일 전체 산업재해 평균의 10배, 도로교통사고의 3배 이상이 되는 것으로 나타내고 있다. 전기재해의 또 하나의 특성은 고전압에 의한 사고는 전기취급자가 저전압의 경우에는 일반작업자가 재해를 많이 당하고 있다. 우리 주변의 실생활에서도 많이 발생하는 것이 전기재해인 것이다. 일반적으로 감전재해는 다른 재해에 비하여 발생율이 낮으나 일단 재해가 발생하면 치명적인 경우가 많으며, 또한

다행히 생명을 건졌다 하더라도 일생동안 불구가 되는 예가 적지 않다. 이것은 감전되었을 때의 호흡정지, 심장마비, 근육이 수축되는 등의 신체기능 장해와 감전사고에 의한 추락 등으로 인한 2차재해 때문에 일어난다. 전격에 의한 인체의 반응 및 사망의 한계는 그 속성상 인체실험이 어렵고, 또 어떠한 실험결과가 나와도 그것은 검증이 어렵다는 점과 인간의 다양성, 재해당시의 상황변수 등의 이유로 획일적으로 정하기는 어렵지만, 인체의 감전시 그 위험도는 통전전류의 크기, 통전시간, 통전경로, 전원의 종류에 의해 거의 결정된다.

전기에 관한 재해는 단순 전기재해 뿐 아니라, 정전기 재해, 낙뢰에 의한 재해로 구분할 수가 있다. 전기로 인한 재해를 다음의 표를 이용하여 요약할 수 있다.

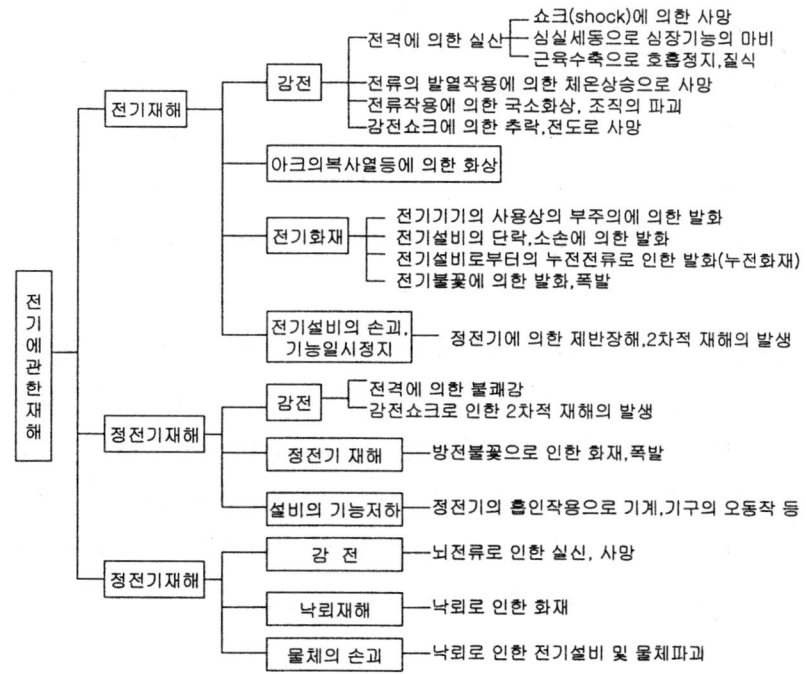

15.2 전격에 위험성과 안전대책

1 인체의 생리적 현상

(1) 최고감지 전류 : 인체에 전압을 가하여 통전전류 값을 증가시키어 일정한 값에 도달하면 전력을 느끼게되며 이 때를 최소감지전류라 한다. 60Hz 교류에서 성인 남자의 경우는 교류 1[mA]정도이다. [직류 2~5mA]

(2) 고통한계 전류(이탈전류, 가수전류) : 전류의 값을 더욱 증가시키면 차차 고통을 느끼게 되며 생명에는 위험이 없으나 고통을 참을 수 있다는 한계의 전류차를 말한다. 교류에서 약 7~8[mA]정도이다. (직류 30~50mA)

(3) 불수 전류(마비한계전류) : 통전전류가 이탈전류의 한계를 넘게 되면 전류가 흐르는 부위의 인체는 근육이 경련현상을 일으키거나 신경이 마비되어 운동을 자유로이 할 수 없게 되므로 자력으로 위험지역을 벗어날 수 없게 되는 전류로, 직류에서는 약 60~90[mA], 교류에서는 10~15[mA] 정도이다.

(4) 심실세동 전류(치사전류) : 인체에 흐르는 전류가 더욱 증가되면 심장부를 흐르게 되어 정상적인 맥동을 하지 못하고 불규칙적으로 세동하여 혈액순환이 곤란해지고 그대로 방치하면 사망하게 된다. 일례로서 전압 200V라면 인체에 흐르는 전류는 40[mA] 정도로 대단히 위험하다. 100V의 경우도 신발이 젖어 있거나 손에 물이 젖어 있으면 100V에서도 3초 이내에 사망할 수 있다.

[전류의 인체에 대한 작용]

전격의 영향	직류 [mA]		교류(실효치) [mA]			
			60[Hz]		10,000[Hz]	
	남	여	남	여	남	여
최소 감지 전류	5.2	3.5	1.1	0.7	12	8
고통을 받지 않는 전류	9	6	1.8	1.2	17	11
고통을 받는 전류	62	41	9	6	55	37
고통을 받는 전격, 전원에서 자력으로 이탈할 수 있는 한계	74	50	16	10.5	75	50
근육강직, 호흡곤란	90	60	23	23	94	63
심실세동의 가능성 (전격시간 0.03초)	1,300	1,300	1,000	1,000	1,100	1,100
심실세동의 가능성(전격시간 3초)	500	500	100	100	500	500
섬실세동이 확실하게 발생	위 값의 2.75배 한 것					

2 인체의 전기저항

(1) 피부의 전기저항 : 2500Ω (내부조직저항 : 500Ω)
(2) 피부에 땀이 나 있을 경우 : 1/12 감소
(3) 피부가 물에 젖어 있을 경우 : 1/25 정도로 감소

3 전기의 위험성

(1) 전격에 대한 인체의 생리적 반응 및 위험도 순
  ① 통전전류의 크기(인체에 흐르는 전류의 값[mA])
  ② 통전시간 및 전격의 위상
  ③ 통전경로
  ④ 전원의 종류(직류보다 교류가 위험)

(2) 통전경로별 위험도(국제전기기술위원회 자료)

통전경로	위 험 도
왼 손-한발 또는 양발	1.0
양 손-양발	1.0
왼 손-오른손	0.4
오른손-한발 또는 양발	0.8
오른손-등	0.3
왼 손-등	0.7
오른손-가슴	1.3
왼 손-가슴	1.5
한손 또는 양손-앉아 있는 자리	0.7

(3) 인체 저항

① 옴(ohm)의 법칙

E=IR (I : 전류, E : 전압, R : 저항)

② 인체의 전기적 등가회로

③ 안전 전압(국제적 기준 42[V])

인가 전압[V]	인체저항[Ω]		
	인구의 5%	50%	95%
25	1,750	3,250	6,100
50	1,450	2,625	4,375
75	1,250	2,200	3,500
100	1,200	1,875	3,200
125	1,125	1,625	2,875
220	1,000	1,350	2,215
700	750	1,100	1,550
1,000	700	1,050	1,500
접근한계 값	150	750	850

4 전기 작업시 기본적 안전 수칙

(1) 전기 업무 종사자 이외 사람은 전기 회로나 전기 기구의 수리를 하여서는 아니된다.
(2) 전기 수리 작업시는 안전모, 안전화, 절연장갑 등의 필요한 보호구를 착용하여야 한다.
(3) 고장을 발견하거나 위험을 느꼈을 때에는 전기 취급 담당 부서에 연락을 하여야 한다.
(4) 전기 수리 작업은 반드시 전원을 차단시키고 작업하여야 한다.
(5) 저전압(100볼트 미만)이라도 방심하여서는 아니된다.
(6) 고전압 설비에는 접근하여서는 아니된다.
(7) 스위치 전동기, 배전판 등이 가까이에는 타기 쉬운 물건이나 폭발하기 쉬운 물건을 방치하여서는 아니된다.
(8) 스위치 조작은 반드시 신속, 정확하게 오른손으로 조작하여야 한다.
(9) 휴즈는 용량에 맞는 것을 사용하여야 한다.
(10) 고장 수리 및 촉수 엄금, 위험 표시 등의 표찰이 걸려있는 스위치는 절대로 접속하여서는 아니된다.
(11) 스위치 박스 표면에 스위치 개폐 취급책임자를 선정하여 명찰을 부착시킨다.
(12) 배선은 용량에 맞는 것을 사용하여야 한다.
(13) 배전판의 각 스위치에는 용도를 구분하여 기입하여야 한다.
(14) 전기 점검 순찰을 실시하여 각종 전기 시설의 파손 및 노후 부분을 보수 정비하여 전기 사고를 미연에 방지하여야 한다.
(15) 땀이나 물에 젖은 몸과 의복을 착용하고 전기 취급 작업을 하여서는 아니된다.
(16) 습기가 있는 부분에 애자, 개폐기, 코드 등의 오손, 파손 등 손상 여부를 확인하여야 한다.

(17) 정전 및 작업이 끝난 후에는 반드시 스위치를 꺼야 한다.
(18) 소켓트에 전기를 연결할 때에는 나선 사용을 금지하여야 하며, 반드시 프로그를 사용하여 연결하여야 한다.
(19) 감전한 사람을 보았을 때에는 스위치를 끊던지 마른 나무나 부도체를 사용하여 피재자를 끌어내려 병원으로 후송시켜야 한다.
(20) 감전한 사람은 절대로 손으로 접속하여서는 아니된다.

15.3 전격시 응급조치

1 감전 사고시의 응급 조치

(1) 감전쇼크에 의하여 호흡이 정지되었을 경우 혈액 중의 산소 함유량이 약 1분 이내에 감소하기 시작하여 산소결핍현상이 나타나기 시작한다.
(2) 단시간내에 인공호흡 등 응급조치를 실시할 경우 다음 그림에서 알 수 있는 것과 같이 감전사망자의 95% 이상을 소생시킬 수 있다.
(3) 서독 등 선진국의 경우에는 근로자 20명당 1명을 응급조치가 가능하도록 교육시켜 사업장에 배치하고, 단위 작업장별로 응급조치요령, 응급조치 용구, 응급조치 가능자의 연락처 등을 비치 및 게시하도록 명문화하고 있다.

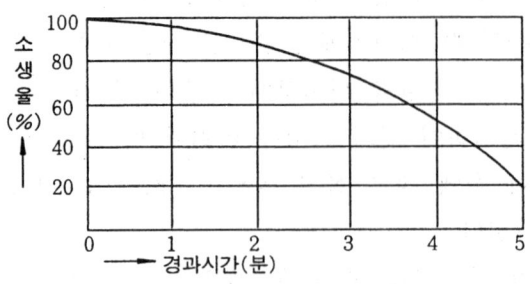

〔감전 사고후의 응급조치시 소생율〕

2 감전시 응급 조치 요령

(1) 중요 관찰 사항
  ① 의식의 상태
  ② 호흡의 상태
  ③ 맥박의 상태이며, 높은 곳에서 추락한 경우에는
  ④ 출혈의 상태
  ⑤ 골절의 이상 유무 등을 확인하고, 관찰 결과 의식이 없거나 호흡 및 심장이 정지해 있거나 출혈을 많이 하였을 때에는 관찰을 중지하고 곧 필요한 응급조치를 하여야 한다.

3 인공 호흡의 종류 및 방법

(1) 구강대 구강법(입맞추기법)
(2) 닐센법 및 샤우엘법
(3) 심장 마사지(인공호흡과 동시에 실시)

4 전기 화상 사고시의 응급 조치 방법

(1) 불이 붙은 곳은 물, 소화용 담요 등을 이용하여 소화하거나 급한 경우에는 재해자를 굴리면서 소화한다.
(2) 상처에 달라붙지 않은 의복은 모두 벗긴다.
(3) 화상 부위를 세균 감염으로부터 보호하기 위하여 화상용 붕대로 감는다.
(4) 화상을 사지에만 입었을 경우 통증이 줄어들도록 약 10분간 화상 부위를 물에 담그거나 물을 뿌릴 수도 있다.
(5) 상처 부위에 파우더, 향유, 기름 등을 발라서는 안된다.
(6) 진정제, 진통제는 의사의 처방에 의하지 않고는 사용하지 말아야

한다.

(7) 의식을 잃는 환자에게는 물이나 차를 조금씩 먹이되 알콜은 삼가해야 하며 구토중 환자에게는 물·차 등의 취식을 금해야 한다.

(8) 재해자를 담요 등으로 감싸되 상처 부위가 닿지 않도록 한다.

15. 4 전기설비기기 및 전기작업 안전

1 안전장치의 설치

(1) 누전 차단기의 설치 기준
 ① 사람이 용이하게 접촉할 우려가 있는 장소에 시설하는 사용전압이 60V를 초과하는 저압의 금속제 외함을 갖는 기계·기구에 지기가 생겼을 경우
 ② 특별고압 또는 고압의 전로가 변압기에 의하여 결합되는 300V를 초과하는 저압전선에 지기가 생겼을 경우
 ③ 플로어 히팅(Foor Heating) 및 로드 히팅(Road Heating) 등 난방 또는 빙결방지 등을 위한 발열선을 사용하는 경우
 ④ 풀용 수중조명 등 기타 이에 준하는 시설에 절연변압기로 전기를 공급하는 경우로서 절연변압기 2차측 전로의 사용전압이 30V를 초과하는 경우 등

2 전기기기의 예방 보수

(1) 예방 보수시 장점
 ① 사고를 감소시키고 중대한 재해사고로 발전되기 전에 대책을 마련할 수 있다.
 ② 생산성 향상, 재해감소를 위한 경영상의 노력으로 가동정지시간 단축
 ③ 재해감소에 따른 보험상의 혜택 또는 기타 재해로 인한 직·간접 비용 감소

(2) 예방 보수의 주요 항목
  ① 변전실 또는 전기실
    ㉮ 보호접지의 단선 또는 미비 여부
    ㉯ 통로 열쇠, 위험경고 표지 등의 유지 상태
  ② 배선
    ㉮ 배선 기기류의 보호접지 상태
    ㉯ 경고표지, 기계적 손상방지카바 등의 유지 상태
  ③ 제어기기
    ㉮ 보호접지 상태
    ㉯ 안전관련 작업지침서, 인터로크(Interlock) 등의 유지 상태
    ㉰ 외함의 손상 여부
  ④ 퓨즈, 배선용 차단기(MCCB)
    ㉮ 외함, 애자 등의 손상 여부
  ⑤ 회전기기
    ㉮ 보호접지 상태
    ㉯ 외함, 단자대 등의 접촉방지장치의 파손 또는 적정 여부
    ㉰ 접속부에 인장력이 직접 전달되지 않는 구조의 유지 여부
  ⑥ 이동용 기기
    ㉮ 이동용 배선의 손상 여부
    ㉯ 접속부에 인장력이 직접 전달되지 않는 구조의 유지 여부
    ㉰ 플러그, 소켓의 손상 여부, 날의 파손 여부
    ㉱ 이동용 손전등의 방호망, 절연 상태 적정 여부
    ㉲ 습기있는 장소에 사용하는 전동공구의 외부 손상, 절연 상태 유지 여부
  ⑦ 보호용 기구
    ㉮ 보호구, 검전기 등의 정상 작동, 절연 상태 적합 여부

3 건설장비(크레인 등)의 안전 기술

(1) 장비사용현장의 장애물, 위험물 등을 점검하고, 현장의 작업자에게 업무분담을 하여 작업을 위한 계획을 수립한다.
(2) 장비사용을 위한 신호수를 선정하고 신호수는 시야가 가리지 않는 곳에 위치하여, 무전기로서 장비운전사와 긴밀히 연락할 수 있도록 해야 한다.
(3) 크레인 등 장비의 조립·준비시부터 가공 전선로에 대한 감전방지 수단을 강구해야 하며 확실한 감전방지수단은 가동 전선로를 정전시 킨 후 단락접지하는 것이나 정전작업이 곤란할 경우 가공전선로에 절 연방호구를 설치해야 한다.
(4) 상기 조건을 만족시키지 못할 경우 아래 표와 같이 안전이격거리를 유지하여 작업해야 한다.

〔안전 이격 거리(NSC)〕

전 압	이 격 거 리
50kV 이하	3m
154kV	4.3m
345kV	6.8m

(5) 안전이격거리는 크레인 등의 장비 자체뿐만 아니라 붐(Boom), 짐 (Load), 와이어로프 등이 선로에서 이격되어야 할 거리를 포함한다.
(6) 장비이동시 짐이 떨어지거나, 울퉁불퉁한 도로를 이동할 때 붐이 솟구치지 않도록 주의해야 한다.
(7) 가급적 짐을 가공 전선로 밑에 보관하지 않도록 한다.
(8) 크레인 등의 장비가 가공 전선로에 접촉할 경우 취해야 할 조치사 항은 다음과 같다.

① 크레인이 가공 전선로에 접촉되었을 경우 대부분의 크레인 운전자는 안전할 경우가 많다.
② 접촉된 가공 전선로로부터 크레인이 이탈되도록 크레인을 조정한다.
③ 만약 전선이 끊어져 크레인에 감겼을 경우 운전자는 운전석에 조용히 앉아 마음을 가라 앉힌다.
④ 운전자는 운전석에서 일어나 크레인 몸체에 접촉되지 않도록 주의하여 크레인 밖으로 점프하여 뛰어 내린다.
⑤ 점프 후 크레인에 접촉되지 않도록 주의하여 크레인 반대 방향으로 탈출한다.

4 콘센트에 대한 안전 대책

(1) 임식 전기의 전원은 임시 배전반의 콘센트에서 플러그를 사용하여 인출한다.
(2) 임시 동력설비에 사용되는 콘센트는 접지형이어야 한다.
(3) 콘센트의 접지극은 접지선으로 연결하여야 한다.
(4) 임시 조명회로에서 콘센트를 인출해서는 안된다.
(5) 누전의 우려가 큰 부하를 사용하는 경우에는 누전차단형 콘센트를 사용하도록 한다.

5 개폐기(전기설비기술기준규칙 제38조)

(1) 개폐기는 각 극에 시설되어야 한다.
(2) 개폐기는 차단기, 단로기, 퓨즈 등이 있다.
① 고압용·특별고압용 개폐기는 개폐상태를 표시하여야 한다.
② 단로기(Discinnecting switch) : 단로기는 무부하 회로를 개폐하는 것이며, 차단기의 전후 또는 차단기의 측로회로 및 회로 접속의 변환에 사용한다.

㉮ 단극형
  ㉠ 전압이 낮거나(3.6kV)
  ㉡ 개폐회수가 적고
  ㉢ 회로가 단순할 경우
㉯ 3극형 원방 조작식
  ㉠ 3상 동시에 개폐시
  ㉡ 전압이 높을 경우(20kV)이상
  ㉢ 빈번한 회로 개폐시
  ㉣ 차단기와 연동조작시(역조작 안되게)
  ㉤ 특별고압 수전 인입구 설치
  ㉥ 폐쇄형 배전반내 설치
  ㉦ 회로의 구분 또는 접속 변경시
③ 차단기(Circuit Breaker) : 차단기는 부하 전류를 차단할 수 있으며, 용량은 전원측의 상태에 의하여 결정되며, recloser는 자동차단, 자동투입의 능력을 가진 것이다. 차단시 생기는 아크를 소화하기 위한 방법으로 공기 차단기(ACB), 압축공기차단기(ABB), 자기차단기(MBB), 유입차단기(OCB), 가스차단기(GCB), 진공차단기(VCB) 등이 있다.
④ 저압개폐기(스위치내에 퓨즈를 넣은 것)
  ㉮ 안전개폐기(Cut out switch) : 전등 수용가의 인입구, 배전반의 인입개폐기 또는 분기 개폐기로 사용한다.
  ㉯ Knife switch : 저압회로의 배전반 등에 사용하며 정격전압은 250[V]이다.
  ㉰ Cover Knife switch : 저압회로에 많이 사용되며 정격전압은 250[V]이다.
  ㉱ Box switch : Box 밖으로 나온 손잡이로 개폐할 수 있는 것이

며, 전동기 회로용으로 사용되고 개폐 표시기와 전류계가 설치되어 있다.(저압개폐기 설치시 안전대책)

6 접지

(1) 접지의 목적 : 접지는 누전시에 인체에 가해지는 전압을 감소시키므로서 감전을 방지하고 지락 전류를 원활히 흐르게 하므로써 차단기를 확실히 동작시켜 화재·폭발의 위험을 방지하기 위해서이다.

7 전기 용접 작업의 안전 기술

(1) 유해 광선 : 아크용접 작업시에는 인체에 해로운 적외선, 자외선을 포함한 강한 광선을 발생하기 때문에 작업자는 무의식 중에 아크 광선을 보아서는 안되며 자외선을 직접보게 되면 결막염 및 안막염증을 일으키고 적외선은 망막을 상하게 하므로 아크 광선이 노출된 상태의 피부에 닿게되면 화상을 입을 우려가 있어서 아크 용접 작업시에는 핸드실드나 헬멧을 반드시 착용해야 한다.
(2) 재해를 당했을 때의 처리 방법 : 만약 눈에 화상이 일어났을 때에는 응급 치료로서 냉습포 찜질을 한 다음 치료를 받고 일반적으로 전안염은 급성으로 아크빛에 눈이 노출된 후 4~8시간에 일어나서 24~48시간 이내에 회복되는 것이 보통이지만, 심한경우에는 회복되지 않고 만성결막염을 일으키는 수도 있으므로 사용되는 아크전류 크기에 따라 차광유리의 차광도를 선정해야 한다.
(3) 유해 가스에 의한 중독 : 아연도금강판, 황동 등의 용접시에 아연이 연소하여 산화아연을 발생시키기 때문에 작업 중 중독을 일으킬 위험이 있으므로 작업시 반드시 환기를 시켜 주어야 하며 흡입하지 않도록 주의해야 한다.

8 낙뢰에 의한 재해 방지 대책

(1) 인명 재해 방지 대책
   ① 집, 큰 빌딩 또는 완전히 금속체로 둘러싸인 운반물 등으로 들어갈 것
   ② 집안에 있을 경우 비상시가 아니면 전화 등을 받지 말 것
   ③ 옥외에 있을 경우는 자연적인 피뢰침(공터의 큰나무 등) 근처에 있지 않고, 주위 경관에서 인체가 돌출되지 않도록 하고, 물가 또는 주위의 도체로부터 멀리 떨어질 것

(2) 건축물 및 구조물의 손상 방지 대책
   ① 피뢰침 : 돌치부, 피뢰도선 및 접지극 등으로 구성되는 피뢰설비
   ② 돌침 : 뇌격의 단자로 공중에 돌출된 금속체로서 그 선단은 가연물보다 30cm 이상(1.5m 정도가 좋다) 돌출시키고 그 직경은 12mm 이상의 동, 철 등을 사용할 것
   ③ 피뢰도선 : 뇌전류를 흘리기 위하여 돌침, 독립피뢰침, 독립가공지선 등과 접지극을 접속하는 도선으로 2조 이상으로 하고 동의 경우 $30mm^2$ 이상의 단선, 연선, 파이프 등으로 규정하고 있다.
   ④ 접지극 : 피뢰도선과 대지를 전기적으로 접속하기 위하여 지중 매설하며 이 접지극은 동판, 아연도금강판, 철 파이프 등의 도체를 사용한다.

9 정전기의 재해방지

(1) 정전기 재해 기본적인 예방 3단계
   ① 첫째 : 정전기 발생억제가 되어야 한다.
   ② 둘째 : 발생전하의 다량 축적방지가 가능해야 한다.
   ③ 셋째 : 축적전하의 조건하에서의 방전방지가 가능해야 한다.

(2) 예방조건
① 첫째 : 발생 전하량을 예속한다.
② 둘째 : 대전 물체의 전하축적의 가능성을 연구한다.
③ 셋째 : 위험성 방전을 생기게 하는 물리적 조건이 있는지 검토한다.

(3) 정전기 재해 방지의 근본적 예방 대책
① 근로자의 예방 대책
  ㉮ 대전방지 작업복, 작업화의 착용
  ㉯ Armless Drop, 대전방지장갑, Finger Sack의 사용
② 설비기기의 예방 대책
  ㉮ 자동기기 등의 기계류, 측정기류, 치공구 등에서 도전성의 것은 접지
  ㉯ 절연물체에는 제전기 사용
  ㉰ 작업대에는 접지된 정전기 매트 사용
③ 운반시의 예방 대책
  ㉮ 수납, 운반 및 보관에 사용하는 포장제, 용기류는 제전용품 사용
  ㉯ 부품선반에는 정전기 매트 사용
  ㉰ 운반차량(트럭, 치차)의 접지
④ 습도 부여 방법 : 정전기의 발생 및 대전 위험개소는 습도를 50% 이상으로 가습한다.

15.5 전기안전사고 및 전기화재 분석

1 콘센트에서 플러그를 뽑던 중 파손된 콘센트 충전부에 접촉

【1】재해 개요

2000년 8월 ○일 11 : 30 분경 피재자가 활석작업을 마치고 활석용 공구를 연결사용하던 케이블릴을 수거하기 위하여 땀에 젖은 장갑을 낀채 콘센트에서 플러그를 뽑던 중 파손된 콘센트 충전부에 접촉되어 감전 사망한 재해임.

【2】재해발생 원인

(1) 꽂음접속기 절연체 파손

① 콘센트 후면의 외피 (절연체)가 파손되어 내부 금속제 충전부가 노출된 상태에서 작업자가 콘센트에서 플러그를 뽑다가 노출되어 있는 콘센트의 충전부에 접촉되어 감전됨.

(2) 전동기계·기구용 누전차단기 미사용

① 휴대용 전동공구(핸드드릴)를 누전차단기가 설치된 선로에 접속하지 아니하고 배선용차단기(MCCB)가 설치된 배선에 접속하여 사용함으로써 감전방호조치가 되지 않아 사고 발생.

(3) 사용전 안전점검 미실시

① 전동 기계·기구를 사용하기 전에 당해 누전차단기의 설치여부, 작동상태 및 꽂음접속기의 파손여부 등에 대하여 점검·조치를 하지 않은 상태로 작업하다 콘센트의 충전부에 접촉됨.

【3】재해예방 대책

(1) 꽂음접속기(콘센트) 절연성능 유지

꽂음접속기는 절연이 양호한 것을 사용하고, 주기적으로 외피(절연체)의 파손 및 손상 여부를 확인·보수·교체 후 사용토록 함.

(2) 누전차단기 사용

이동용 전동 기계·기구를 사용하여 작업을 할 경우에는 누전으로 인한 감전재해를 예방하기 위하여 정격감도전류가 30mA 이하이고, 동작시간이 0.03초 이내인 고감도 누전차단기에 전원을 접속하여 사용함.

(3) 사용전 점검 철저

이동용 전동 기계·기구는 사용 전에 당해 누전차단기의 설치여부, 동작상태 및 전선, 부속설비 등의 절연손상 여부 등에 대하여 작업을 실시.

(4) 관리감독 철저

작업에 관련된 전기안전 사항을 근로자에게 숙지시켜야 하며, 작업에 적정한 보호구를 지급하고 착용여부 확인 철저.

【4】 재해 상황도

주) 한국안전기술협회(http://www.ikosta.or.kr)에서 자료를 인용하였음

2 가설전선 가공 중, 분전반의 전원을 투입

【1】재해 개요

2000년 10월 ○일 13 : 40분경 분전반의 배선용 차단기를 내리고 고장난 고속절단기 교체를 위해 가설전선 가공중, 다른 회사 소속 근로자가 배선용 차단기를 올려 380V전압에 감전되어 사망한 재해임.

【2】재해발생 원인

(1) 정전작업시의 조치사항 미준수
　① 전로를 개로하여 전기기계·기구인 절단기를 설치·점검·수리 등을 하면서 개폐기에 시건장치 및 통전금지에 관한 표지판을 부착하는 등의 조치 없이 작업하다 감전사고 발생.
(2) 정전작업 요령의 미작성
　① 정전작업시 감전을 방지하기 위한 정전작업요령을 미작성하고 관계근로자는 정전작업요령을 숙지하지 못한 상태에서 임의로 작업하다 사고 발생.

【3】재해예방 대책

(1) 정전작업시의 조치사항 준수 철저
　① 당해 전로를 개로하여 기계·기구 등의 설치 점검·수리 등을 하는 때에는 개폐기에 시건장치 및 통전금지에 관한 표지판을 부착하여 관계자외 조작을 못하도록 조치함.
(2) 정전작업요령의 작성 철저
　① 정전작업시 감전을 방지하기 위해 아래의 내용이 포함된 정전작업요령을 작성하고 관계 근로자에게 주지시켜야 함.

㉮ 작업책임자의 임명, 정전범위 및 절연용보호구 작업시작전 점검 등 작업시작전에 필요한 사항
㉯ 전로 또는 설비의 정전순서에 관한 사항
㉰ 개폐기관리 및 표지판 부착에 관한 사항
㉱ 정전확인순서에 관한 사항
㉲ 단락접지실시에 관한 사항
㉳ 전원재투입 순서에 관한 사항
㉴ 점검 또는 시운전을 위한 일시운전에 관한 사항
㉵ 교대근무시 근무인계에 필요한 사항

【4】재해 상황도

주 한국안전기술협회(http://www.ikosta.or.kr)에서 자료를 인용하였음

3 지하 공동구 내부에서 투광등을 가지고 이동 중 감전

【1】재해 개요

2000년 08월 ○일 07 : 00분경 지하 공동구 방수작업 상태 및 작업 가능여부 확인을 위해 목재 사다리에 설치된 투광등을 가지고 이동 중 감전 사망한 재해임.

【2】재해발생 원인

(1) 습윤지역에서 절연상태가 불량한 투광등 사용
  ① 사고 당시 지하공동구에는 빗물이 고여있어 감전재해의 위험이 매우 높은 상황으로서 감전 재해의 특별한 주의가 필요했음에도 절연상태가 불량한 투광등을 사용
  ② 전선 또한 연결부위가 많아 피복손상에 의하여 누전가능성이 높은 상황
  ③ 전선 이음부와 투광등 외함의 누전에 의해 통전경로가 형성되면서 감전사고 발생
(2) 분전반에 접속된 누전차단기 작동불량
  ① 재해당시 분전반에 설치된 누전차단기가 불량하여 작동되지 않음.

【3】재해예방 대책

(1) 작업전 투광등 외함의 절연상태 및 전선의 피복 손상여부 확인 철저
  ① 투광등을 사용하는 작업시 투광등의 외함 절연상태를 사전 점검. (절연저항 테스트)
  ② 가설전선은 피복손상 여부를 수시 점검하고, 이상발견시에는 즉시 교체토록 함

(2) 누전차단기 작동여부 확인·점검 철저
  ① 누전차단기는 테스트 버튼을 수시로 작동하여 항시 양호한 상태로 작동될 수 있도록 확인·점검 철저
(3) 접지 철저
  ① 습윤장소에서는 인체저항의 현저한 감소 또는 누전차단기 오작동 등을 대비 2중 안전개념 (Fail Safe)으로 접지 실시

【4】 재해 상황도

주 한국안전기술협회(http://www.ikosta.or.kr)에서 자료를 인용하였음

4 콘센트 수리 중 충전부에 접촉

【1】 재해 개요

2000년 08월 O일 17:50분경 햄머드릴을 이용하여 이동하면서 콘크리트 할석작업중 작업전선을 무리하게 잡아당겨 콘센트에서 전선이 분리되자 활선상태에서 콘센트를 수리하다 충전부에 접촉 감전 사망한 재해임.

【2】 재해발생 원인

(1) 정전작업 미실시
　① 사고 콘센트의 전원측 차단기의 차단조치를 하지 않고 활선상태로 전기작업을 진행하다 충전전로에 감전됨.

(2) 방호조치 미실시(누전차단기 미설치)
　① 이동식 또는 가반식 전동기구에 의해 발생되는 감전사고를 예방하기 위한 누전차단기를 설치하지 않았음.

【3】 재해예방 대책

(1) 정전작업 실시
　① 작업중 이동전선의 부속물 수리 및 점검시에는 반드시 부하의 전원측 차단기를 차단한 후 작업실시.

(2) 적정한 방호장치 설치 철저
　① 이동식 전동기계기구 사용시 누전에 의한 감전재해를 예방할 수 있는 누전차단기(30mA, 0.03초 이내에 차단) 설치 철저.

(3) 보호구 착용 철저
　① 저압활선작업시 절연장갑, 절연화, 절연모의 보호구를 착용하고 작업을 실시.

(4) 관리감독 철저
① 작업에 관련된 전기안전 사항을 근로자에게 숙지시켜야 하며, 작업에 적정한 보호구를 지급하고 착용여부 확인.

【4】재해 상황도

㊟ 한국안전기술협회(http : //www.ikosta.or.kr)에서 자료를 인용하였음

15.6 '최근 화재 종합분석['99 화재통계연보(행정자치부) 참조]

【1】'99 화재발생 상황

발생건수	인명피해			재산피해(억원)			
계	부상	사망	계	공장, 작업장	주택, 아파트	기타	계
33,856	1,825	545	2,370	603	297	764	1,664

▶ 전년도(98년) 비교 발생건수는 1,192건(3.6%), 재산피해는 67억(4.2%) 증가하였고, 인명피해는 86명(3.7%) 증가하였다.

【2】시·도별 화재발생 상황

구분	건수	사망	부상	재산피해(백만원)	이재가구수	이재민수
계	33,856	545	1,825	166,426	1,824	5,161
서울	6,917	51	277	13,634	455	1,373
부산	2,547	31	110	6,659	78	201
대구	930	13	61	3,368	95	261
인천	1,869	85	182	7,745	75	233
광주	796	9	44	3,023	42	122
대전	892	8	37	5,206	72	202
울산	860	14	51	20,021	10	22
경기	7,318	135	438	39,986	121	370
강원	1,250	25	76	8,885	187	493
충북	1,203	28	65	9,895	88	265
충남	1,406	21	53	9,824	166	463
전북	883	16	100	4,857	31	69
전남	1,466	25	100	8,629	184	466
경북	1,816	43	103	10,754	151	425
경남	3,265	36	99	12,414	52	146
제주	438	5	29	1,526	17	50

【3】 원인별 주요화재발생 상황

구 분	'99년 발생건수 (A)	'98년 발생건수 (B)	증가율 [(A)-(B)]/(B)×100
총 계	33,856(100%)	32,664(100%)	3.6(%)
전 기	11,204(33.1)	10,897(33.4)	2.8
담 배	4,256(12.6)	3,856(11.8)	10.4
방 화	2,434(7.2)	3,056(9.4)	-20.4
불 티	1,910(5.6)	1,668(5.1)	14.5
불장난	1,835(5.4)	1,938(5.9)	-5.3
가 스	1,765(5.2)	1,827(5.6)	-3.4
아궁이	673(2.0)	464(1.4)	45.0
난 로	579(1.7)	391(1.2)	48.1
유 류	371(1.1)	475(1.5)	-21.9
성냥, 양초	243(0.7)	222(0.7)	9.5

▶ '99년도 원인별 화재발생건수를 전년도(98년) 비교해 보면 가장 높은 점유율을 보인 전기화재는 전년도 대비 2.8%가 증가하였으며, '99년도에 두 번째를 차지하는 담배불 화재는 10.4%가 늘어났으며 난로는 48.1%가 증가하였다. 그리고 급격한 사용량 증가 추세에 있는 가스화재가 1,765건 (5.2%)을 차지하고 있어 에너지 사용의 변화를 의미하는 것으로 나타났다.

화공안전과 사례연구

16.1 위험물의 기초화학

1 각국별 위험물의 견해

(1) 우리나라 및 일본
① 화재 또는 폭발위험성이 높은 위험물과 인체에 유해한 유해물로 구분하고 있다.
② 산업안전보건법 제23조 제24조 사업주, 근로자의 의무 부여
③ 산업안전보건법 제25조 근로자의 의무 부여

(2) 미국 OSHA(Occupational Safe and Health Acti 미국산업안전보건)
① 밀폐식 인화점 측정방법에서 인차점이 140°F(60°) 이하이고 자연 발화하기 쉬운 것.
② 허용농도가 기체 또는 증기로서 500ppm 이하, 연무로서 500mg/m^2 이하 및 분진으로서 25m ppcf(1m ppcf는 1ft^3당 100만개 입자) 이하인 것
③ 1회 투여시 50% 치사량(LD_{50})이 50mg/kg 이하인 것
④ 격렬한 발열반응(Exothermic)을 수반한 중합반응.
⑤ 강산화성 또는 환원성 물질.

⑥ 단시간 폭로에 의해 제1급 화상 또는 피부접촉에 의해 상해를 입을 수 있는 것
⑦ 일반작업도중 상기 열거한 물질 중 한 가지 또는 그 이상의 성질을 가진 분진, 가스 연무, 증기, 안개 그리고 연기를 발생시키는 것.

2 위험물의 일반적 개념

(1) 위험물 : 위험물은 일반적으로 상온 20℃ 상압(1기압)에서 대기 중의 산소 또는 수분 등과 쉽게 격렬이 반응하면서 수초이내에 방출되는 막대한 Energy로 인해 화재 및 폭발을 유발시키는 물질을 위험물이라 한다.

(2) 위험물의 특징
① 자연계에 흔히 존재하는 물 또는 산소와의 반응이 용이하다.
② 반응속도가 급격히 진행한다
③ 반응시 수반되는 발열량이 크다.
④ 수소와 같은 가연성 가스를 발생시킨다.
⑤ 화학적 구조 및 결합력이 대단히 불안정하다

(3) 위험물의 취급시 위험성
① 고온의 고체나 또는 물보다 끓는 온도가 높은 비수용성 액체로 그 온도가 100℃ 이상의 상태일 때 물과 접촉되면 격렬히 폭발한다. 산업안전보건법에서는 이를 수증기 폭발이라 하여 그 방지책을 규정하고 있다.
② 물과 격렬히 반응하는 물질(금수성)에 물이 접촉되면 화재 또는 폭발이 발생한다.

16.2 위험물관리 및 취급안전

1 위험물 작업시 안전 기술

(1) 위험물 폐기 작업시 안전 작업 방법

① 소각할 경우에는 안전한 장소에서 감시원의 감시하에 하되, 연소 또는 폭발에 의하여 타인에게 위해나 손해를 주지 아니하는 방법으로 하여야 한다.

② 매몰할 경우에는 위험물의 성질에 따라 안전한 장소에서 하여야 한다.

③ 위험물은 해중 또는 수중에 유출시키거나 투하하여서는 안되며 다만, 타인에게 위해나 손해를 줄 우려가 없을 때 또는 재해 방지를 위하여 적당한 조치를 한 때에는 그러하지 아니하다.

(2) 주유소 등의 작업시 안전 작업 방법

① 자동차 등에 주유할 때에는 고정 주유 설비를 사용하여 직접 주유 하여야 한다.

② 자동차 등에 주유할 때에는 자동차 등의 원동기를 정지시켜야 한다.

③ 자동차 등의 일부 또는 전부가 주유 취급소의 공지 밖에 나온 채로 주유하여서는 아니된다.

④ 주유취급소의 전용 탱크 또는 간이 탱크에 위험물을 주입할 때에는 그 탱크에 접결하는 고정 주유 설비의 사용을 중지하여야 하며, 자동차 등을 그 탱크의 주입구에 접근시켜서는 아니된다.

⑤ 유분리 장치에 고인 기름은 넘지 아니하도록 수시로 퍼내어야 한다.

⑥ 고정 주유 설비에는 그 주유설비에 접결하는 전용 탱크 또는 간이 탱크의 배관 이외의 것으로 위험물을 주입하여서는 아니된다.

⑦ 자동차 등에 주유할 때에는 정당한 이유없이 다른 자동차 등을 그 주유취급소 안에 주차시켜서는 아니된다.

⑧ 자동차 등의 세차를 하는 경우에는 인화성 액체의 세제를 사용하여서는 아니된다.

(3) 위험물 판매 취급소의 안전한 작업 방법

① 판매 취급소에서는 염소산염류, 황, 도료류 기타 정하는 위험물을 배합하여서는 아니된다. 다만, 규정된 실에서 배합하는 경우에는 그러하지 아니하다.

② 판매 취급소에서는 소방관에서 실시하는 위험물 취급에 관한 안전 교육을 받은 자가 위험물을 취급하여야 한다.

③ 전 ②의 경우 위험물 취급에 관한 안전 교육을 받지 아니한 자가 위험물을 취급한 때에는 허가청은 판매 취급소의 허가를 취소할 수 있다.

(4) 이동 탱크 저장소의 안전한 취급 기준

① 이동 저장 탱크로부터 위험물을 저장 또는 취급하는 탱크에 액체의 위험물을 주입할 경우에는 그 탱크의 주입구에 이동 저장 탱크의 급유 호스를 견고하게 결함하여야 한다.

② 이동 저장 탱크로부터 위험물을 저장 또는 취급하는 탱크에 인화점이 40℃ 미만의 위험물을 주입할 때에는 이동 탱크 저장소의 원동기를 정지시켜야 한다.

③ 휘발유·벤젠 기타 정전기에 의한 재해 발생의 우려가 있는 액체의 위험물을 이동 저장 탱크의 주입관으로 주입할 경우에는 주입관의 선단을 이동저장 탱크의 저부에 부착하여야 한다.

④ 휘발유를 저장하던 이동 저장 탱크에 등유나 경유를 주입할 때 또는 등유나 경유를 저장하던 이동 저장 탱크에 휘발유를 주입할 때에

는 다음에 정하는 바에 따라 정전기 등으로 인한 재해 발생을 방지하기 위한 조치를 하여야 한다.

⑤ 이동 저장 탱크의 위로부터 주입관에 의하여 위험물을 주입할 때의 주입속도는 그 위험물의 액표면이 주입관이 선단을 넘는 높이가 될 때까지 매초 1m 이하로 할 것.

⑥ 이동 저장 탱크의 아래로부터 위험물을 주입할 때의 주입속도는 그 위험물의 액표면이 밑 밸브의 선단을 넘는 높이가 될 때까지 매초 1m 이하로 할 것.

⑦ 제⑤호 및 ⑥호에 규정한 이외의 방법으로 위험물을 주입할 때에는 이동 저장 탱크에 가연성의 증기가 체류하지 않도록 조치하고 안전한 상태인 것을 확인한 후에 주입할 것.

(5) 위험물의 적재 방법

① 위험물은 운반 용기에 정하는 바에 따라 수납하여 적재하여야 한다. 다만, 생석회 또는 덩어리로 된 황을 운반하기 위하여 적재하는 경우 또는 위험물을 동일한 대지안에 있는 제조소 등의 상호간에 운반하기 위하여 적재하는 경우에는 그러하지 아니하다.

② 위험물을 수납한 운반 용기는 정하는 바에 따라 포장하여 적재하여야 한다. 다만, 위험물을 동일한 대지안에 있는 제조소 등의 상호간에 운반하기 위하여 적재하는 경우에는 그러하지 아니하다.

③ 위험물을 수납한 운반 용기와 이를 포장한 외부에는 정하는 바에 따라 위험물의 품명, 수량 등을 표시하여 적재하여야 한다.

2 폐기물의 종류 및 취급 기술

(1) 연소재, 광재 : 고열의 연소재 및 광재를 주물에 급냉시키면 증기폭발을 일으킬 수가 있다.

(2) 슬러지 : 각종 제조공장에서 발생되는 카본 슬러지, 폴리머 등에는 불포화 결합이 많아 공기 중의 산소에 의한 산화발열반응을 일으켜 자연 발화하는 성질을 가지고 있으므로 건조상태에서 공기 중에 방치하지 않도록 한다.
(3) 폐유 : 저인화점인 물질이 혼합됨으로 인해 인화점이 예상보다 저하되는 경우가 있으며 윤활유등도 열화에 의해 착화온도가 저하되는 수가 있어서 폐유근처에서의 화기사용은 금지하는 것이 좋다.
(4) 폐산, 폐알카리 : 강산에 금속을 넣으면 수소가 발생하며 폐알카리 중의 황화소다 등의 소다류를 포함한 것은 산으로 중화할 때 황화수소를 발생하므로 이렇게 발생되는 가연성 가스의 위험성에 주의해야 한다.
(5) 폐플라스틱류 : 불포화결합이 남아 있는 폐플라스틱류는 공기 중의 산소에 의해 산화 발열하여 자연 발화하는 것도 있으므로 폐 플라스틱의 장시간 방치는 가급적 삼가해야 한다.
(6) 동식물 잔사유 : 식물 잔사유는 장기간 밀폐한 상태에서 방치하면 혐기성 발효에 의한 메탄가스를 발생시키므로 화기사용에 주의해야 한다.

16.3 유독물 화학약품 안전대책

1 독극물의 개요

(1) 독극물은 사람의 몸에 접촉하여 이것과 화학 반응을 일으켜 파괴하는 독성이 있는 물질을 말한다.
(2) 부식성 물질로서는 산류(황산, 초산, 불화수소산, 설폰산, 인산) 및 강알칼리(가성소다, 칼리, 암모니아), 염소, 취소 등이 있다.
(3) 독극물질은 직접 피부나 점막에 작용하여 조직을 부식시키고 흡수되면 내장의 모든 기능을 침범하며, 또 이들 부식성 물질에 의한 장해 중에는 눈의 약상이 많고 실명까지 하는 수가 있다.

2 독극물의 구분

독극물의 명확한 범위는 대개 동물의 체중 1kg당 경구적 치사량(經口的致死量)이 30mg 이하의 것을 독물이라고 하고, 경구적 치사량이 불명인 것으로 피하주사 치사량 20mg 이하 또는 정맥주사 치사량 10mg 이하의 것을 독물로 여기고 있다. 따라서 어른의 평균 체중을 50kg으로 하면 경구적 치사량이 1.5g 이하의 것을 독물이라 한다.

〔독극물의 구분〕

구 분	독 물	극 물
복 용	30mg 이하	300mg 이하
피하주사	20mg 이하	200mg 이하
정맥주사	10mg 이하	100mg 이하
종 류	수은화합물, 비소화합물, 시안화합물, 플루오린화수소산, 비화수소 등	벤젠화합물, 바륨화합물, 베릴륨화합물, 취소·크롬화합물 등

※ 독극물을 부주의로 마셨을 때 토하게 하는 방법
 ㉮ 황산구리 1% 용액을 25~50ml 정도 마신다.
 ㉯ 약 16g 의 소금을 한컵 정도의 따뜻한 물에 녹여 마신다.
 ㉰ 더운 물에 녹인 황산아연 약 2g 정도를 마신다.
 ㉱ 겨자 가루 한 숟가락을 물한컵 정도에 녹여 마신다.
 ㉲ 아포모르핀의 구토제를 피하 주사로 맞는다.

3 독극물 취급시 주의사항

(1) 독극물을 취급하거나 운반할 때는 안전한 용기, 도구, 운반구 빛 운반차를 이용할 것

(2) 표지 불명의 독극물을 함부로 취급하지 말고 완전히 안 다음 취급할 것
(3) 독극물의 취급 및 운반은 거칠게 다루지 말 것
(4) 독극물 저장소, 드럼통, 용기, 배관 등은 내용물을 알 수 있도록 확실하게 표시하여 놓을 것
(5) 독극물이 들어 있는 용기는 마개를 꼭 닫고 빈 용기와 확실하게 구별하여 놓을 것
(6) 용기가 깨어질 염려가 있는 것은 나무 상자나 플라스틱 상자 속에 넣고 또 쌓아 둔 것은 울타리나 철망으로 들러 놓을 것
(7) 취급하는 독극물의 물리적, 화학적 특성을 충분히 알고, 그 성질에 따라 방호 수단을 알아야 할 것
(8) 독극물의 저장소나 취급하는 작업장은 정리정돈을 잘 알고, 만약 독극물이 새거나 엎질러졌을 때는 신속히 제거할 수 있는 안전한 조치를 하며 놓을 것
(9) 도난 방지 및 오용(誤用) 방지를 위해 보관을 철저히 할 것
(10) 작업장 안에는 될 수 있는 대로 작업에 필요한 최소한도의 독극물을 놓아 둘 것

16. 4 유독성 물질의 분류

고농도의 유독성 물질을 흡입하거나 인체에 침투되었을 때는 마취, 두통, 의식 상실, 흥분상태, 때로는 사망하는 경우가 발생한다. 최근에는 이러한 유독성 물질 등이 직업병을 유발하는 원인으로부터 부각되어 많은 관심을 갖지 않으면 안되게 되었다.

【1】 방향족 탄화수소

벤젠, 백혈구, 적혈구, 혈소판 이 밖에 톨루엔, 크실렌, 에틸벤젠 등이 있다.

【2】 염화포화 지방족 탄화수소(할로겐화 탄화수소)

불연성이거나 난연성이므로 발화의 위험성이 있는 곳에 사용되며, 신장, 간에 대하여 독성이 강하고 신경계 특히 마취 작용이 크다. 디클로로메탄, 크로로포름, 사염화탄소 등이 있다.

【3】 지방족 탄화수소

가솔린, 이황화탄소, 시클로로헥산 등이 있다.

【4】 케톤류

강한 마취 작용이 있고 두통 등의 신경증상이 있다.

【5】 초산에스테르류

인체 내에서 가수분해되어 초산과 알콜이 된다. 이 중 초산 메틸은 인체 내에서 메틸알콜을 생성하여 시야 협착, 시신경 위축 등의 위상을 일으킨다.

【6】 에테르류

에틸에테르는 강한 마취 작용이 있고, 인화력이나 휘발성이 강한 물질이다.

【7】 염화비닐(PVC)

중추 신경계의 마취 작용이 있고 신장이나 간장에 장해를 일으키며, 최근에는 레이노드(ray-naud) 현상과 골용해증의 기인물로도 보고된 바 있다.

【8】 염화비페닐(PCB)

절연유로 흔히 쓰이는 물질로 인체에 침투하여 간장의 지질 대사 장해, 약물대사계의 효소장해, 피부 장해, 눈·코 등의 점막 자극이 심하고 때로는 사망하는 경우도 있다.

【9】 중금속

모든 금속들이 고농도에서는 인체에 큰 피해를 주지만 낮은 농도에서도 독성이 큰 금속들을 살펴보면 대부분 물보다 비중이 4.5배 이상인 중금속들이다. 최근들어 심각한 사회 문제로 대두된 직업병 문제에서 많은 비중을 차지하고 있는 것이 중금속 중독이라고 할 때 중금속에 대한 특성 및 관리 사항에 만전을 기하는 것이 바람직하다고 하겠다. 중금속 중에서 가장 문제시되고 있는 대표적인 것들로는 수은, 납, 크롬, 카드륨 등이 있다.

(1) 중금속 중독의 예방 대책
① 작업장의 중금속 농도를 낮추어야 한다.
② 피부를 통하여 침투하기 때문에 불침투성의 작업복 착용과 작업후 목욕을 철저히 해야 한다.
③ 소화기 계통을 통하여 흡입하기 때문에 방진 마스크 등 보호구를 반드시 사용해야 한다.

(2) 약품에 대한 응급처치법
① 약품에 불이 붙었을 때 : 먼저 불의 근원을 끄고 인화성 물질을 빨리 들어낸 후 모래나 모포 같은 것을 덮어 씌우고 두들기는 것도 좋은 방법이다. 그러나 소화기를 사용하는 것이 안전하다.
② 산이 피부에 묻었을 때 : 농황산이나 농질산이 피부에 묻었을 때 즉시 다량의 물로 씻고 · 건조 후 아연화연고나 탄닌산을 바른다.
③ 알칼리가 피부에 묻었을 때 : 농알칼리가 피부에 묻었을 때 즉시 다량의 물로 씻고 물은 식초산으로 씻은 후 건조시켜 아연화연고를 바른다.

16.5 소화약제

1 소화의 원리

연소가 계속되자면 연소에 필요한 가연물, 산소공급원 및 점화원이 필요하지만 이들 연소의 요소 중 전부 또는 일부만 없애 주면 연소는 중단되므로 그 방법 다음의 여러가지가 있다.
(1) 가연물의 제거 방법 : 가연성 물질을 연소구역에서 없애줌으로써 연소 확대를 방지하고 또한 자연소화를 시킨다.
(2) 산소의 차단 방법 : 산소의 공급원이 차단되면 연소는 멈추게 되므로 산소의 공급을 차단하면 산부족에 의해 소화가 되고, 이 때 질식 소화를 할 수 있는 산소의 농도는 16% 이하로 본다.
(3) 연소의 억제 방법 : 연소의 계속은 잇달아 분자가 활성화되어 산화반응이 계속되어 진행되므로 연소가 계속되므로 이와 같은 연속적 관계를 차단, 즉 억제하는 방법을 취하면 연소는 계속되지 않는다. (연소 억제제 : 사염화탄소 · 인염화 일취화 메탄 · 할로겐화 탄화수소 등)
(4) 냉각에 의한 소화 : 연소 물체로부터 열을 빼앗아 발화점 이하로 온도를 낮추어 소화하는 방법으로써 연소물체에 접촉하므로 인해 기화

열이 흡열되어 물체의 온도가 서서히 내려가므로 소화가 되는 데, 현재 이 방법으로 가장 많이 이용되는 것은 주수에 의한 소화방법이다.
(5) 산소 공급을 차단하는 방법
 ① 거품으로 연소물을 덮는 방법
 ② 소화분말로 연소물을 덮는 방법
 ③ 할로겐화물의 증기로 연소물을 덮는 방법
 ④ 이산화탄소로 연소물을 덮는 방법
 ⑤ 불연성고체로 연소물을 덮는 방법

2 일반적인 소화 약제

(1) 물 : 가장 많이 사용되며, 특히 분무 상태로 사용하였을 때에는 화재에 대한 적응 범위가 넓다.
(2) 강화액 : 탄산나트륨과 같은 무기염의 용액이 사용되며, 물보다 좋은 소화제가 된다. 분무로 사용되면 B, C급 화재에도 적용이 가능하다.
(3) 화학 포말 : 탄소-수소나트륨과 황산알루미늄의 수용액을 혼합하여 반응을 일으켜 이산화탄소가 발생하며, 그 때 피막이 생성되어 포말을 이루게 된다. C급 화재에는 사용하지 못한다.
(4) 이산화탄소 : 이산화탄소를 가압 액화시켜 봄베에 충전하여서 화재 때 방출하여 소화에 사용한다. 전기기기, 통신기 등의 화재에 꼭 필요하다.
(5) 할로겐화물 : 4염화탄소(CCl_4), 1염화브롬화메탄(CH_2BrCl), 2브롬화4불화탄소(CF_2BrCF_2Br) 등이 사용되고, 소화 작용으로는 산소와의 차단 및 산소 농도를 감소시키며, 연쇄 반응을 중단시키는 역할을 한다.
(6) 인산암모늄 : ABC 분말제라 하며, A, B, C 화재의 어느 것에나 적용된다.

3 화재구분 및 소화 방법

(1) 화재의 구분

구분	화재의 종류	표시색상	소화제	적응소화기
A급 화재	일반 가연물의 화재	백 색	주수, 산알칼리	중조산식 소화기 수동 펌프식 소화기
B급 화재	가연성 액체 화재	황 색	CO_2, 포할로겐화, 물, 분말	휘발성 액체 소화기 불연 가스 소화기 소화 분말 소화기
C급 화재	전기 화재	청 색	CO_2, 할로겐화물, 분말	유기성 소화액 소화기
D급 화재	금속 화재		건조사, 불연성 기체	건조사

(2) 소화 방법 및 효과

유별분류		소화제 및 소화방법	소화효과	비고
제1류 위험물	알칼리 과산화물	건 조 사	질식효과	
	기타의 위험물	주 수 소 화	냉각효과	
	준위험물	주 수 소 화	냉각효과	
제2류 위험물	금속분	건 조 사	질식효과	
	금속분외의 위험물 (준위험물 포함)	주 수 소 화	냉각효과	
제3류 위험물	금속성 물질	건 조 사	질식효과	
제4류 위험물	알루미늄 알킬	건 조 사	질식효과	
	기타 위험물 준위험물	포말, 분말, 이산화탄소(CO_2) 할로겐 소화제 등	공기 차단의 질식효과	
제5류 위험물(전체)		주 수 소 화	냉각효과	
		건 조 사	질식효과	
제6류 위험물(전체)		주 수 소 화	희석효과	냉각작용도 있음
		모래, 탄산가스	질식효과	
		탄산가스는 분해에 의해 매우 유독한 포스겐 가스가 발생함으로 위험하다.		

16.6 폭발

1 폭발의 개요

폭발이란 안전 공학상에서 볼 때 압력의 급격한 상승으로 급격한 동시에 커다란 폭음이나 발광을 수반하는 현상으로, 만약 가스 폭발에 의해 상승된 압력이 용기 재료의 내압 강도를 넘을 때에는 용기는 파괴되며, 이 현상을 용기의 파열이라 한다. 폭발사고는 한번 발생하면 많은 사상자를 내며, 생산 설비를 광범위하게 파괴하고, 원료 및 재료를 소모시킴은 물론 때에 따라서는 큰 화재를 일으켜 큰 재산 피해를 가져오게 된다.

(1) 폭발의 성립 조건
 ① 가연성 가스, 증기 및 분진이 공기 또는 산소와 접촉, 혼합되어 있을 때
 ② 혼합되어 있는 가스 및 분진이 어떤 구획되고 있는 방이나 용기 같은 것의 공간에 존재하고 있을 때
 ③ 그 혼합된 물질의 일부에 점화원이 존재하고, 그것이 매개로 되어 어떤 한도 이상의 에너지를 줄 때

(2) 폭발성 물질의 종류
 가연성 물질로서 가열, 충격, 마찰에 의해 다량의 열과 가스가 발생하여 순간적으로 체적이 급팽창하여 심한 폭발을 일으키는 물질로서 종류는 다음과 같다.
 ① 니트로글리콜, 니트로글리세린, 니트로셀룰로우스 기타 폭발성의 질산에스테르
 ② 트리니트로벤젠, 트리니트로톨루엔, 피크린산 기타 폭발성의 니트로화합물
 ③ 과초산, 메틸에틸케톤과산화물, 과산화벤조일 기타 유기과산화물

(3) 폭발 발생의 필수 인자

① 가연성 물질의 온도
② 가연성 물질의 농도 범위
③ 용기의 크기와 모양
④ 압력의 방향

폭발의 종류	설 명	보 기
혼합가스 폭발	가연성가스와 지(支)연성 가스의 일정 비율의 혼합 가스가 발화 원인(연소파, 폭연파의 전파)에 의해 생기는 폭발	공기, 프로판가스, 수소가스, 에테르 증기 등의 혼합 가스의 폭발
가스의 분해 폭발	가스 분자의 분해시에 발열하는 가스는 발화원으로부터 착화	아세틸렌, 에틸렌 등의 분해에 의한 가스 폭발
분진 폭발	가연성 고체의 분진 또는 가연성 액체의 분무 또는 어느 농도 이상으로 공기 또는 가연성 가스에 분산되어 있는 분진은 발화원으로부터 착화	공기중의 유황 가루, 플라스틱, 식품, 사료, 석탄의 가루 및 마그네슘, 알루미늄, 칼슘, 규소 가루 등의 분진 폭발
혼합위험에 의한 폭발	산화성 물질과 환원성 물질과의 혼합물이 혼합 직후 발화하는 것 또는 후에 충격, 가열 등으로 폭발	액체 청선, 무수 마레인산과 가성 소다, 액체 산소와 탄소 가루 등의 혼합에 의한 폭발
폭발성화합물의 폭발	화합 폭약의 제조, 가공 공정 또는 사용 중에 일어난다. 또는 반응 중에 생긴 예민한 부산물이 반응조에 축적되어 생기는 폭발	메틸, 에틸, 케톤, 파아옥시드, 트리니트로, 톨루엔, 아세틸렌 등 아지화연의 폭발
증기 폭발	물, 유기 액체, 액화 가스 등의 액체류가 과열 상태로 되었을 때 순간적으로 증기화하여 일어나는 폭발	물이 괸 곳에 용융 카아바이드나 철이 낙하는 경우 종합열이나 외부로부터의 열로 증기압이 상승하여 용기 파괴
도선 폭발	금속 전선에 큰 전류를 흘려 보냈을 때 금속의 급속한 변화에 따른 폭발	알루미늄 도선이 전류에 의한 폭발
고상전이에 의한 폭발	고상간의 전이열에 따른 공기 팽창으로 인한 폭발	무정형 안티몬이 결정형 안티몬으로 바뀌면서 폭발

2 폭굉(detonation)

폭발 중에서도 격렬한 폭발로서 화염 전파 속도가 음속보다 빠른 경우로 이 때 파면 선단에 충격파라고 하는 압력파가 솟구치는 현상이다. 이 때 폭속은 1000~3500m/s 정도로 빨라진다.

16.7 화공사고 사례

1 유류저장탱크 보수작업 중 탱크 내부에서 폭발이 발생
→ 전공, 사망

【1】 재해개요
- 발생월일 : 2002. 3.
- 소 재 지 : 경기도 시흥시
- 시 공 사 : ○○전력(주)
- 공 사 명 : 유류저장탱크 보수작업
- 피 재 자 : 전공, 29세
- 사고유형 : 폭 발
- 피해정도 : 사 망
- 윤활유 임시보관 탱크로 활용하기 위해 구입한 중고 탱크 내부 녹 제거작업 중 폭발이 발생, 화상을 입고 병원에 치료 중 사망한 재해임.
- 공사규모 : 유류탱크($41.4m^3$) 보수작업

【2】재해 상황도

【3】재해발생 상황

- 당 현장은 유류저장탱크 내부 녹 제거작업으로, 재해당일에는 마무리 작업인 헝겊에 신나를 묻혀 내부를 닦는 작업을 실시함.
- 08 : 30경부터 피재자는 작업보조 역할을 수행하며 작업을 진행하였으며, 작업 중 증발한 신나 증기로 인하여 작업이 곤란하자 작업을 일시 중단하고 환기를 실시하기로 함.
- 10 : 30경 작업이 중단된 상태에서 피재자가 탱크 내부로 들어 갔다가 스파크로 인해 폭발이 발생하여 화상을 입고 치료 중 사망한 재해임.

【4】 원인과 대책

〔원 인〕

- 폭발위험이 있는 장소에서 일반형 전기기계·기구 사용 : 인화성 증기의 발생으로 폭발농도에 달할 위험이 있을 경우 방폭성능을 가진 전기기구를 사용하여야 하나 일반형 조명 및 핸드 그라인더를 사용하여 이러한 기기에서 발생한 스파크가 점화원이 되어 폭발이 발생함.
- 인화성 증기의 발생에 대한 안전조치 미흡 : 인화성물질의 증기가 존재하여 폭발의 위험 또는 화재가 발생할 우려가 있는 장소에서는 자동경보장치를 설치하고 통풍, 환기 등의 조치를 하여야 하나 이러한 조치를 미실시함.

〔대 책〕

- 방폭구조의 전기기계·기구 사용 : 폭발위험이 있는 장소에서 사용하는 전등, 핸드 그라인더 등 전기기계·기구는 방폭성능을 가진 방폭구조의 전기기계·기구를 사용하도록 함.
- 밀폐공간 작업시 환기 실시 및 가연성 가스 측정 : 유류저장소 등 밀폐공간에서 인화성 물질의 사용으로 인화성 증기가 체류할 위험이 있는 경우 자동경보장치를 설치하고, 작업 전, 작업 중 적정시간 동안환기를 실시하고 인화성 증기농도를 측정한 후 이상이 없을 경우에만 작업을 실시하여야 함.

주 대한안전산업협회(http://www.safety.or.kr)에서 자료를 인용하였음

2 차량용 LPG 용기 폭발

【1】재해 개요

- 발생월일 : 2002. 3.
- 날짜 : 2000년 10월
- 업종 : 금속제품 제조 또는 금속가공업(갑)
- 기인물 : LPG용기
- 재해유형 : 화재폭발
- 피해정도 : 사망12명, 부상7명
- 공정 : 차량용 LPG용기에 부착된 과충전 방지밸브 해체작업 중

【2】재해 상황도

【3】재해발생 원인

- 가연성가스의 안전한 방출 또는 처리시설없이 작업 실시
- 용기내부의 잔류가스 여부의 확인 미실시
- 화재·폭발 위험장소에서 일반공구 사용

【4】예방 대책

- LPG용기 내부의 잔류가스 처리시설 설치
- 용기내부의 잔류가스 여부 확인 실시
- 방폭용 공구 사용
- 안전담당자 등 작업지휘자 지정
- 특별안전보건교육 실시

주 대한안전산업협회(http://www.safety.or.kr)에서 자료를 인용하였음

제 17 장

건설안전과 사례연구

17.1 건설 공구 및 장비

1 수공구(hand tools)의 안전기술

　수공구와 기구들은 사용을 위해서 적절하고 양질의 재료로 만들도록 한다. 수송을 할 때에는 끝부분이나 끝이 날카로운 것이나 또는 도끼같은 날카로운 부분이 있는 수공구는 위험을 막도록 잘 배치토록 하거나 묻어 놓거나 칼집을 넣어 두도록 한다. 전기 쇼크의 위험이 있을지도 모르는 전기가 통하는 근처에서는 절연되고 비전도체인 도구만을 사용해야 한다. 가연성 물체의 근처나 폭발성 분진, 증기의 앞에서는 불꽃이 없는 도구만을 사용해야 한다.

2 토공장비의 안전기술

　총적재 중량을 지키고, 철저한 기계정비가 필요하다. 작동시에는 모든 작동자들이 없어질 때까지 작동해서는 안되며, 토공장비의 운전석은 굴착 정면으로부터 최소한 1m를 유지토록 한다. 삽과 크레인의 스크프와 버킷은 장비가 이동할 때 적재해서는 안되며, 토공 기계는 안전함을 확인하지 않고 브리지, 고가교, 둑 등 위에서 이동해서는 안된다. 어떠한 일이 있더라도 토공기계가 작동 중일 때 그 활동범위내로 들어가서는 안된다. 토공장비가 전도체의 위험한 부근에서 작동하는 것을 막도록 주의를 기울이도록 한다. 토공장비에 있어서 모터브레이크, 조정기어, 샤시, 블레이드, 블레이드 호올더, 트랙, 와이어 로프, 시이브, 수압기구, 수송장치, 볼트 및 기타 안전장치 부품 등을 매일 검사토록 한다. 토공 장비는 밤에 도로상에 두지 않고, 토공 방비를 도로상에 두었을 경우 전등, 붉은 기나 기타 효과적인 수단으로 적당히 표시하도록 한다. 자격이 없는 사람이 토공 기계를 수송해서는 안된다. 버킷 굴착기는 60° 경사를 초과하는 지벽의 바닥이나 꼭대기에서 사용해서는 안된다.

3 운반기계의 안전기술

도로차량을 위한 위험안내 도표는 낮이나 밤에도 명확히 볼 수 있어야 한다. 건설공사에 사용된 트럭이나 트랙터 도로는 관계 관청에 의해 설치한다는 조건하에 안전하게 건설하고 유지한다. 트럭도로는 운반할 교통량에 적당한 곡선, 폭, 표면, 경사를 갖춘다. 적당한 보호레일과 방호물의 설치는 다리와 벼랑, 계곡 기타 내리받이의 측변에 한다. 도로의 얼음으로 덮인 부분이나 매끄러운 부분 특히 경사지거나 커브상에서는 모래나 기타 매끄럽지 않은 물질들을 뿌리도록 한다. 트랙터와 트럭은 그들이 받는 가장 무거운 응력을 지탱할 수 있을 만큼 충분히 견고한 구조여야 한다. 트랙터와 트럭은 작동중이나 경사상에서도 운전되도록 설계된 차량으로써 아주 무거운 하중에도 견딜 수 있는 브레크를 설비토록 한다. 트레일러를 안전하게 고정시키고 잠길 수 있는 강도의 장치에 의해서 트럭에 연결시키도록 한다.

17.2 추락 및 낙하물 재해방지 설비

1 추락

추락(墜落)이란 사람이나 물체가 중간단계의 접촉없이 낙하(자유낙하)하는 것이고, 전락(轉落)이란 계단이나 경사면에 굴러 떨어지는 것을 말하므로 동일하게 떨어지는 것이라도 물체의 경우는 낙하(落下)라고 하여 그 어휘를 구분하고 있다.

(1) 추락의 재해 결과
 ① 충격부위가 다리인 경우는 상해가 적으나, 머리인 경우는 사망에 이르기 쉽다.
 ② 충격장소가 부드러운 경우는 상해가 작고, 딱딱한 경우는 상해가 크다.
 ③ 대체로 추락높이가 높을수록 상해가 크지만, 한편으로 2m 정도에서 사망한 경우와, 30m 이상에서 생존한 경우가 있다.
 ④ 고령자일수록 상해가 크고, 10세 이하 특히 3세 이하는 상해가 작다.
 ⑤ 체조선수나 유도선수와 같이 신체가 유연하고, 언제나 낙법 등으로 훈련하고 있는 사람들은 상해가 작다.
 ⑥ 자살이나 중독환자의 경우는 상해가 작다.
 ⑦ 사람머리는 내충격성에 관한 연구에 의하면 「사람의 두개골은 대개 노송나무 정도로 딱딱하고, 평균적으로 대부분 1m 높이로부터 딱딱한 평면위로 낙하하면 두개골 골절을 일으킨다」라고 되어 있다.

(2) 추락의 형태
 ① 고소에서의 추락
 ② 개구부 및 작업대 끝에서의 추락

③ 비계로부터의 추락
④ 사다리 및 작업대에서의 추락
⑤ 철골 등의 조립작업시의 추락
⑥ 해체 작업 중의 추락 등

2 추락 재해 방지 대책

(1) 물적 측면에 대한 안전 대책
 ① 추락이 일어나지 않도록 한다.(추락방지)
  ㉮ 발판, 작업대 등은 파괴 및 동요하지 않도록 견고하고 안정된 구조이어야 한다.
  ㉯ 작업대와 통로는 미끄러지거나, 발에 걸려 넘어지지 않게 평탄하고 미끄럼 방지성이 뛰어난 것으로 한다.
  ㉰ 작업대와 통로주면에는 난간이나 보호대를 설치하고 수평개구부에는 발판 등의 보호물을 설치한다.
 ② 만일 추락해도 재해가 일어나지 않도록 한다. (추락방호) : 작업사정에 따라 추락방지가 곤란한 경우에는 안전대를 착용하거나 안전네트 등의 방호설비를 설치한다.

(2) 인적 측면에 대한 안전 대책
 ① 작업의 방법과 순서를 명확히 하여 작업자에게 주지시킨다.
 ② 작업자의 능력과 체력을 감안하여 적정한 배치를 꾀한다.
 ③ 안전교육훈련을 통해 작업자에게 추락의 위험을 인식시킴과 동시에 자율적 규제를 촉구한다.
 ④ 작업지휘자를 지명하여 집단 작업을 통제한다.

3 작업장소별 안전 대책

(1) 바닥의 안전 대책
① 바닥의 마무리 재료는 미끄럼방지성이 높은 것으로 하되, 미끄럼 방지계수 0.3 이하의 경우는 낌목, 낌돌, 시트를 까는 등의 대책이 필요하다.
② 바닥면은 평탄하게 하고 설비관계의 배관, 배선 등은 가능한 한 바닥 속에 매립도록 한다. 또한 돌출물에는 표적이나 표지를 붙인다.
③ 바닥면은 언제나 건조상태로 유지하고 되도록 물건을 적치하지 않는다.

(2) 가설통로의 설치 기준
① 계단을 설치하거나 높이 2m 미만의 가설통로로서 견고한 손잡이가 설치된 경우를 제외하고는 경사는 30° 이하로 한다.
② 경사가 15°를 초과하는 때에는 미끄러지지 않는 구조로 한다.
③ 추락위험이 있는 장소에는 표준 안전 난간을 설치한다.
④ 건설공사에서 사용하는 높이 8m 이상의 비계다리에는 7m 이내마다 계단참을 설치한다.

(3) 계단의 안전대책
① 단높이, 단너비의 치수는 승강시에 무리가 없는 것으로 하고 건축법에 의한 계단의 구조를 참고한다.
② 디딤판의 마무리 재료는 미끄럼방지 효과가 높은 것으로 하고, 미끄러지기 쉬운 경우는 미끄럼 방지판을 붙이고 미끄럼 방지판은 신발이 틈에 끼이거나 발이 걸려 넘어지지 않는 모양과 길이를 갖추어야 한다.
③ 측벽이 없는 계단이나 폭이 넓은 계단에는 가능한 한 난간을 설치한다.
④ 디딤판은 항상 건조상태를 유지하고, 계단주면에는 물건을 놓지 않는다.

〔계단에서 전락재해가 일어나기 쉬운 경우〕

구 분	재해발생의 경우
조 명	• 어두울 때
디딤판바닥	• 디딤판이 지나치게 높게 나와 있을 때
디딤판표면	• 표면이 울퉁불퉁한 경우 • 물·기름이 넘쳐 흐르고 있을 때
단너비, 단높이	• 단너비가 좁거나 단높이가 지나치게 높을 경우
승강속도	• 서두를 때
승강구분	• 내릴 때
신 발	• 하이힐 또는 샌달(특히 하이힐)
연 령	• 젊은 여성, 고연령자

(4) 사다리 통로의 설치 기준

① 견고한 구조로 하고, 계단의 간격을 동일하게 한다.
② 답단과 벽과의 사이는 적당한 간격을 유지한다.
③ 사다리의 전위방지를 위한 조치를 한다.
④ 사다리의 상단은 걸쳐놓은 지점으로부터 60m 이상 올라가도록 한다.
⑤ 갱내 사다리식 통로의 길이가 10m 이상인 때에는 5m 이내마다 계단참을 설치한다.
⑥ 갱내 사다리식 통로의 구배는 80° 이내로 한다.

〔계단의 구조〕

(단위 : cm)

계단의 종류	계단 및 계단참의 폭	단높이	단너비
국민학교의 학생용 계단	150 이상	16 이하	26 이상
중·고등학교의 학생용 계단이나 판매시설·관람 집회시설 기타 이와 유사한 용도에 쓰이는 건축물의 계단	150 이상	18 이하	26 이상
그 바로 윗층의 거실의 바닥면적의 합계가 200m² 이상인 지상층의 계단이나 거실의 바닥면적의 합계가 100m² 이상인 지하층의 계단	120 이상	20 이하	24 이상
기타의 계단	75 이상	22 이하	21 이상

(5) 작업발판의 추락 방지 대책
　① 발판은 충분한 강도와 강성을 가질 것
　② 발판의 가설은 지점에서 탈락하지 않도록 확실한 방법으로 한다.
　③ 여러 번 사용한 발판에 대해서는 충분한 보수관리를 행한다.
　④ 산업안전기준상의 내용은 다음과 같다. (높이 2m 이상인 경우)
　　㉮ 폭은 40cm 이상, 발판재료간의 틈은 3cm 이하로 할 것
　　㉯ 추락의 위험성이 있는 장소에는 표준안전난간을 설치할 것
　　㉰ 난간설치가 곤란하면 방망을 치거나 안전대를 사용하도록 조치할 것
　　㉱ 발판재료는 전위하거나 탈락하지 않도록 2개 이상의 지지물에 부착할 것
　　㉲ 발판의 이동시에는 위험방지에 필요한 조치를 할 것 등

(6) 안전 난간의 구성 요건 및 추락 방지대책
　① 상부난간대는 바닥면, 발판 또는 경사로의 표면으로부터 90cm 이상의 높이를 유지할 것
　② 중간대는 바닥면·발판 또는 경사로의 표면으로부터 45cm 정도의 높이를 유지할 것
　③ 난간기둥은 상부난간대와 중간대를 지지할 수 있는 충분한 강도와 간격을 유지할 것
　④ 상부난간대와 중간대는 난간길이 전체를 통하여 바닥면과 평행을 유지할 것.

17.3 건설기계 재해 방지설비

1 Fork Lift(지게차)의 안전기술

경화물의 단거리운반 및 적재, 적하작업에 효과적, fork, ram(짐을 적재하는 장치)와 mast(승강시키는 장치)를 구비한 하역 자동차

(1) 지게차의 용량 : 최대하중 → ton으로 표시

(2) 지게차에 의한 재해
 ① 지게차와의 접촉사고(37%)
 ② 하물의 낙하(27%)
 ③ 지게차의 전도, 전락(16%)
 ④ 추락(14%)

(3) 지게차의 안정성 : 평형 및 지렛대의 원리, 지게차의 구종바퀴가 받침대역할, 카운터 웨이트(counter weight) 균형추의 중량에 의해서 평형

(4) 운전시 주의사항
 ① 난폭운전, 과속을 하지 말 것, 특히 급격한 후퇴를 피할 것
 ② 운전자 이외의 사람은 탑승 금지
 ③ 정해진 하중이나 높이를 초과한 적재를 하지 말 것
 ④ 물건의 낙하방지를 위한 헤드가드(head guard)를 갖출 것
 ⑤ 정해진 구역밖에서의 운전 금지
 ⑥ 방향지시기, 경보장치를 갖출 것
 ⑦ 견인시에는 견인봉을 사용할 것

(5) 작업시작전 점검사항

제동장치 및 조종장치 기능의 이상 유무, 하역장치 및 유압장치 기능의 이상유무, 차륜의 이상 유무, 전조등, 후조등, 방향지시기 및 경보장치 기능의 이상 유무

2. 건설용 양중기

(1) 양중기의 종류

① 크레인 : 동력을 이용해서 짐을 달아 올리거나 그것을 수평으로 운반하는 것을 목적으로 하는 기계중에서 이동식 크레인 또는 데릭에 해당하는 것을 제외한 것을 말한다.

② 이동식 크레인 : 동력을 이용해서 짐을 달아 올리거나 그것을 운반할 것을 목적으로 한다. 기계장치에 있어서 원동기를 내장하며, 불특정의 장소로 이동시킬 수 있는 방식의 것을 말한다.

③ 데릭(Derrick) : 동력을 이용해서 짐을 달아 올리는 것을 목적으로 하는 기계장치이며, 붐을 갖고 원동기를 설치하여 와이어로프에 의해 조작되는 것을 말한다.

④ 엘리베이터 : 사람이나 짐을 가드레일에 따라 승강하는 운반기에 올려놓고 동력을 이용하여 운반하는 것을 목적으로 하는 기계장치 및 이러한 기계장치 중 간이리프트 또는 건설용 리프트에 해당하는 것 이외의 것을 말한다.

⑤ 간이 리프트 : 짐을 가드레일에 따라 승강하는 운반기에 놓고 동력을 이용하여 운반하는 것을 목적으로 하는 기계장치 중 운반기의 상면적이 $1m^2$ 이하, 또는 천장높이가 1.2m 이하인 것으로 건설용 리프트에 해당하는 것 이외의 것을 말한다.

⑥ 건설용 리프트 : 짐을 가드레일에 따라 승강하는 운반기에 놓고 동력을 이용하여 운반하는 것을 목적으로 하는 기계장치 중 토목, 건축 등 공사에 사용하는 것을 말한다.

(2) 호이스트(Hoist)

작업장내에 있어서 중량물을 체인 또는 와이어 로프 등의 인양보조

구에 의하여 매달아 올려 모노레일 등에 의해 일정 장소로 운반하기 위한 기계

  1) 호이스트의 종류 : 와이어 로프식, 보통형, 체인식(스퍼기어형, 스크류기어형, 디프렌셜형)

  2) 호이스트 사용할 때 주의사항

   ① 버튼으로 조작하는 조종판에 연결된 전원은 100V 이하로 한다.

   ② 화물의 무게중심 바로 위에서 달아 올린다.

   ③ 규정량 이상의 화물은 걸지 않는다.

   ④ 주행시 사람이 화물위에 올라타서 운전하지 않는다.

  3) 안전장치 : 리미트 스위치(limit switch)를 이용한 권과방지장치

(3) 크레인(Crane)

물건을 매달거나 수직, 수평운동을 할 수 있어 한정된 작업장내에서의 중량물 운반에 적합.

  1) 구성

   ① 구조부분

   ② 작동부분 : 권상장치, 주행장치, 횡행장치, 선회장치, 기복장치(jib의 선회 및 기복)

  2) 재해유형

   ① 매단 물건의 추락에 의한 재해

   ② 협착에 의한 재해

   ③ 구조부분의 결손, 기계파괴에 의한 재해

   ④ 추락에 의한 재해

  3) 크레인의 방호장치

   ① 권과방지장치(over hoisting limit)-limit switch를 사용

   ② 과부하방지장치(overload limiter)

③ 비상정지장치
④ 브레이크 장치
⑤ 해지장치
⑥ 스토퍼(stopper)
⑦ 이탈방지장치
⑧ 안전밸브

4) 재해방지대책

본체, 권상 와이어 로프, 매달기 기구 등의 정기점검, 권과방지장치 등의 점검이행, 정격하중의 준수, 이동거리내의 안전확인, 내리는 장소, 놓아 둘 장소의 안전확인, 출입금지 구역의 설정, 접촉방지조치, 자격이 있는 운전자 및 고리걸이 작업자가 작업담당

5) 작업시작전 점검사항
① 권과방지장치, 브레이크, 클러치 및 운전장치의 기능
② 주행로의 상측 및 트롤리(trolley)가 횡행하는 레일의 상태
③ 와이어 로프가 통하는 곳의 상태

3 컨베이어(conveyor)

화물을 연속적으로 운반하는 기계

(1) 컨베이어의 일반적 주의사항
① 인력으로 적하하는 컨베이어에는 하중제한 표시
② 기어, 체인, 이동부위에는 덮개를 설치
③ 운전중인 컨베이어의 위로 근로자가 넘어갈 때는 건널다리를 설치
④ 마지막쪽의 컨베이어부터 시동, 처음쪽부터 정지

(2) 컨베이어의 방호장치
① 비상시에 즉시 컨베이어의 운전을 정지할 수 있는 비상정지 장치

를 부착. 컨베이어의 기동장치와 연동되는 구조로 버튼이나 로프 등으로 작동

② 불시의 정전, 전압강하 등으로 인한 컨베이어의 역전을 방지(특히 경사식 컨베이어)하기 위한 역전방지장치와 브레이크

③ 화물, 운반구의 이탈을 방지하기 위하여 컨베이어 구동부 측면에 로울러형 안내가이드 등의 이탈방지 장치

④ 낙하위험의 우려가 있는 곳에는 덮개, 낙하 방지용 울을 설치

(3) 작업시작전 점검사항
 ① 원동기 및 폴리 기능의 이상 유무
 ② 이탈 등의 방지장치 기능의 이상 유무
 ③ 비상정지 장치 기능의 이상 유무
 ④ 원동기, 회전축, 치차, 폴리 등의 덮개 또는 울의 이상 유무

(4) 컨베이어 작업시 주의사항
 ① 작업중 컨베이어를 넘기 위해 기계에 올라타는 일이 없도록 할 것
 ② 안전커버를 벗긴채로 작업하지 말 것
 ③ 운전 중 근로자의 탑승을 금지할 것
 ④ 스위치를 넣을 때는 미리 분명한 신호를 할 것
 ⑤ 운전상태에서 벨트나 기계부분을 청소하지 말 것

17.4 운반작업 안전

1 인력운반작업

운반 작업은 생산활동에 수반되는 필수행위이며 1) 가공비의 30~40%가 운반비, 2) 공정 시간의 80~90%가 운반에 소요되는 시간, 3) 노동으로 인한 재해의 85%(전체 재해의 약 30%)가 운반에서 발생하고 있다.

생산활동에서 운반시간, 운반재해를 줄여 운반안전을 기하는 것이 기업경영에 반드시 필요한 조건이다.

(1) 인력운반의 하중기준 : 체중의 40% 이내의 중량을 운반하되 운반회수, 거리, 운반대상물의 파지, 형상 등을 고려하여 적정 운반하중을 정한다.

(2) 인력운반 작업시 재해원인
① 작업동작에 기인 : 불안전한 자세, 과로, 작업규율의 무시, 무리한 자세, 기계사용의 오조작, 능력 이상의 작업
② 시설 및 용구에 기인 : 위험한 작업위치, 좋지 않은 작업환경, 작업에 적합하지 않는 설비나 기구, 설비나 기기의 불충분한 정리, 정돈

(3) 통로 및 작업장 바닥에서의 재해방지대책
① 충분한 폭을 확보, 주요한 통로에는 흰선표시
② 기계와 기계, 기계와 설비사이의 통로의 폭은 80cm이상
③ 통로의 바닥은 미끄러움을 방지, 앵커볼트의 돌출, 배선이나 배관의 노출, 칩의 방치, 기름의 넘침에 주의
④ 재료, 제품, 작업용구 등의 철저한 정리, 정돈
⑤ 칩의 비래 위험시는 보안경 착용
⑥ 안전화의 사용

(4) 인력운반 작업시 안전 수칙
① 물건을 들어올릴 때 팔과 무릎을 사용, 척추는 곧은자세
② 무거운 물건은 공동작업으로 실시, 보조기구를 사용
③ 길이가 긴 물건은 앞쪽을 높여 운반
④ 하물에 접근하여 중심을 낮게 한다.
⑤ 어깨보다 높이 들지 않는다.
⑥ 무리한 자세를 장시간 지속하지 않는다.

(5) **고소작업** : 2m 이상 높이에서의 작업에서는 반드시 작업대를 설치, 안전모, 로프 등의 보호구는 반드시 정확하게 사용, 가벼운 복장착용, 3m 이상의 높이에서는 절대로 물건을 던지지 말 것, 반드시 안정성 있는 작업발판을 사용, 발판의 조립, 수리, 해체는 숙련자가 할 것, 높이 2m 이상의 곳에서는 안전모 등 보호구를 착용, 작업구역에 작업자 이외의 사람은 출입금지, 표준 안전 난간을 설치할 것, 사다리는 벌리는 다리를 고정시키는 장치를 사용할 것, 사다리는 평면과의 각도가 75° 정도가 되도록 세울 것, 발판은 튀어 오르지 않도록 꼭 묶을 것, 옥상의 작업은 숙련자가 하고 나비 30cm 이상의 판자를 깔 것

(6) 운반안전과 관련된 사항
  ① 안전모 착용의 의무화
  ② 동력운반기계의 운전자는 유자격자일 것
  ③ 운반물의 돌출은 적색표시
  ④ 사다리 설치각도는 평면과 75°로 유지, 출입문 형식은 바깥쪽 여닫이 형식
  ⑤ 작업장의 교통계획은 일방통행, 50인 이상의 작업장은 2개 이상의 비상통로를 설치할 것

2 기계력 운반작업

(1) 기계화하여야 할 인력작업의 표준
  ① 3~4인이 상당시간 동안 계속하여야 할 운반작업
  ② 발밑에서 머리위까지 들어올리는 작업
  ③ 발밑에서 어깨까지 25kg 이상의 물건을 들어올리는 작업
  ④ 발밑에서 허리까지 50kg 이상의 물건을 들어올리는 작업

⑤ 발밑에서 무릎까지 75kg 이상의 물건을 들어올리는 작업

(2) 운반기계의 분류
① 양중기 : 중량물을 제한된 거리 범위에서 운반하기 위한 양중장비
　→ 크레인, 승강기, 곤도라, 리프트, 호이스트, 데릭
② 차량계 하역운반기계 : 원동기를 내장하여 불특정 장소에 스스로 이동 가능한 하역운반기계 → 지게차, 구내 운반차, 화물 자동차
③ 컨베이어(conveyor) : 화물을 연속적으로 운반

(3) 운반시의 유의사항
① 규정 무게 이상의 것을 무리하게 싣지 말 것
② 불안정한 물건, 중심이 위쪽에 있는 물건은 적재하지 말 것
③ 긴 물건의 적재시 앞끝에 위험표시
④ 한쪽으로 치우치지 않도록 적재
⑤ 손수레 등은 뒤에서 밀도록 할 것
⑥ 작은 물건은 상자속에 넣을 것
⑦ 넘어지기 쉬운 것은 받침대를 쓰고, 로프걸쇠로 고정
⑧ 물건이 차체에서 빠져 나오지 않게 적재
⑨ 물건을 내리려고 로프를 풀 때, 문을 열 때 물건이 떨어지지 않도록 한다
⑩ 손수레 방향 회전바퀴는 뒤에 부착할 것

17.5 건설안전 사례

1 건물 외부비계 해체작업 중 추락

【1】 재해 개요

- 발생월일 : 2002. 7.
- 소 재 지 : 서울시 도봉구
- 시 공 사 : ○○건설(주)
- 공 사 명 : ○○고등학교 신축공사
- 피 재 자 : 비계공, 40세
- 사고유형 : 추 락
- 피해정도 : 사 망
- 건물 지상 3층 외부비계 위에서 비계 해체작업 중 몸의 중심을 잃고 지상 1층 바닥으로 추락(약 10m)하여 사망한 재해임.
- 공사규모 : 지하 1층, 지상 5층

【2】 재해 상황도

【3】재해 발생 상황

- 당 현장은 학교 신축공사 현장으로, 재해당일 작업은 체육관동 외부비계 해체작업으로 작업자 5명이 투입되어 08:00경부터 작업을 시작하였음.
- 피재자가 지상 3층 부위에서 비계용 강관파이프 해체작업을 실시하던 중 10:30경 몸의 중심을 잃고 지상 1층 바닥으로 추락(약 10m)하여 사망한 재해임.

【4】원인과 대책

〔원 인〕
- 안전대 부착설비 미설치 및 안전대 미착용
  - 높이 2m 이상인 장소에서 작업시 추락의 위험이 있는 때에는 안전대 부착용 로프 설치 등 안전대 부착설비 및 안전대 착용 후 작업하여야 하나 안전대 부착설비 미설치 및 안전대 미착용 상태에서 작업하다 추락사고 발생.
- 안전모(턱끈) 미착용
  - 안전모 턱끈을 매지 않아 추락시 안전모가 벗겨져 머리를 보호받지 못함.

〔대 책〕
- 안전대 부착설비 설치 및 안전대 착용 후 작업 실시
  - 비계 해체작업 등 높이 2m 이상인 장소에서 작업시 추락의 위험이 있는 때에는 안전대 부착용 로프 등 안전대 부착설비 설치 및 안전대 착용 후 작업 실시.
- 올바른 개인보호구 착용
  - 안전모를 착용하는 때에는 턱끈을 체결하여 벗겨지지 않도록 함.

주 한국산업안전공단(http://www.kosha.net)에서 자료를 인용하였음

2 카고크레인의 붐 지지볼트가 파손되면서 붐대가 붕괴됨

【1】재해 개요
- 발생월일 : 2002. 6.
- 소 재 지 : 전남 여수시
- 시 공 사 : (주)○○건설
- 공 사 명 : 석고장 차수시설설치공사
- 피 재 자 : 비계공, 31세
- 사고유형 : 붕 괴
- 피해정도 : 사 망
- 펌프장 배관 볼트 조임작업을 위해 유압잭과 카고크레인을 이용하여 배관을 들어올리던 중 크레인의 붐 지지볼트 파손으로 붐대가 넘어지면서 피재자를 강타하여 사망한 재해임.
- 공사규모 : 석고장 60만평 차수시설

【2】재해 상황도

【3】재해발생 상황

- 당 현장은 석고(시멘트의 원료)를 생산 및 저장하는 장소(60만평)에서 석고가 바다로 유출되는 것을 차단하기 위한 시설을 건설하는 공사로, 재해당일 13 : 00경 현장내 공업용수 펌프장 부근에서 피재자는 동료 3명과 함께 이설공사가 완료된 펌프장 석고 슬러지 배관(28″) 라인(Line) 중 일부 누수되는 배관 프렌지 부분을 보수하는 작업 중이었음.
- 프렌지 부분 볼트 조임작업을 위해 배관하부지반 위에 모래주머니(2개) 및 원형철판(직경 약 50cm)을 놓고 그 위에 유압잭(50톤)을 사용, 배관을 들어 올린 상태에서 유압잭만으로는 충분치 않아 추가로 카고크레인(11ton)을 투입하여 배관을 매달아 미세하게 조정하며 올리는 작업 중이었음.
- 이 때 배관의 자중에 의한 갑작스런 과하중 등 불안전한 요인이 카고크레인에 작용하는 순간 카고크레인 마스트 지지볼트가 파손되면서 붐대가 붕괴, 낙하하여 피재자의 머리를 강타하여 사망한 재해임.

【4】원인과 대책

〔원 인〕

- 배관라인 상승(Lifting up)작업시 불안전한 작업방법 실시
  - 배관라인을 들어올리려는 유압잭 상승력에 대한 지반반력 부족 위험 등 불안전한 상황에서 유압잭을 사용하였고, 또한 트럭크레인을 상승작업에 동시 사용하여 크레인에 과하중 등이 발생할 수 있는 불안전한 상태의 작업방법으로 작업을 실시하여 사고 발생.

〔대 책〕
- 배관라인 상승(Lifting up)작업시 안전한 작업방법 실시
  • 배관라인 상승작업시는 중량검토, 상승방법, 사용 기계기구의 특성, 기초 및 지반조건, 이상하중 등 위험요인 및 작업시 안전 작업방법 등에 대한 사전안전성을 검토하여 세부 계획을 수립한 후 작업을 시행하여야 함.

주 한국산업안전공단(http://www.kosha.net)에서 자료를 인용하였음

제Ⅳ편

직업병 및 사고 사례연구

제18장 직업병 ▶ *399*

제19장 대형 사고 ▶ *414*

제20장 가정, 학교에서의 사고 ▶ *424*

제18장

직업병

18.1 직업병 발생요인과 종류

【1】 직업병의 특성

(1) 임상적 또는 병리적 소견이 일반 질병과 구분하기가 어렵다.
(2) 폭로 시작과 첫 증상이 나타나기까지 긴 시간적인 간격이 있다.
(3) 많은 직업성 요인이 비직업성 요인에 의해 상승작용을 일으킨다.
(4) 임상의사가 관심이 적어 이를 간과하거나 직업력을 소홀히 한다.
(5) 인체에 대한 영향이 확인되지 않은 신물질이 많다.
(6) 보상과 관련된다.

【2】 직업병 발생 요인

직업병의 발생요인은 여러 가지가 있는 데 이를 인자별로 분류해보면 다음과 같다.
(1) **물리적 원인** : 온도, 복사열, 소음과 진동, 유해광선, 작업자세 및 작업 조건
(2) **화학적 원인** : 중금속, 유기용제, 가스 등 화학적 유해물질, 분진
(3) **생물학적 원인** : 세균, 곰팡이, 바이러스 등 생물학적 요인
(4) **심신에 과도한 부담을 주는 작업형태적 요인** : 작업자세 및 작업조건

[3] 직업병의 종류

(1) 중금속 중독 : 납 중독, 수은 중독, 카드뮴 중독, 망간 중독, 금속열
(2) 유기용제 중독 : 벤젠 중독, 톨루엔 중독, 이황화탄소 중독, 아크릴 아미드 중독
(3) 진폐증 : 탄광부폐증, 규폐증, 석면폐, 면폐, 용접공폐
(4) 직업성 호흡기계 질환 : 폐암 직업성 천식, 만성기관지염
(5) 직업성 암 : 폐암, 백혈병, 중피종, 방광암, 비강암, 간암
(6) 작업 관련 근골격계 질환 : 수근관증후군, 건초염, 직업성 요통
(7) 소음성 난청, 열사병, 진동신경염
(8) 직업성 피부질환 : 접촉성 피부염, 자극성 피부염, 화상
(9) 감염성 질환 : 바이러스성 간염, 결핵 등
(10) 작업 관련 심혈관질환 : 고혈압, 관상동맥질환, 심부정맥
(11) 생식기계 관련 질환 : 불임, 자연유산, 최기형성, 생식기능 저하
(12) 정신신경독성 질환 : 중추 또는 말초신경염, 독성 뇌증, 정신질환, 인격장해

18. 2 직업병 관리 방법

직업병을 예방하기 위한 관리방법으로는 크게 작업환경 측정을 통한 방법과 건강진단을 통한 방법이 있다. 작업환경 측정은 작업장의 환경 상태를 파악하여 간접적으로 근로자가 흡입 가능한 양을 측정하는 것으로 실제 근로자에게 폭로되는 양과는 차이가 있으나 근로자를 직접 조사하지 않고 이용할 수 있는 점에서 유리하다. 유해물질에 대한 폭로 및 건강 영향 모니터링 방법에는 다음과 같은 것이 있다.

【1】 작업환경측정(Environmental Monitoring)

작업장의 공기를 포집, 분석하여 근로자의 유해물질 폭로량을 간접적으로 파악하는 것이 작업환경측정이다.

(1) **개인시료 포집법** : 근로자 개개인 별로 개인용 시료포집기를 이용하여 유해 물질의 노출량을 간접적으로 측정하는 것으로 미국과 한국에서 사용.

(2) **지역시료 포집법** : 작업장내 일정한 위치에 시료포집기를 두어 해당 위치에 하루 중의 유해물질 노출량을 파악함으로써 간접적으로 근로자의 유해 물질 노출량을 파악하는 것으로 일본에서 사용.

(3) **시간가중평균 허용기준**(Threshold Limit Value Time Weighted Average)은 근로자가 하루 8시간 일주일 40시간 일을 한다고 할 때 이 정도의 농도 이내로 유해물질에 노출되면 평생 근무하여도 건강장해는 없을 것이라고 추정되는 농도를 선정한 것이다.

【2】 생물학적 모니터링(Biological Monitoring)

생물학적 모니터링이란 근로자의 혈액, 소변, 내쉬는 숨 등의 분석을 통해 유해물질의 체내 폭로량을 파악하는 것으로 최근 분석기술의 향상과 더불어 유해물질 폭로 평가 방법의 하나로 각광을 받고 있다. 예를 들면 혈액중 납, 수은 농도, 요중 마뇨산 농도 등을 측정하는 것이 이에 해당한다. 이것이 높게 나타난다는 것은 해당 유해물질의 노출량이 많은 것으로 이 자체가 인체의 병리적인 변화를 일으킨 것을 의미하지는 않는다. 일반 임상검사에서 이상 소견이 나타날 경우 인체의 병리적인 변화가 나타난 것을 의미하는 것과는 다르다는 것을 이해하여야 한다.

【3】 의학적 감시(Medical Surveillance)
 (1) 근로자 건강진단의 종류 : 특수건강진단은 사업주의 부담으로 분진이나 소음 등은 1년에 1회, 화학물질 등은 일년에 2회의 검진을 통해 해당 유해인자로 발생 가능한 기능 이상에 대한 검사를 실시한다. 이를 통해서 해당 유해인자에 의한 건강장해를 조기에 발견하는 데 목적이 있다.
 (2) 현행 건강진단 방법 및 사후판정 : 특수건강진단은 일정한 법적인 요건과 인력을 갖춘 기관에서 실시되는 데 1996년 12월 31일 현재 전국에는 85개의 특수건강진단기관이 있다. 건강진단은 1차 진단과 2차 진단으로 나뉘어지는 데 1차 진단에서는 법적으로 정해진 기초검사가 실시된다. 1차 진단을 담당한 의료기관은 진단 결과를 참고하여 이상소견을 보이는 경우 R로 구분하여 10일 이내에 해당 근로자에 대해 담당의사의 판단에 따라 2차 진단을 실시하여야 한다. 2차 건강진단을 끝낸 후 1차 결과와 종합하여 모든 결과를 A, B, C, D 4단계로 구분하여 판정한다.
  ① A(건강한자) : 건강한 자로 사후조치가 전혀 필요 없는 경우
  ② B(경미한 이상자) : 경미한 이상이 있지만 사후조치는 필요 없는 경우
  ③ C(요주의자) : 현재 질병이라고 할 수는 없지만 방치하면 질병으로 발전될 가능성이 높은 상태로 건강관리상 계속 관찰을 요하는 경우로 의사의 소견에 따라 필요한 조치를 취하여야 한다. C 판정일 때는 단순히 주의만 해야 할 경우가 있고, 정기적인 검사 등으로 추적 관리해야 할 경우가 있고, 작업전환이나 근로시간 단축 등을 해야 하는 경우 등이 있으므로 그 근로자가 어떤 경우에 해당되는지 확인하여 필요한 조치를 취해준다.

④ D_1(직업병 유소견자) : 직업병에 이환되었거나 직업병으로 의심되는 자로 직업병으로 유소견자라고 한다. 직업병 유소견자에 대한 사후 조치도 근로시간 단축, 작업전환, 휴직, 근무 중 치료 등의 의사 소견에 따라 실시한다. 질병을 계속 치료해야 하는 근로자에 대해서는 요양신청을 하도록 한다. 요양이 끝나고 장해가 남은 경우나 요양은 필요 없지만 장해가 남은 경우는 장해급여신청을 하도록 한다. 이 때 소음성 난청은 작업전환을 시켜 소음폭로가 없고 더 이상 청력감퇴가 없을 때 장해급여 신청을 하여야 한다.

⑤ D_2 : 일반병 유소견자

【4】 직업병의 진단과 사후조치

(1) **직업병 진단 방법** : 직업병을 진단하는 데 임상적으로 다른 질환과 특별히 다른 것은 없다. 다만 일부 중금속을 비롯한 유해물질이나 그 대사물질은 폭로의 증거로서 참고될 수 있으며 작업장의 유해 환경에 대한 자료의 뒷받침이 필요하다. 즉, 병원의 진료 자료는 임상적인 질병 진단명일 뿐 그것이 곧바로 직업병을 인정하는 자료가 될 수는 없다. 이러한 정확한 임상진단명과 근로자가 근무하였던 유해환경에 대한 관련성을 검토한 후 직업병을 진단할 수 있다. 그러므로 직업병을 이해하고 진단하는 데 많은 어려움이 따른다.

(2) **업무상 질병 인정요건** : 업무상 질병으로 인정하는 데는 업무 중에 발생하였다는 업무수행성과 질병이 업무와 직접적인 관련이 있어야 하는 업무기인성이 충족되어야 한다. 업무상 질병으로 인정하는 데 필요한 최소한의 요건은 다음과 같다.

① 사고로 인한 손상이나 재해로 인한 질병이 있어야 한다.

② 손상이나 질병은 작업 중 또는 작업에 기인하여 발생하여야 한다.

③ 손상이나 질병이 요양, 재활등이 필요하거나 장해 등이 있어야 한다.

18.3 직업병의 종류

(1) **가스색전증**(gas embolism) : 가스가 혈관을 막음으로써 일어나는 색전증. 높은 기압상태에서는 가스가 혈액 속에 많이 용해되어 있다. 그러한 상태하에 있던 사람이 갑자기 평압상태(平壓狀態)로 되돌아오면 혈액 속에 녹아 있던 가스가 기포를 만들어서 혈행(血行)을 막기 때문에 일어나는 증세로, 잠수부 등에게 있을 수 있는 직업병의 하나이다.

(2) **경견완증후군**(頸肩腕症候群, shoulder-arm-neck syndrome) : 장시간 일정한 자세로 상지(上肢)를 반복하여 과도하게 사용하는 노동으로 발생하는 직업성 건강장해. 경견완장해(cervical syndrome)라고도 한다. 키펀처나 타이피스트와 같은 타건(打鍵)작업에 종사하는 근로자 중에서 많이 발생하기 시작하여 그 후 슈퍼마켓에서 계산기를 다루는 근로자 중에서도 발생하였다. 기계를 사용하지 않는 근로자도 상반신을 앞으로 구부린 자세로 작업을 계속하거나 무거운 물건을 다루는 경우, 벨트 컨베이어 작업에서 작업밀도가 높은 조립작업을 하는 경우 등 상지를 빈번히 사용하면 이러한 증세를 보일 때가 있다. 신경긴장과 냉기(冷氣)는 증세의 발생을 촉진하고 가중시키는 인자로 작용한다.

(3) **공업중독**(工業中毒, chemical poisoning) : 공업생산 과정에서 사용되는 약품이나 물질로 인해 생기는 중독증(中毒症), 특히, 직업성의 중독을 가리키며, 만성적인 경우가 많다. 접착제(接着劑) 사용자의 벤젠중독, 아말감 공정(工程)에서 생기는 수은중독, 축전지 제조공정에서 생기는 납중독, 고무공장에서 나타나는 앤터뷰스(antabus)중독 등, 각종 중독이 알려져 있다. 그런데 이것들은 거의 막을 수 있

는 장애로서 기업주가 환경정비를 제대로 하지 않을 경우나, 근로자가 규칙을 준수하지 않는 경우 등에 문제가 생긴다. 이러한 공업중독은 '근로보건 관리규정'이나 '근로안전관리규정'에 의한 규제기준을 지키고, 안전교육을 철저히 함으로써 방지할 수 있다.

(4) **규폐증**(硅肺症, silicosis) : 유리규산의 미립자(微粒子)가 섞여 있는 공기를 장기간 마심으로써 증세가 발생하는 만성질환. 오래 전부터 광산 등지에서 그 존재가 알려진 직업병의 하나이다. 직업으로는 채광업(採鑛業 : 금속광산이나 탄광 등)·채석업(採石業)·요업(窯業)·연마업(硏磨業)·야금업(冶金業)·규산 사용의 화학공업 등을 들 수 있다.

(5) **금속열**(金屬熱, metal fever) : 금속 증기를 들이마심으로써 일어나는 열. 특히 아연에 의한 경우가 많으므로 이것을 아연열이라고도 하는데, 구리·니켈 등의 금속증기에 의해서도 발생한다. 놋쇠의 주조나 용접 작업에 종사하는 사람에게 많은 데, 새로 작업하는 사람이 발병하기 쉽다. 증기를 들이마신 후 열이 날 때까지는 시간적인 차이가 있으므로 대개 작업이 끝나 귀가한 후에 고열과 두통·관절통·기침·가래 등이 생기는데, 대부분이 3~4시간 만에 열이 내린다.

(6) **납중독**(lead poisoning) : 용해성 납을 흡입 또는 삼킴으로써 일어나는 직업병. 연독(鉛毒)이라고도 한다. 급성과 만성이 있는데, 실제로 문제가 되는 것은 만성인 경우이다. 대량으로 흡수하여 급성위장염의 증세를 나타내는 급성중독은 오히려 드물며, 만성은 극소량(1일 1mg 이하)의 납을 장기간 지속적으로 섭취함으로써 생긴다. 납제련업·활판인쇄업·도장업·납유리제조업·축전지제조업 등 납 또는 납을 함유한 물질을 다루는 사람에게 발생하기 쉽다. 과거에는 연백(鉛白)을 사용한 화장품인 분에 의한 납중독이 배우들에게 나타나

서 화제가 되기도 하였으나, 오늘날에는 가솔린에 혼합되는 앤티노크제(antiknock agent)인 사에틸납에 의한 중독이 주목되고 있다. 사에틸납 중독의 증세는 여러 가지인데, 빈혈이나 떨리는 증세가 비교적 초기에 나타나고, 이 밖에 연연(鉛緣 : 잇몸에 납이 침착하여 청회백색으로 착색된다)이나 발작적 복통(鉛疝痛)이 특징이다. 또 적혈구의 염기성 반점이 나타나거나 포르피린 증세가 나타난다. 또한 신근(伸筋)의 마비나 신장장애·소화기 증세도 보이며, 환각이나 흥분 등의 뇌증세를 나타내기도 한다. 일반적으로 납의 증기나 가루가 기도(氣道)를 통해 체내로 들어가는 경우가, 도료·안료에 들어 있는 납이 피부나 소화관을 통해 침투하는 경우보다 증세가 심하다.

(6) 만성항공병(慢性航空病, chronic flying sickness) : 장기간 항공기에 탑승하는 사람에게 일어나는 직업병. 항공기의 끊임없는 동요·선회·가속도·고공비행으로부터 오는 산소의 부족, 기압이 낮은 고공을 비행하거나 저압실(低壓室)에서 작업을 하는 경우, 그것으로 급성질환이 일어나지 않는 정도의 환경이 장기간에 걸쳐서 되풀이 될 때 발생하기 쉽다.

(7) 백랍병(白蠟病, white finger disease) : 말단 혈관 장애로 손가락이 창백하게 되는 병. 압축공기해머·전동 톱 등 손에 쥐고 조작하는 진동공구의 진동으로 손의 동맥이 장애를 받아 갑자기 손가락이 창백해지는 병이다.

(8) 서경(書痙, writer's cramp) : 글씨를 쓸 때 손이 떨리거나 손가락이 굳어져서 잘 쓰지 못하는 상태. 서경은 현재 직업병의 하나로서 주목을 끄는 질환이며, 보통 때의 다른 동작은 비교적 지장 없이 이루어진다. 글씨를 쓰는 일이 많은 직업에서, 신경질적인 사람에게 발증되기 쉽다. 피아니스트가 피아노를 칠 때만 이와 같은 증세가 나타

나는 일이 있어, 유사한 질환으로 생각되고 있다.

(9) **아닐린중독**(aniline poisoning) : 아닐린 제조공장의 작업자에게서 흔히 볼 수 있는 직업병. 증기의 흡입 또는 피부 흡수로도 일어난다. 노동위생상의 허용농도는 5ppm이다. 급성중독의 대부분은 흡입성으로, 혈액의 헤모글로빈을 산화시켜서 메트헤모글로빈을 형성하기 때문에 입술·귀·손끝 등에서 치아노제(피부·점막 등이 울혈 때문에 검푸르게 되는 상태)를 볼 수 있고, 이것이 더 진행되면 탈력감·두통·이명(耳鳴 : 귀울음)·구토·현기증 등의 체내 산소결핍증이 나타나며, 중증인 경우에는 호흡곤란에서 의식불명에까지 이른다. 중증 중독의 속발증세로는 신장염(腎臟炎)이나 황달 등을 볼 수도 있으며, 신경계에 대해서는 일종의 흥분상태가 일어난다. 만성중독자에게서는 권태감·현기증·식욕부진 외에 저색소성 빈혈과 적혈구의 변성(變性)을 볼 수 있다. 치료는 경증인 경우에는 신선한 공기를 마시게 하고, 중증일 때는 산소흡입·강심제·수혈 외에 빈혈·간장애·신장장애의 치료도 아울러 실시한다.

(10) **열중증**(熱中症, heat stroke) : 비정상적인 고온환경으로 인하여 체온조절이 흐트러져서 열의 방산이 방해되어 일어나는 병.

(11) **운전기사병**(運轉技士病) : 운전기사에게 일어나기 쉬운 여러 가지 질병이나 장애. 위장장애·위아토니·위궤양·치질·요통 등을 일으키기 쉽다.

(12) **중금속중독**(重金屬中毒, heavy metal poisoning) : 수은, 납, 구리, 망간, 크롬 등과 같은 중금속염이 체내에 흡수·축적되어 일으키는 중독. 중금속이란 비중이 4~5 이상인 금속을 가리키며, 일반적으로 인체에 유해한 것이 많다. 원래 이러한 물질을 다루는 공장 내에서 발병하는 직업병인데, 공장의 폐수로 인하여 지역주민에게도 중

독환자가 나타나 사회문제로 대두되고 있다. 중독 메커니즘은 다양해서 유기금속염, 특히 메틸수은과 같이 단백질과 결합력이 강하여서 생물체에 흡수·축적되기가 쉽다. 무기중금속염은 생물체에 비교적 늦게 흡수되지만, 일단 흡수·축적되면 단백질 변성을 일으키므로 그 생물은 생존할 수 없다.

(13) 진폐(塵肺, pneumoconiosis) : 외계에 존재하는 분진의 흡인으로 폐에 장애를 일으킨 상태, 일반적으로는 유해한 분진을 장기간 흡인할 때 폐조직 내에 분진이 침착하여 만성의 섬유증식반응(섬유증)을 일으킨 상태를 말한다. 유해한 분진을 취급하는 직업에 종사하는 사람에게서 볼 수 있으므로 직업병에 포함된다. 분진은 유기성과 무기성 분진으로 나눈다.

(14) 키펀처병(key-puncher's disease) : 키펀처에게 일어나기 쉬운 직업병. 키펀처의 작업은 주로 오른손의 제2·3·4지(指)를 사용하여 하루에 8,000회 이상 키를 두들기는 고속도의 작업이다. 작업량이 많을 때는 오른손의 손가락과 손등에 건초염(腱炎 : 건초가 충혈되어 붓고 통증이 생기는 증세)을 일으키고 부어서 아프다. 또 팔·팔꿈치·어깨까지 결리고 통증이 진행되어 작업을 할 수 없게 된다. 또, 장시간 의자에 앉아서 작업을 하는 것은 목·등·허리의 결림이나 동통의 원인이 된다. 집단작업에서는 소음이 심하고 경쟁이 되기 쉬우므로 여유가 없어져서 노이로제에 걸리는 수도 있다.

18. 4 직업병 사례

1 뇌혈관·심장질환 직업병 사망 급증

뇌혈관 및 심장 질환으로 인한 직업병 사망자가 최근 몇년 사이 크게 늘고 있는 것으로 나타났다. 15일 노동부에 따르면 1997년 이후 4년간 직업병에 의한 사망자는 모두 2945명으로, 이 가운데 뇌혈관 및 심장 질환 사망자가 1547명으로 53%, 진폐 사망자가 1269명으로 43%를 차지했다.

뇌혈관 및 심장질환 사망자는 98년 236명, 99년 324명, 지난해(11월까지) 493명으로 해마다 크게 늘고 있으며, 지난해에는 직업병을 포함한 전체 산업재해 사망자(2282명)의 21.6%를 차지했다.

이는 구제금융 이후 직장인들이 과로와 업무상 스트레스 등에 많이 시달린데다 뇌혈관 및 심장 질환을 업무상 재해로 인정하는 범위가 확대됐기 때문으로 분석된다.

이와 함께 최근 4년간 산업재해 사망자를 분석한 결과 업종별로는 건설업(28%), 제조업(25%)에서 많이 발생했고, 유형별로는 추락(48%), 롤러 등에 손발이 끼는 사고(21%), 감전(14.2%) 등의 순이었다.

이에 따라 노동부는 뇌·심장 질환으로 인한 직업병 사망자를 줄이기 위해 전국 6개 지방노동청에 산업의학 전문의를 근로감독관으로 채용하고 공중보건의를 산업안전보건연구원에 근무시키는 방안을 추진키로 했다.

노동부는 산재 사망자를 줄이기 위해 안전조치 미비로 발생한 사망재해가 연간 3건 이상인 사업주에 대해 산업안전보건법 위반혐의로 검찰에 구속수사를 요청하고 4년 연속 사망재해가 발생한 사업장에 대해서는 월 1회 이상 기술지도를 받도록 했다.

2 농약 '메틸브로마이드' 중독증세 직업병 판정

　모든 수입 농산물과 목재의 방역제로 사용되는 맹독성 농약 '메틸브로마이드' 중독 증세가 직업병으로 판정됐다. 산업안전보건연구원 산업역학조사센터(소장 최정근)는 30일 "메틸브로마이드 때문에 현재까지 4명이 숨지고 5명이 치료를 받고 있으며, 많은 하역업 종사자들이 메틸브로마이드에 노출된 것으로 확인돼 직업병으로 인정하기로 했다"고 밝혔다.

　산업역학조사센터가 이달 초부터 부산항 수입 컨테이너 방역업체인 ㄱ사의 직원 6명을 대상으로 역학조사를 벌인 결과 이들의 혈중 메틸브로마이드 이온 농도는 1당 평균 21mg으로 정상인 4.1mg의 5배를 넘는 것으로 드러났다. 혈중 메틸브로마이드 이온 농도가 l당 20mg을 넘기면 뇌가 마비돼 목숨을 잃을 수도 있다.

　현재 부산, 인천, 울산, 포항, 군산 등 전국 18개 수입 컨테이너 방역업체들이 모두 메틸브로마이드를 쓰고 있으며, 상당수의 종사자들은 중독 초기 증세를 보인 것으로 밝혀졌다. 센터는 "수입 농산물에 묻어 있는 메틸브로마이드가 일반인들에게도 영향을 끼칠 것으로 추정되나 이에 대한 조사는 아직 이뤄지지 않았다"고 덧붙였다.

　메틸브로마이드는 식물에는 영향을 주지 않고 동물에만 강한 독성을 보이는 맹독성 농약인데, 농산물과 목재를 수입할 때 병해충이 묻어오는 것을 막기 위한 방역제로 널리 쓰인다. 최 소장은 "아직 메틸브로마이드의 마땅한 대체물질이 없는 상태이기 때문에 수입 컨테이너 방역업 종사자들은 방역 후 최소한 1시간 30분 이상 환기를 시키고, 반드시 방독면을 쓰고 일해야 할 것"이라고 말했다.

3 소독약 중독 직업병환자 첫 발생

　소독 약품에 만성중독된 직업병 환자가 국내에서 처음 발생했다.
　경인지방노동청은 인천항에서 10년째 방역작업을 해온 ㅅ방역㈜ 노동자 이○○(45)씨가 소독약품인 '메틸브로마이드'에 중독된 국내 첫 발병 환자로 판명돼 요양중이라고 16일 밝혔다.
　이씨는 지난해 5월 손·발 저림, 어지러움, 다리마비 등의 증세를 보여 병원에서 치료를 받았으며, 이씨에 대한 역학조사를 벌인 한국산업안전공단은 이씨가 수입원목 및 식물 소독작업때 사용하는 메틸브로마이드에 중독된 사실을 확인했다.
　이씨는 최근 '메틸브로마이드에 의한 국내 첫 직업병 환자'로 판정받고 집에서 요양중이다.
　90년부터 이 회사에서 근무해온 이씨는 매일 오전 8시부터 오후 늦게까지 인천항을 통해 수입되는 원목 및 식물의 포장과 소독약 주입 작업을 해 왔다.

4 붙박이직업 스트레스 더 받아

　영국 보건안전국(HSE)의 조사 결과 지난해 성인 남녀 50만명이 일과 관련된 스트레스 질환으로 하루 이상의 병가를 내, 스트레스 비용만도 한해 136조원에 이르는 것으로 나타났다고 보고되었다.

　◇누가 가장 시달리나=백인이 아닌 35~44살의 피고용자들이 가장 심하게 시달리고 있다. 지역별로는 수도 런던과 웨일즈 지역에서 일하고 있는 교사들이 가장 많은 스트레스를 받고 있다. 성별에 따른 차이는 발견되지 않았고, 직종별(표 참조)로는 교사와 간호사, 경영자, 기

타 전문직, 공공봉사자, 운전기사, 경찰·교도관 순으로 나타났다. 특히 한 직업에 오랜 기간 종사한 경우 더 높은 스트레스에 시달리고 있는 것으로 밝혀졌다. 직장을 자주 옮기면 스트레스는 덜 받을 수 있는 셈이다.

너무 많은 일을 지루하게 반복적으로 수행할 경우 가장 심한 스트레스를 받는 것으로 조사됐고, 고용자가 일을 강요하는 것도 심각한 스트레스 요인으로 나타났다.

◇스트레스 비용은?=지난해 영국인 50만명이 스트레스와 관련된 질환으로 하루 이상, 그 중 30%인 15만명은 한달 이상 병가를 냈다. 병가일수를 모두 합할 경우 650만일(1년 기준)에 이른다.

영국 사회와 기업이 스트레스 때문에 직·간접적으로 치르는 비용은 한해 750억7천만파운드(136조원)나 되는 것으로 계산됐다. 기업들이 스트레스 질환에 시달리는 직원들에게 병가를 내주는 방식으로 부담한 직접비용은 7천만파운드로 집계됐다.

◇스트레스와의 전쟁이 필요하다=스트레스 질환에 따른 비용이 엄청난 것으로 나타나자 보건안전국은 기업주들이 부당한 업무지시를 하고 있지는 않는지, 직장내 단순 업무를 한 사람에게 몰아주고 있지는 않는지 등 업무의 스트레스 유발 여부를 과학적으로 조사해 조정할 것을 권고했다.

엘리자베스 진젤 보건안전국 조사담당자는 "스트레스 때문에 유발된 각종 질환은 엄연히 산재"라며 "기업주들은 스트레스의 경제·사회적 심각성을 깨닫고 해결에 나서야 한다"고 말했다.

대형 사고

19.1 90년 이후 주요 대형 사고

비 고	일 시	사망자
청주 우암상가 붕괴	1993년 1월	28명
부산 구포역 열차탈선사고	1993년 3월	78명
아시아나항공 추락사고	1993년 7월	66명
위도 페리호 침몰사고	1993년 10월	292명
충주호 유람선 화재사고	1994년 10월	29명
성수대교붕괴	1994년 10월	32명
마포가스폭발사고	1994년 12월	13명
대구 지하철 가스폭발사고	1995년 4월	101명
삼풍백화점 붕괴사고	1995년 6월	502명
괌 대한항공 추락사고	1997년 8월	229명
화성 씨랜드 화재	1999년 6월	23명
인천 인현동 호프집 화재	1999년 10월	57명
대구 지하철 중앙역 방화	2003년 2월	130명

1 시설물 붕괴 사례

【1】 성수대교 붕괴

　1994년 10월 21일 오전 7시 40분쯤 서울 성동구 성수동과 강남구 압구정동을 잇는 성수대교의 북단 5번째와 6번째 사이 상판이 갑자기 내려앉으면서 다리를 지나던 시내버스등 차량 6대가 20여 m 아래로 추락해 승객 32명이 사망했다. 사고 당시 성수대교는 출근길 차량들로 붐벼 피해가 컸는데, 다리가 붕괴되면서 강물에 떨어진 차량들과 사람들이 빗물에 불어난 급류에 떠내려 가는 등 아비규환을 방불케 했다. 전문가들은 구체적인 사고 원인으로 성수대교를 지을 때 채택된 '게르버 트러스' 공법자체의 문제점과 성수대교가 건설당시에 비해 엄청나게 늘어난 교통량으로 인한 초가 하중을 견디지 못한 점, 그리고 그동안 임시변통의 보수 공사만으로 방치해온 점 등을 들고 있다. 한편, 성수대교는 최첨단 공법과 성실시공을 거친 후 지난 '97년 7월에 다시 개통되어 그날의 참상을 다시한번 일깨워 주었다.

【2】 삼풍백화점 붕괴

　1995년 6월 29일 오후 5시 55분쯤 서울 서초구 삼풍백화점이 붕괴되면서 수많은 인명피해등 대규모 참사를 빚었다. 이 사고로 인한 피해자는 사망자 502명, 물품 1천억원 등 모두 2천 4백억원을 웃도는 것으로 나타났다. 삼풍백화점 5층 식당가 주방의 대형 냉장고 및 조적 벽과 돌정원 등의 설치와 하중을 고려하지 않은 냉각탑 설치로 하중이 과도하게 실린 것이 붕괴의 직접적인 원인이라고 할 수 있다. 또 물을 많이 탄 콘크리트의 부착력이 약해졌고, 지하층의 설계변경 및 지반의 불안정으로 건물에 뒤틀림 현상이 발생했으며 각 부재를 연결하는 철

근이 제대로 시공되지 못하고 코아(엘리베이터 통로)와 슬래브 사이가 약해 붕괴된 것으로 분석되고 있다.

【3】 청주 우암상가 붕괴

1993년 1월 7일 청주시 우암동에서 우암상가 아파트가 무너져 내린 사고가 있었다. 이 사고는 난방기구의 과열이나 누전으로 화재가 발생한 후 지하 전체로 번지면서 규격미달의 자재가 사용되는 등의 부실시공으로 낡을 대로 낡은 지하 벽면과 천정 등이 바짝 가열된 상태에서 소방차의 물세례를 받자 삽시간에 건물전체가 붕괴된 것이다. 덧붙여 경찰은 "시멘트 콘크리트는 열에 매우 약한데다가 과열된 상태에서 물이 흡수될 경우 진흙처럼 함몰되어 버리는 속성이 있는데 이러한 속성이 부실시공과 맞물려 이같은 대형참사가 발생한 것 같다"고 말했다. 우암상가 아파트의 붕괴사고는 부실공사와 관리 소홀, 안전점검 부실등이 복합적으로 얽혀 빚어낸 "인재"였음이 뚜렷이 드러나 있었던 탓에 입주 희망자가 많지 않아 지하1층과 지상 1,2층은 5~6년간 빈 채로 방치되어 있다가 이후 입주한 상인들이 장사목적에 맞게 건물 내부구조를 멋대로 뜯어고쳐 건물구조를 약하게 만든 것도 원인 중의 하나로 지적되었다. 불이 나자 상당수의 주민들이 대피하거나 구조됐으나 진화작업 도중 뒤늦게 4층 건물 전체가 붕괴되어 사상자가 많았다. 인명피해 사망 28명, 중경상 53명, 재산피해 약 50억원.

2 선박, 항공 사례

【1】 대한항공 추락사고

1997년 8월 6일 오전 1시 35분쯤 괌에서 대한항공 보잉 747-300 여객기가 착륙도중 추락해 228명의 목숨을 앗아가는 대규모 참사가 일어났다. 추락 원인으로는 악천후등 기후변화에 따른 조종미숙, 기내 화재등 추측이 무성하다. 이번 참사로 희생당한 유가족들에게는 국제 협약과 대한항공 항공운송약관 범위내의 보상이 이루어질 예정이다.

【2】 아시아나 여객기 추락사고

1993년 7월 26일 전남 해남군 화원면 마산리 미전마을 뒤 복개산에 아시아나 항공소속 보잉 737여객기가 추락해 66명이 숨지는 참사가 발생하였다. 다행히 생존자 2명은 추락사고를 접한 마을주민들이 폭발위험을 무릅쓰고 구해 따뜻한 인간애를 보여주기도 했다. 이날 사고는 서울발 목포행으로 목포 상공의 기상 상태가 나빠 3차례의 착륙을 시도하다 실패해 추락한 것으로 밝혀졌다.

【3】 제주행 대한항공 여객기 추락사고

1994년 8월 10일 승객 140여명을 태운 제주행 대한항공 203편 여객기가 제주 국제공항 활주로에서 착륙을 시도하다 강풍으로 인해 추락한 사고가 발생하였다.

【4】 충주호 유람선 화재

  o 일시 : 1994년 10월 24일(16시 15분경)
  o 장소 : 충주호(충북 단양군 적성면 애곡리 상진교 밑 1km 지점)
  o 원인 - 기관엔진 과열 추정
  o 피해현황 - 인명 : 사망 30명, 부상 33명/재산 : 2억 6천만원(54톤급 유람선 1척 전소)

【5】 시프린스호 좌초

1995년 11월 17일 전남 여천군 남면 연도리 동쪽 8km 해상에서 운행중이던 시프린스호가 태풍 "페이"의 남해안 강타로 인해 기관고장을 일으켜 좌초됐다.

【6】 서해 페리호 침몰

- 일시 : 1993년 10월 10일 (10시 10분경)
- 장소 : 전북 부안군 위도 앞 해상
- 원인 — 기상을 무시한 출항/운항미숙으로 무리한 기기조작/승객과 수화물 과적
- 피해현황 — 인명 : 사망 292명(승선인원 362 — 70명 구조)/재산 : 53억원 추정
- 사고요인분석 : 과적, 과승 및 여객의 우현측 편중/안전장비 부족 및 사용법 미교육/탑승자들의 안전의식 부족으로 안전수칙 무시/여객선 운항관리규정에 대한 심의 불이행

【7】 ○○사피이어호 화재

1995년 11월 17일 전남 여천시 ○○정유 원유 이적부두에서 ○○사 파이어호가 콘크리트 구조물과 충돌하여 원유탱크가 깨지면서 인근해역을 오염시켰다. 원유 200~300t이 유출된 이번 사고로 인근 해역의 반경 2km 가량에 기름띠가 번지는 등 심각한 환경문제를 낳았다.

【8】 구포역 열차전복

1993년 3월 28일(17시 29분경) 경부선 물금역과 구포역 중간 지점

(서울기점 427km)열차가 전복되는 사고가 발생했다. 한전이 전력 케이블(지중선)을 철도 선로 및 지하에 매설하기 위한 굴착공사를 시행하던 중 발파작업으로 인한 노반함몰로 인하여 부산행 무궁화호 열차가 전복됨.
  ○ 피해현황 - 인명 : 사망 78, 부상 198명/재산 : 기관차 등 9량 대파, 레일 240m외 5점 파손

3 건설공사 사고 사례

【1】 대구 지하철 도시가스폭발로 인한 붕괴

  ○ 일시 : 1995년 4월 28일 (07시 50분경)
  ○ 장소 : 지하철 공사장(대구광역시 달서구 상인동 영남고교 사거리)
  ○ 원인 - 그라우팅 보일 천공작업을 하던 중 지하에 매설된 도시가스 중압배관(100mm)을 천공기로 관통시켜 분출가스가 일부 파손된 우수관을 통하여 지하철 공사장으로 가스가 유입되면서 원인미상 불씨에 의해 폭발
  ○ 피해현황 - 인명 : 사망 101명 부상 201명/재산 : 가옥 195채, 차량 152대 파손, 기타 공사시설
  ○ 사고요인분석 : 영세업체들의 무분별한 지하굴착과 지반조사 활동 미비/공기가 지연되는 상황에서 체계적인 현장 점검 없이 무리한 공사 강행/점검직원 가스관련 기술 무자격이 대부분

4 화재 사고 사례

【1】 화성 씨랜드 화재

  ○ 일시 : 1999년 6월 30일 (01시 20분경)
  ○ 장소 : 씨랜드 청소년수련의 집 (경기도 화성군 서신면)

○ 원인
  - 원인 미상('99. 7. 3 국립과학수사 연구소→모기 향불 추정 발표) 최초 목격자 천경자(37세, 여 소망유치원 원장)의 말에 의하면 발화지점으로 추정되는 301호 맞은 편 호실에서 동료 유치원 교사들과 간식을 먹던 중 밖에서 괴성이 들려 나가보니 301호 출입구 쪽에서 연기가 분출했다는 진술을 토대로 조사중
○ 피해현황 - 인명 : 사망 23명, 부상 5명/재산 : 7,200만원(동산 1,000만원, 부동산 6,200만원)

【2】 인천 호프집 화재
○ 일시 : 1999년 10월 30일 (18시 55분경)
○ 장소 : 인천시 중구 인현동
○ 원인
  - 지하 1층 수리중이던 노래방에서 종업원들이 시너와 석유로 불장난 도중 담뱃불을 붙이다 인화
○ 피해현황 - 인명 : 사망 57명 부상 79명/재산 : 5482만원
○ 사고요인분석 : 비좁은 내부구조와 출입통로/비상계단, 자동확산 소화기의 미설치 등 소방시설의 미비/형식적 소방점검 등 당국의 허술한 관리, 특히 사고시 폐쇄 명령 중이었음에도 불법영업/내부장식을 위한 창문, 비상구 유도등의 밀폐/방연자재가 아닌 우레탄 폼의 마감재 사용으로 치명적 유독가스 발생

【3】 대구 지하철 중앙역 방화
○ 일시 : 2003년 2월 18일
○ 장소 : 대구 지하철 중앙역

○ 원인
- 김모(56.대구시 서구 내당동)씨가 인화물질이 든 10ℓ 크기의 흰색 플라스틱 입구에 라이터로 불을 붙이자 순식간에 불길이 전동차 지붕으로 번지면서 화재가 발생
○ 피해현황 - 인명 : 사망 130명 부상 150명 재산피해 196억원
○ 사고요인분석 : 인화성 내장재 사용/대구 지하철 공사의 비상사태에 대한 준비부족/당국의 허술한 진화체계(소방장비의 낙후성)/종합사령실, 기관사의 부적절한 대처 등

19.2 체르노빌 원자력 발전소 사고

1 체르노빌 원자력 발전소 사고 장면

2 사건의 개요

(1) 일시 : 1986년 4월 25일
(2) 장소 : 러시아 체르노빌
(3) 원인물질 : 방사능 물질
(4) 발생과정 및 원인규명 : 러시아의 체르노빌 원자력발전소에서 가동중지 터빈을 시험하던 근무자가 안전수칙을 지키지 않아 원자로가 폭발하고 10일간 방사능물질이 유출되었다. 유출된 방사능물질은 암과 백혈병, 사산 및 기형아 발생을 유발하는 물질로서 사고지점으로부터 수천 킬로미터 떨어진 곳까지 이동함으로써 폴란드 국경을 거쳐 핀란드 남부, 노르웨이, 스웨덴에서도 검출되었다.
(5) 피해현황 : 이 사건의 초기 사망자는 31명에 불과했지만 구소련 당국의 발표에 의하면 방사능 감염으로 인해 사고발생 4년 후에는 사망자가 300명 정도로 늘어났고, 유엔이 체르노빌 10주기를 맞아 조사한 바에 따르면 이 사고로 12만 5천명이 사망하였으며 9백만명의 사람들이 방사능에 오염되었는 데 이들 중 상당수가 암, 백혈병에 걸릴 것이라고 밝혔다. 특히 체르노빌 사고로 인해 피해를 입은 어린이는 80만명에 달한다. 체르노빌 핵발전소 사고는 단일한 사고로는 전쟁을 제외하고 최대의 희생자를 낸 사고였다. 이 사고로 사고지역의 반경 3백km가 심각한 방사능에 오염되었다. 특히 '죽음의 재'인 방사능 낙진은 사고지역 일대만 오염시킨 것이 아니라 1천km나 떨어진 독일에까지 날아갔으며 방사능 피해를 입은 국가만 해도 20여개국에 이른다. 1986년에서 1990년까지의 통계자료에 따르면 체르노빌 발전소의 방사능 영향지역에서 갑상선 질환, 암, 백혈병 등의 발생률이 50퍼센트 이상 증가하였으며 유산, 사산, 유전적 기형아 발생률도 크게 증가하였음을 알 수 있다. 체르노빌 사고로 입은 재산상의 피해는

150억 달러로 추산되는 데 이 가운데 90퍼센트가 구소련 지역에서 발생하였고 나머지 10퍼센트는 인근 국가가 입은 피해인데, 특히 독일 남부, 그리스, 스칸디나비아 국가와 영국이 가장 큰 피해를 입었다. 2002년 벨로루시 정부가 유엔에 제출한 보고서에 따르면 사고가 발생한지 16년이 지났음에도 불구하고 약 40만명의 어린이가 아직도 후유증으로 고통을 받고 있다고 밝히고 있다.

3 원자력 발전의 현황 및 문제점

전 세계적으로 원자력 발전에 의한 에너지 생산량이 증가하고 있는 추세에 있다. 프랑스나 벨기에와 같은 나라에서 50% 이상을 원자력에 의존하고 있으며, 우리 나라의 경우도 현재 40% 이상을 원자력에 의존하고 있으며, 앞으로도 계속 늘어날 전망이다. 이것은 화석 연료의 고갈 문제와 에너지 사용량의 증가와 맞물리면서 싫던 좋던간에 현실로 다가오고 있다. 원자력은 적은 양으로 많은 에너지를 효율적으로 생산할 수 있고, 화석 연료의 문제점인 대기 오염 물질을 거의 배출하지 않는다는 큰 장점이 있다.

원자력은 사고가 없을 경우 화석 연료에 비하여 환경 오염이 매우 적지만, 사고시에는 우리에게 화석 연료 이상의 큰 환경 피해를 유발하게 된다. 또한 원자력 발전소는 사고에 의한 재난 외에도 고준위 핵폐기물 처리가 아직 해결되지 않은 큰 환경 문제를 안고 있다.

제 20 장

가정, 학교에서의 사고

20.1 가정에서의 사고

【1】사고의 원인과 예방

가정에서의 사고는 주로 가스 중독, 폭발, 전기 사용의 미숙이나 부주의로 인한 누전, 감전사고, 가스 및 전기에 의한 화재사고, 추락사고 등을 들 수 있다. 우리 주변에 이러한 사고의 위험성은 항상 존재하므로 안전에 보다 세심한 주의를 기울려야 한다. 특히, 가스 중독은 치명적인 결과를 가져오므로 철저한 관리를 요하며, 여름철을 정점으로 부패하고 변질된 음식물이 매개가 되어 식중독을 일으키기 쉬우니 항상 보관과 청결에 유의해야 한다.

【2】가정에서의 사고와 예방책

가정에서 일어나는 사고는 고층 건물의 큰 화재 사고나 고속도로 상에서 일어나는 큰 교통사고처럼 뉴스의 초점이 되지는 않는다. 큰 가정사고의 경우 외에는 별로 나타나지도 않는 사회의 이목에서 가려진 한 부분이라 하여도 과언이 아니다. 평화롭고 단란한 보금자리이어야 할 가정에서 의외로 많은 사고가 일어나고 있다는 사실을 우리는 외면하기 쉽다.

【3】 가정사고의 발생 장소별 비율

장소	마당	거실	주방	침실	지하실	목욕탕	계단
백분율	42%	21%	16%	9%	5%	4%	3%

【4】 장소별 안전수칙

(1) 주방

주방바닥에는 왁스칠을 하지 말며, 물기가 있을 때는 즉시 닦는다. 칼이나 가위, 채칼, 열려 있는 깡통 같이 다칠 우려가 있는 주방도구는 어린이의 손이 닿지 않는 곳에 보관한다. 화상사고 및 가스안전에 특히 유의하고, 어린이의 안전에 특히 유의한다.

(2) 방

어린이방에서 사용하지 않는 콘센트는 아이들이 쇠 젓가락과 같은 뾰족한 것으로 찔러 감전되지 않도록 막아 놓는다. 어린이가 자고 있거나 혼자 있을 때는 에어컨, 선풍기, 난로 등을 켜지 않는다. 다리미를 켜둔 채로 자리를 비워서는 안되며, 가위, 칼, 송곳, 못, 톱 등 날카로운 물건이나 공구는 어린이 손이 닿지 않는 곳에 보관한다.

(3) 거실

타일이나 마루 바닥의 표면이 미끄럽지 않도록 한다. 카펫이나 깔개는 발이 걸려서 넘어지지 않도록 구멍이 나면 즉시 보수하고 끝이 말리지 않도록 한다. 거실 탁자의 날카로운 모서리는 플라스틱이나 천으로 씌워서 어린이가 다치지 않도록 한다. 난방기구나 선풍기에는 보호망을 설치하여 어린이의 손이 닿지 않도록 하고 항상 주의를 시킨다.

(4) 욕실, 화장실

목욕탕 바닥재 타일은 그 표면이 매끄럽지 않은 것으로 하고, 미끄럼 방지용 매트를 깔아둔다. 욕조가 설치된 벽면에는 손잡이를 부착하여 미끄러지는 사고를 예방한다. 어린이가 수도꼭지를 조작하지 못하게 하고, 수도꼭지에 보호덮개를 씌운다. 욕조 내에 어린이 혼자 두지 말고 전화나 초인종이 울리더라도 무시한다(부득이한 경우 어린이를 데리고 나간다). 욕실에서는 특히 미끄러짐에 의한 사고나 혈압에 의한 사고가 빈번히 발생하니 특히 주의를 기울어야 한다.

(5) 창문, 베란다, 계단

창문이나 베란다에는 창문 보호대나 난간을 반드시 설치하고, 계단은 충분한 높이의 난간과 불필요한 물품들을 저장하지 않는다.

(6) 침대나 가구

탁자 위에 무거운 물건을 많이 두지 않도록 하고, 가구의 모서리에 의한 사고를 주의하며, 무거운 물건은 벽에 걸지 않는다.

(7) 전기

어린이의 손이 닿을 수 있는 콘센트에는 안전장치나 덮개를 한다. 껍질이 벗겨진 전선이나 전원은 바로 교체한다. 어린이가 전원에 열쇠나 핀 등의 쇠붙이를 꽂지 않도록 한다. 실제로 어린이가 전원 코드에 젓가락을 집어 넣음으로써 감전사고를 당한 예가 많이 있다. 정기적인 안전점검이 반드시 필요하다.

20.2 학교에서의 사고

【1】사고의 원인과 예방

학교생활에서 일어나는 사고는 흔히 수업 중의 무리한 신체 활동과, 운동 기구나 실험·실습 기구의 부주의한 취급으로 인하여 발생하는 경우가 많다. 체육 시간에는 적절한 준비 운동과 운동 규칙을 지키고 기구를 안전하게 사용하도록 한다. 그리고 실험, 실습실에서는 화학약품, 공구 등을 사용하게 되는 데 사용법, 취급법, 보관법을 정확하게 이해하고 올바르게 허용하여 부주의로 인한 사고가 일어나지 않도록 주의한다.

【2】 학교에서의 사고와 예방책

교육부 자료에 의하면 과거에는 질병 등에 의한 질환 등이 학생들의 주 사망원인이었으나 요즘에 나라가 발전하면서 산업 및 교통의 발달로 인한 안전사고가 가장 많이 발생하고 있다.

안전사고 중 가장 많이 발생하는 시간은 체육활동시간이며 실험, 미술, 가정, 청소, 쉬는 시간이 있다. 이 활동들은 학생들에게 유익한 지식과 경험을 주기도 하나 반면에 주의사항을 잘 지키지 않으면 위험한 사고가 날수 있다.

【3】 수업시간별 안전수칙

(1) 실험시간
 ① 원인 : 학생들의 처음 접하는 화학약품들에 대한 호기심으로 인한 부주의, 기구 사용법 등을 제대로 알지 못하였을 때가 있다.
 ② 주의 사항
  -화학약품을 취급할 때는 보안경을 착용한다
  -화학약품이 피부에 닿았을 경우 물로 충분히 씻어준다
  -유독성 액체시료를 피벳으로 빨아서는 안 된다.
  -위험한 물질을 다룰 때는 장갑이나 헝겊으로 손을 보호한다.
  -실험실에는 안전상 어떠한 위험한 장난도 치지 않는다.
  -사전지식 없이 호기심에 의한 개인행동은 절대하지 않는다.

- 실험실에서의 안전수칙을 반드시 숙지하고 이를 철저히 이행한다.

(2) 미술시간

① 원인 : 미술용구 등의 사용법을 잘 알지 못한다. 학생들의 장난등 부주의, 조각칼 등 위험한 용구의 관리 소홀

② 주의 사항
- 조각 칼등의 위험성 있는 도구는 상자에 넣어 보관한다.
- 도구의 올바른 사용법을 알지 못한다.
- 칼, 가위, 송곳 등의 위험한 기구는 조심히 다룬다.

(3) 가정시간

① 원인 : 칼, 가위, 바늘 등 가정용도구를 많이 다뤄보지 못했다. 뜨거운 음식 접근할 때 덤벙거리다 델 수가 있다.

② 주의사항
- 뜨거운 음식, 재료를 운반시 넘어지지 않게 주의한다.
- 가스의 밸브 조작은 학생이 하지 않는다.
- 수업후 바늘 등 위험물질이 없는가 확인한다.
- 깨어진 유리조각이나 자기류 조각이 바닥에 남지 않도록 청소를 한다.

(4) 체육시간

① 원인 : 과격한 운동으로 인한 몸싸움을 할 때, 준비운동을 하지 않을 때, 학생들끼리 서로 장난을 칠 때, 피로가 누적되어 있을 때가 있다.

② 주의사항
- 적어도 식사 2시간 후에 운동을 할 수 있도록 한다.
- 숨쉬기가 힘들거나 피곤함을 느낄 때 운동을 중지하고 휴식을 취한다.

―몸이 좋지 않다고 느낄 때 운동을 하지 않는다.
　―운동 전에는 약간의 준비운동과 운동 후에는 정리 운동을 한다.

　이 밖에 쉬는 시간, 청소 시간에도 안전사고가 일어날 수 있다. 학생들이 생활하는 곳에는 주변에 위험이 많이 노출되어 있다. 조그마한 부주의로 발생하는 사고는 질병이나 불구, 사망까지 이를 수 있다. 따라서 학생들은 자기를 보호하려는 마음을 가지고 안전생활을 하고 안전수칙을 잘 준수해야 한다.

20.3 기타 안전수칙

【1】 교통사고

　자동차에 의한 교통 사고는 운전 부주의에 의한 것이 가장 많고, 음주 운전, 차량의 정비 불량, 도로 불량, 보행자의 통행 위반 등이 주된 원인이다. 따라서 운전자는 언제나 불의의 사고를 방지하기 위해 노력해야 하고, 보행자는 항상 차량에 주의를 기울이면서 횡단보도로 건너가는 습관을 길러야 한다.

【2】 홍수나 태풍시

　밖에 혼자 나가면 안된다. 잠깐 나가는 경우에도 비옷이나 장화를 신어야 한다. 침수된 도로, 특히 모르는 길일 경우에는 혼자서 들어가지 않도록 해야 한다. 물이 고여 있을 경우, 얕은 곳이라고 생각하고 들어가서는 안된다. 길거리에 있는 맨홀이나 하수구 등에서 물이 거꾸로 솟거나 물살이 빠르게 회오리 칠 수 있기 때문에 가까이 가면 안된다 폭우로 땅이 꺼져 있거나 웅덩이가 생긴 곳은 돌아간다.

【3】 지진이 났을 때

지진이 나면 불이 나기 때문에 가스밸브나 가전제품의 플러그를 빼야 된다. 천장이나 위에서 물체가 떨어지므로 유리나 깨어지기 쉬운 물건은 아래로 내려 놓아야 한다. 출구나 대피소를 살펴두며, 현관문을 열어 놓아야 한다. 건물을 빠져 나올 때에는 엘리베이터는 사용하지 않고 층계를 이용하도록 한다. 특히 머리를 보호하기 위하여 쭈그리고 앉아 무릎 사이에 머리를 묻고, 양손과 팔로 감싸는 자세를 취해야 한다. 실외에 있을 경우에는 건물이나 전선 등에서 멀리 떨어진 곳으로 대피해야 한다. 실내에 있을 경우에는 테이블이나 침대 밑으로 몸을 피해야 한다.

【4】 어린이 놀이 안전수칙

(1) 자전거를 탈 때

자전거를 탈 때에는 바지를 입고 무릎 보호대와 팔꿈치 보호대를 해야 한다. 머리를 보호하기 위하여 헬멧을 쓰고 운동화를 신는 것이 안전하다. 긴 치마나 질질 끌리는 바지 대신 간편하고 편안한 옷을 입는다. 자전거를 탈 때는 눈에 띄는 색깔의 옷을 입는게 안전하다. 밤에는 자전거를 타지 않는 것이 좋으며, 만약 탈 경우에는 야광 조끼를 입어야 한다.

(2) 롤러 스케이트를 탈 때

반드시 헬멧과 무릎, 팔꿈치 보호대를 착용해야 한다. 타기 전에 바퀴가 고장나지 않았는지 확인해 보도록 한다. 계단을 오르내리거나 묘기를 부리거나 장난을 치면 안된다. 내리막길은 가속이 되어 위험하므로 내리막길로 달리면 안된다. 차가 다니는 길에서는 롤러블레이드나 스케이트를 절대로 타서는 안된다. 손에 무엇을 들고 타면 위험하다. 트럭이나 자전거 등을 따라가며 타면 위험하다. 차가 다니는 길을 건널 때에는 롤러스케이트나 블레이드를 들고 건너야 한다. 사람이 다니는 길에서는 다른 사람을 다치게 하지 않도록 주의해야 한다.

(3) 물놀이를 할 때

수영을 할 때는 수영복과 함께 수영모와 물안경을 써야 한다. 물에 들어가기 전에는 반드시 준비운동을 해야 한다. 수영을 하면서 껌이나 사탕 등을 먹으면 기도로 넘어갈 수 있으므로 먹으면 안된다. 음식을 먹고 난 후에 바로 물에 들어가면 안된다. 다리에 쥐가 나면 바로 물 밖으로 나와야 한다. 위급한 일이 있으면 한쪽 팔을 최대한 높이 올리고 흔들어서 도움을 청해야 한다. 수영장 주변은 바닥이 미끄럽기 때문에 걸어다닐 때 조심해야 한다. 친구를 밀거나 장난을 치면 위험하다. 수영 후에는 깨끗한 물로 씻고 몸을 따뜻하게 유지해야 한다.

【5】 가스 안전

가스는 공해가 없고 사용이 편리한 연료지만 자칫 부주의와 방심으로 사고가 나면 큰 인명 피해와 재산손실을 가져올 수 있다. 그러나 가스를 사용하기 전에 가스의 특성을 정확히 알고 그 특성에 맞는 올바른 사용방법을 익혀 가스안전 사용을 생활화한다면 가스사고는 충분히 예방할 수 있다. 호스와 이음새 부분에서 가스가 새지 않는지 비눗물이나 점검액 등으로 자주 점검해야 한다. 가스연소기는 항상 깨끗이 청소하여 불구멍(버너헤드)이 막히지 않도록 해야 한다. 취침전에는 콕크와 중간밸브가 잠겨 있는지 확인하는 습관을 갖는다.

【6】화재 안전

(1) 화재예방 방법

① 인화성 물질을 발화원 근처에 위치시키지 않는다.

② 조금 남은 페인트나 솔벤트 등은 남기지 않고 분리수거하여 버린다.

③ 쓰레기통에 꽁초나 성냥은 버리지 않는다.

④ 인화성 액체가 안전하게 보관되고 있는가 확인하고 열원으로부터 격리시켜 외부에 보관한다.

⑤ 토스터기, 다리미, 포트 등 전기기기가 안전하게 사용되고 있는가 확인한다.

(2) 화재발생시 행동요령

① 어린이의 경우 발견 즉시 모두에게 큰소리로 알리고 단독으로 소화작업을 하지 않는다.

② 비상벨을 울려 주위에 알린다.

③ 가스 밸브를 잠그고 전기를 차단후 진화 작업을 한다.

④ 화재 초기시(5분이내 소화 가능) 소화기로 소화한다.

⑤ 소방관서에 신고한다. 위치 주소를 정확히 말하고 묻는 말에 당황하여 끊는 일이 없도록 침착하게 대답한다.

(3) 대피요령

① 불길의 반대편으로 피한다.

② 연기 속에서는 젖은 수건을 입에 대고 자세를 낮추고 신속하게 대피한다.

③ 일단 대피하면 물건을 찾으러 들어가지 않는다.

(4) 소화기 사용법

  안전핀을 뽑고 호스를 불이 난 쪽으로 향한 후 손잡이를 힘껏 움켜쥔다. 바람이 불어오는 쪽을 등지고 불길의 주위에서부터 빗자루로 쓸 듯이 소화한다. 바람이 불어오는 쪽을 향해 서서 소화기를 조작하면 불길로 인한 화상의 우려가 있고 또한 미세한 가루로 된 소화약제가 바람에 날려 불이 꺼지지 않는 수도 있다.

【7】 전기안전

(1) 가정에서의 안전한 전기사용

  전기는 맛, 냄새, 빛깔이 없기 때문에 옥내배선과 전기기구의 고장 등으로 누전이 된다 해도 발견이 어렵다. 이러한 경우를 대비하여 누전차단기를 부착하면 누전이 될 경우 자동적으로 전기가 끊어지기 때문에 감전사고와 화재를 예방 할 수 있다. 한 개의 콘센트에 많은 전기제품을 연결하여 사용하면 전기가 한꺼번에 많이 흐르게 되어 화재의 위험이 있다. 부실한 전기공사는 누전 및 합선으로 화재의 원인이 되어 위험하다. 전기공사는 반드시 전문 면허업체에 의뢰하여야 한다. 전기는 물기가 있을 때에 더욱 잘 통하게 되므로 젖은 손으로는 전기기구를 절대로 만지지 말아야 한다. 안정기에는 정격휴즈를 사용치 않으면 화재의 위험이 있으므로 반드시 정격휴즈를 사용하도록 한다. 전선을 잡고 당기면 플러그 연결선이 끊어질 우려가 있으므로 코드를 뺄 때는 반드시 플러그 몸체를 잡고 빼도록 한다.

(2) 평상시 전기안전 점검의 필요성

  ① 정기적인 전기안전점검을 받자
  ② 전기설비의 개, 보수는 전문 공사업체에 의뢰
  ③ 노후된 전기시설은 합선이나 누전의 원인

연구 과제

1. 우리나라의 대표적 대형사고와 재해에 대하여 조사하고, 원인 및 예방책을 제시하여 보시오.
2. 우리 주변에서 흔히 볼 수 있는 사고와 재해의 요인에 대하여 조사하고, 원인 및 예방책을 제시하여 보시오.
3. 직업병의 유형을 조사하고, 사례를 조사하여 보시오.
4. PL법에 대하여 조사하고, 안전관리의 관점에서 설명해 보시오.
5. 외국의 안전관리 사례를 조사하고, 한국과 비교 분석하시오.
6. 우리나라의 산업안전의 역사가 타 국가와 비교하여 짧지 않음에도 불구하고, 반복적인 재해가 빈번히 발생하고 있다. 그 이유를 기업, 국가, 개인적 성향의 관점으로 분석하여 보시오.
7. 인간공학적 제품설계를 예를 들어 설명하시오.
8. 보호구 및 안전표지에 대하여 조사하고, 그 사용방법 및 조건에 대하여 조사하시오.
9. 무재해 운동에 대하여 정의하고, 주변의 실제 사례를 통하여 설명하시오.
10. 산업재해통계의 목적을 기술하고, 활용하는 실제 예를 조사하고 분석하시오.

참고문헌

- 산업안전공학, 신용하 외 1인, 남양문화, 2000
- 신산업안전관리, 김병석, 형설출판사, 2001
- 산업안전관리론, 김종철, 동일출판사, 1994
- 안전공학론, 김용수 외 2인, 한울출판사, 1996
- 한국산업안전공단(www.kosha.net) 발행교재
- 한국안전기술협회(www.ikosta.or.kr)
- 산업안전공학, 강종권, 동일출판사, 1987
- 한국어린이 안전재단(www.childsafe.or.kr)
- 대한산업안전협회(www.safety.or.kr)
- 안전세상(www.safetynara.co.kr)
- 산업안전공학, 권영국, 형설출판사
- 산업안전관리론, 김용수 외 3인, 지구문화사, 1994
- 산업안전관리기사, 산업안전연구회 편, 크라운 출판사, 1994
- 산업안전 선진화를 위한 안전공학론, 김용수 외 3인, 한울출판사, 1996

《개정판》

산업안전특론

정가 17,000원

| 판권 | 2023년 2월 15일 인 쇄
2023년 2월 20일 발 행
저 자 : 신용하, 한정열, 김동기
발행인 : 이 명 훈 |

발행처 도서출판 남 양 문 화

08842 서울 관악구 문성로 210(신림동)
전 화 : 864-9152~3
FAX : 864-9156
등 록 : 제3-489

☞ 파본이나 낙장이 있는 책은 교환해 드립니다.